JN442101

생태복원 콘서트

자연이 던지는 질문... 왜? 그리고 어떻게!?

김경훈 著

넥서스환경디자인연구원 출판부

머리말

우리는 복잡한 세상 속에서 살고 있다. 인간뿐만 아니라 나무와 풀, 그리고 동물이 함께 존재하는데 이 모든 것은 생태계라는 커다란 환경에 둘러싸여 있다. 반대로 말하면 생태계라는 커다란 그릇을 구성하는 것에는 꽃과 나무, 곤충과 같은 생명체가 있으며, 이들이 살아가는데 꼭 필요한 흙, 물, 공기와 같은 것도 있다. 그리고 그 속에 있는 인간은 하나의 작은 요소일 뿐이다.

자연환경은 우리가 살아가는데 꼭 필요하다. 인간을 위해 환경이 필요하다는 것에는 이견이 없지만, 환경이 유지되는데 인간이 꼭 필요한지에 대한 대답은 좀 모호하다. 현재 우리는 기후변화로 나타나는 커다란 재앙 속에 있다. 기후가 변화해서 인류의 삶에 영향을 주는 것이 아니라 인류가 살기 위해 기후를 변화시킨 것은 아닐까? 그렇게 변화된 기후로 인해 우리의 삶은 또 영향을 받고 있다.

우리는 왜? 라는 질문을 모르고 살아왔다. 학창시절 때 수업 종료 시간이 1~2분 남은 상황에서 선생님께서 질문을 하라고 하면 서로 눈치만 보고 있었던 기억이 있다. 수업시간 보다 나의 쉬는 시간 10분이 더 중요하니까. 어찌 보면 학교에서는 문제와 모범답안이 제시되어 있었고, 우리는 그것이 비록 정답이 아닐지라도 빨리 그리고 많이 외우는 것이 중요했던 입시 위주의 교육 방식에 물들어 있기 때문은 아닐까?

생태계에는 과연 정답이 있을까? 누군가 자연환경의 훼손이나 생물이 멸종되는 문제를 명확하게 정의해주고, 그와 관련된 답을 4개의 지문 중에서 고르라고 한다면 인간은 또 그것을 위해 가장 그럴싸한 방법을 선택할 것이다. 그러나 생태계는 너무나 복잡한 시스템 속에 있기 때문에 문제와 정답이라는 일대 일의 수학적 논리로 해결할 수 없는 문제들이 실타래처럼 엉켜 있다.

과연 22세기가 올 것이며, 인류는 22세기에도 살아남을 수 있을까? 어쩌면 현재 코로나 바이러스와 힘겹게 싸우고 있는 우리 세대는 마지막 호모 사피엔스가 되지는 않을까? 생태복원은 여러 가지 이유로 훼손된 자연을 되살리려는 노력이다. 생태복원은 단순히 일의 대상이 아니라 어찌 보면 인류가 지구상에서 살아남기 위해 마지막 몸부림일지도 모른다. 최근 산림청에서는 『2050 탄소중립 산림 부문 추진전략』을 제시하면서 30년간 30억 그루 나무 심기 등을 통해 2050 탄소중립에 3,400만t을 기여하는 것을 목표로 하겠다는 야심찬 포부를 밝힌 바 있다. 이러한 일들은 이제 인간이 지구상에서 많은 혜택을 누려왔던 만큼 지구를 지키기 위해 노력을 기울이도록 하는 생각의 전환점이 될 것이다.

이 책에서는 생태복원과 관련된 내용을 일반인이나 전공자들이나 쉽게 이해할 수 있도록 이야기 식으로 풀어보았다. 내용은 두 가지 그룹으로 나누었으며, 1부 [왜]에서는 생태계를 이해하기 위한 기본적인 지식에 대한 내용을 담았고, 2부 [어떻게]에서는 생태복원 사업이 진행되는 현장과 관련된 내용을 중심으로 작성하였다.

1부의 첫 번째 화두는 "생태복원은 누구를 위한 것인가"이며, 여기에서는 생태복원과 관련된 환경윤리에 대해서 알아보았다. "무질서한 자연이 오히려 질서가 있다" 에서는 물리학 용어인 무질서도를 이용하여 질서가 없으면서도 자연스러운 생태계를 살펴보았다. "될성부른 자연은 떡잎부터 알아본다"에서는 과연 어떤 곳에 나무를 심는 것이 적합한지에 대하여 환경이 가지고 있는 잠재력을 설명하고 있으며, "생태계는 변화에 탄력적으로 대응한다" 에서는 요즘 이슈가 되고 있는 자연이 가지고 있는 회복력을 얘기하고 있다. 또한 "생태계는 우리에게 어떤 서비스를 주고 있는가"에서는 생태계서비스의 개념과 생태복원의 연관성을 알아보았다.

2부는 자연을 대상으로 하고 있는 생태복원의 방향을 제시하고 있는데, "자연은 다양한 것이 좋은 것인가"에서는 생물다양성의 중요성을 국제 생물다양성 협약을 통해 설명하였다. "우리 땅에서 난 식물은 소중한 것이다"는 자생식물을 활용하는 방법에 대해 얘기하고 있으며, "우리는 무슨 목표를 가지고 생태복원을 준비하는가"에서는 복원 프로젝트에서 목표를 어떻게 정해야 하는지를 설명하고 있다. "나무를 심는 것은 생태복원의 끝인가, 시작인가"에서는 프로젝트의 범위와 그 이후 모니터링과 관리의 중요성을 알아보았다. 마지막 장에서는 이 책의 결론이라고 할 수 있는 "복잡한 자연

속에서 더 복잡한 생태복원의 미래"에 대한 내용이다. 복잡한 시스템인 생태계가 왜 어렵고, 그렇게 복잡하기 때문에 앞으로 우리가 무엇을 해야 하는지에 대한 내용을 담고 있다.

이 책은 생태복원과 관련된 전문서적은 아니다. 다만 생태복원 프로젝트를 오래 동안 해오면서 자연은 참 어렵다는 것을 느끼게 되었고 별 생각 없이 성과 위주로 진행하였던 프로젝트들의 예상치 못한 결과를 지켜보면서 반성하는 마음으로 써내려간 글이다. 특히 훼손되기 이전의 특정 시점으로 되돌아가려는 과거 지향적인 접근방식에서 안타까움을 느끼고 있으며, 생태계를 대상으로 하는 일들은 예측 불가능할 것이라는 것을 전제로 한 미래 지향적인 접근이 필요함을 알게 되었다.

책에서 인용한 자료들은 학술적인 논문 보다는 비교적 최근에 나온 관련 분야의 이야기 거리를 위주로 구성하였다. 이 책은 전공자들에게는 실무 지침서가 될 수도 있을 것이며, 아울러 자연과 환경에 대한 관심이 많은 분들에게는 우리의 삶과 생태계가 어떻게 연관이 되어 있는지에 대한 의문을 조금이나마 해결할 수 있는 실마리가 되기를 바란다. 그리고 생태계나 생태복원과 관련된 키워드 중에 기후변화, 탄소중립, 유전자, 인공지능과 같은 분야는 저자가 아직 경험과 고민이 부족하기 때문에 이 책에서 다루지 못하고 있음을 죄송스럽게 생각하며, 앞으로 10년 정도는 더 현장에서 공부해야 할 숙제로 남겨두고 싶다.

그리고 사랑을 나누면서 더불어 사는 인생의 의미를 통해 자연에 대한 생각을 정립할 수 있도록 가르쳐주시고 홀연히 자연으로 떠나가신 어머님께 막내 아들이 이 책을 바칩니다.

2021년 5월

김경훈

목차

1부 왜?

2부 어떻게?

1부

왜?

#1

생태복원은 누구를 위한 것인가

(1) 왜 환경윤리인가?

우리는 이런 질문들을 한다. “미래세대에 남겨주어야 할 유산은 무엇인가?”, “미래세대를 위하여 우리는 무엇을 하고 무엇을 하지 말아야 하는가?”. 환경문제는 이제 나만의 것이 아니라 전 지구적 차원의 문제가 되었으며, 어떻게 행동하는 것이 바람직한지에 대한 질문에 답을 찾기 위한 고민들이 바로 윤리적인 내용이다.

윤리학(ethics)은 도덕의 원리, 기원, 발달, 본질과 같은 인간의 올바른 행동과 선한 삶을 사회 전반에 걸쳐 근원적이고 총괄적으로 규명하는 철학의 주요 분야이다. 학문적으로 본다면 인간의 생활에 있어 바람직한 상태란 무엇이며, 선악의 기준은 무엇이며, 행위의 법칙은 어떻게 정립되는가와 노력할 만한 것은 무엇이며, 생활의 의미는 무엇인가 등을 밝히는 것과 동시에 도덕의 기원이나 법칙, 역사적 성격 등을 연구하는 학문이다.

윤리란 인간의 행동에 대한 도덕적인 가치판단과 규범에 관한 것이므로 자연을 대상으로 하는 환경윤리는 인간과 자연환경 사이의 도덕적 규범이 그 대상이 된다. 인간이 살아가는데 아무런 어려움이 없다면 이와 같은 윤리적인 문제에 대한 고민을 하지 않을 것이다. 결국 우리가 살아가는 환경에서 어떤 문제가 발생하고 있기 때문에 이를 해결할 수 있는 대안을 모색하면서 환경윤리가 중요하게 부각되고 있는 것이다.

환경오염, 지구 온난화, 생태계[1] 파괴 등의 문제를 과학기술에 의존해서 다 해결할 수 있다고 생각하는 것은 위험하다. 반면 추상적인 윤리 이론에만 의존해서 환경문제를 해결할 수 있다는 것도 역시 어리석은 생각이다. 결국 윤리학과 과학은 출발점은 달랐을지 몰라도 우리가 살아가는 문제에 대해서는 궁극적으로는 같은 방향을 바라보아야 하는 것이다. 자연은 작은

1) 생태계(ecosystem)는 수역 및 복합 구성 요소가 상호 작용하여 복합적인 먹이 사슬, 영양 주기 및 에너지 흐름을 형성하는 토지에서 생물 또는 비생물 구성 요소의 소규모 또는 대규모 집합. ‘생태계’라는 용어는 어떤 크기나 규모의 생태적 집합체를 묘사하기 위해 일반적으로 사용됨.

풀 한 포기에서 부터 하늘을 날아다니는 새에 이르기 까지 모든 것이 상호 작용을 하고, 이들은 보이지 않는 네트워크로 연결이 되어 있다. 특히 지구상에서 인간은 자연환경을 배제한 채 혼자만 살아갈 수는 없기 때문에 자연과의 공존을 생각해야 한다. 그렇기 때문에 많은 학자들은 전통적인 환경윤리 이론만으로는 우리가 처한 환경문제에 대응할 수 없다고 생각하고 있으며, 윤리적인 것뿐만 아니라 형이상학[2], 인식론[3], 정치철학까지 아우르려고 노력하고 있다(환경철학, environmental philosophy).

이 책에서는 환경윤리, 철학 등의 심오한 영역까지 파고들 생각은 없다. 다만 환경과 생태계라는 존재하지만 잘 알지 못하는 것들이 얽혀 있는 복잡한 분야이기 때문에 "왜?", "언제?", "어떻게?" 라는 기본적인 내용에 대해서라도 좀 더 생각을 해보고자 한다. 우리는 생태계에 대한 깊은 생각 없이 숲을 개간하고 또 이를 복원하려고 하고 있는 생태복원 프로젝트에서 수많은 시행착오를 범하고 있기 때문이다. 따라서 생태복원에 관심이 있는 일반인과 그 일을 수행하고 있는 전문가들은 환경과 생태복원이라는 주제에 대하여 한번쯤은 근본적인 성찰이 필요하다.

(2) 생태복원을 이해하는 태도

인류의 "지속가능성"이란 말은 급속한 경제성장으로 나타나고 있는 환경 파괴에 대하여 우리의 책임을 피해가기 위한 그럴싸한 핑계거리가 아니라 이제는 나와 가족들의 생존을 위한 필수적이고 핵심적인 단어가 되었다. 인류가 지속가능하기 위해서는 자연과 공존을 해야 한다는 생각은 누구나 하고 있지만 어떻게 해야 하는지에 대한 생각은 많지 않았다. 오히려 그런 생각보다는 자연은 누구나 이용할 수 있을 만큼 충분히 크고, 또 어떻게 하면 자연을 잘 이용할 수 있을까에 대한 생각이 더 많았다.

인간의 삶이 이렇게 급속하게 발전하고 풍요롭게 된 것은 과학적인 지식을 총동원하여 지구상의 자원을 효율적이고 효과적으로 이용하면서 부터이다. 이 얼마나 멋있는 말인가! 과학을 통해 자연을 분해하고, 그 자연을 과학적으로 사용한다는 말이… .

만약 우리가 이용하고 있는 지구상의 자원이 무한정으로 공급될 수 있다면, 아니 인간이 사

2) 형이상학(metaphysics)은 존재의 실체와 궁극적인 원리를 감각이 아닌 순수한 사고를 통해 알고자 하는 것으로, "우주의 본질은 무엇인가?", "신은 존재하는가?", "참으로 존재하는 것은 무엇인가?" 등의 물음을 통해, 우주 전체를 하나의 통일된 체계로 파악하려 하며, 사물의 배후에 있는 구조와 본질을 밝히고자 하는 분야임.

3) 인식론(epistemology)은 지식에 대한 여러 가지 사항을 다루는 철학의 한 분야로서, 지식의 본질, 신념의 합리성과 정당성 등을 연구하는 학문 분야임.

용한 자원이 스스로 빠른 시간 내에 원상태로 회복될 수만 있다면 우리는 지속가능성에 대한 논의를 하지 않을 것이다. 자연은 우리가 사용하고도 남을 만큼 충분히 남아있을 테니까. 그러나 안타깝게도 자연은 한정되어 있으며, 훼손된 자연은 스스로 회복되는데 시간이 엄청나게 많이 걸린다는 것이 문제이다. 그리고 훼손된 자연은 결코 예전과 같이 회복되지 않을 수도 있다는 것이다.

결국 지구라는 자원은 한정되어 있는데 이것을 이용하려는 수요가 많아지다 보니까 크고 작은 갈등이 생겨나게 된다. 지구라는 너무나 큰 범위를 생각하면 쉽게 와 닿지 않으니까 우리 주변에 있는 작은 것으로 생각을 줄여보자. 인간이 살아가는 데에는 갈등이 있기 마련이다. 목축업의 예를 들어서 어떤 초지를 이용하는 경우를 가정해볼 수 있다. 초지에 있는 풀은 가축의 먹이가 되기 때문에 누가 먼저, 누가 많이 풀을 차지하느냐의 문제에서 갈등이 생겨나게 된다.

목축업을 하는 사람들이 서로 약속을 하고 아주 공정하게(거의 불가능하겠지만) 초지를 같이 이용하게 된다면 문제가 없게 되겠지만 현실 사회에서는 어렵다는 것을 누구나 알고 있다. 결국 누군가는 그 자원(초지)을 좀 더 많이 이용하게 될 것이고, 다른 사람은 그것을 달가워하지 않게 된다.

갈등을 겪고 있는 두 지역(또는 집단)에서는 개발로 인한 이익은 한 곳(많이 그리고 먼저 이용하는 쪽)에 집중될 것이고 그로 인한 폐해는 두 지역이 어쩔 수 없이 공유하게 된다. 반면 이 초지를 마구 사용하지 않고 그대로 보전함으로서 새로운 가치를 창출할 수 있다면 생태계 보전으로 인한 이익은 두 지역이 공유할 수 하지만 그로 인한 불이익은 한 지역(초지와 가깝게 있거나 과거에 그 초지를 더 많이 이용했던 집단)이 감수하게 된다. 물론 초지를 이용함으로써 얻는 경제적인 이득은 즉시 가축의 먹이로 사용하는 것이며, 이것은 화폐의 가치로 쉽게 계산할 수 있겠지만 그 초지가 가지고 있는 생태적인 가치는 단순히 경제적인 논리만으로는 평가하기가 어렵다.

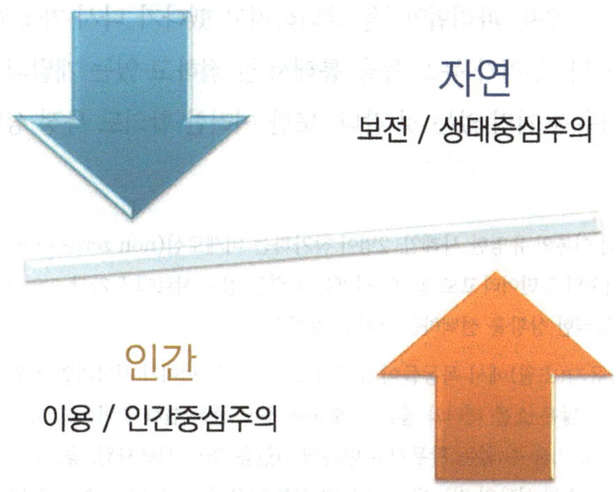

[그림 1] 자연과 인간의 관계

그래서 생태계 보전과 개발의 문제에서는 다자간의 "죄수의 딜레마(prisoner's dilemma)[4)]"가 성립함으로서 보전 보다는 개발 쪽으로 기울게 되어 "공유지의 비극(common pool resource)[5)]"이 생겨나게 된다.

현대 생명과학에서 인간은 다른 동물, 특히 유인원과는 유전적으로 거의 차이가 없다고 하고 있다. 그리고 생태적인 측면에서 지구상의 모든 생명체는 시공간적으로 서로 연관되어 있으며, 인간도 역시 생태계의 일부이기 때문에 인간은 더 이상 존재론적 차원에서 다른 생명체 보다 우월한 존재가 아니다. 생물을 DNA라는 유전정보로만 볼 때 분자 수준에서는 생명체들의 차이가 거의 없다고 한다.

이렇게 인간과 다른 생명체 사이에 생물학적으로 차이가 별로 없다면, 인간의 가치를 다른 생명체의 차원으로 낮추어서 보아야 하는지 아니면 다른 생명체의 가치를 인간의 차원으로 높여서 보는 것이 옳은지에 대한 의문이 생긴다. 유전자의 차원에서 볼 때에도 현대 생명과학은 인간도 다른 생명체와 차이가 별로 없다는 것을 보여주고 있으며, 모든 생명체의 가치도 인간만큼이나 소중하다는 것을 보여주고 있다.

인간은 스스로 이성적이라고는 하지만 개인이 아니라 집단이 선택을 하게 되는 경우에는 반드시 합리적이지는 않다. 또한 특정 개인은 합리적인 선택을 하더라도 그 상황을 보는 타인이나 집단은 그것을 합리적이지 않다고 판단할 수도 있다. "사촌이 땅을 사면 배가 아프다"는 속담과 같이 합리적인 판단을 하기 보다는 오히려 배 아파할 확률이 높을 것이다. 또한 이러한 합리성과 효용성의 기준은 언제나 변하지 않는 모범답안과 같은 하나의 판단 기준이 있는 것이 아니라 시대적 상황과 처해진 조건에 따라 달라진다.

환경에 대한 문제는 다자간의 합의가 매우 어려운 것으로서, 여기에는 개인 또는 국가의 이익이 걸려있다. 이렇게 복잡한 역학 관계가 있기 때문에 국가들이 모여서 거창한 약속을 하곤 한다. 기후변화와 관련된 문제를 보더라도 선진국과 개발도상국의 생각이 다르고, 미국 정부도 기후변화에 대응하기 위한 파리협약[6)]을 탈퇴하려고 했다가 다시 가입하려고 하는 웃지 못할 일들이 벌어지고 있다. 우리가 뉴스 등을 통해서 늘 접하고 있는 개발과 환경보전의 문제는 합의가 이루어지는 경우가 거의 없는 것 같다. 또한 이러한 합의도 특정 상황에 따라서 해결될

---

4) 죄수의 딜레마는 게임 이론의 유명한 사례임. 2명이 참가하는 비제로섬(non zero-sum) 게임의 일종으로서, 용의자의 딜레마 또는 죄수의 고민이라고도 함. 이 사례는 협력할 경우 서로에게 가장 이익이 되는 상황일 때 개인적인 욕심으로 서로에게 불리한 상황을 선택하는 문제를 보여주고 있음.

5) 영국 어느 마을의 공유지(초원)에서 목동들이 소를 끌고 와 풀을 먹이기 시작하였는데, 자신의 이익을 위하여 시간이 지날수록 점점 더 많은 소를 데려와 풀을 뜯게 되어 좋은 풀은 점차 줄어들고 대지는 오물로 가득 차게 되었으며, 초원은 결국 소를 키울 수 없는 황무지로 변하게 되었음. 결국 자연자원, 숲, 호수, 공기와 공동체의 모두가 사용해야 할 자원은 단순히 시장의 기능에 맡겨 두면 이를 남용하게 되어 자원이 고갈될 수 있다는 위험을 말하고 있음(Hardin, 1968).

수도 있으며 불가능할 수도 있다. 따라서 이해관계자의 참여와 논의를 통해서 시간적, 공간적 해결책을 찾는 노력이 필요하다.

환경을 지키는 것은 단지 환경운동가나 몇몇 전문가들만의 일이 아니라 현재를 살아가고 있는 모든 인류의 숙제이다. 그래서 몇몇 사람의 실천 보다는 대중의 실천이 중요하며, 그렇기 때문에 보다 많은 사람들이 공감할 수 있고 설득력 있는 환경 이념을 찾아야 한다. 환경과 관련된 문제들은 전통적으로 합리주의, 공리주의와 같은 개념적인 접근이 이루어졌으며, 이해관계자들의 다양한 시각이 있기 때문에 이에 대한 찬반 논쟁이 지금도 진행 중이다.

이제부터는 개념과 같은 원론적인 분석 보다는 어떤 생각들이 논의되고 있는지를 가볍게 알아보고자 한다.

인간은 합리적인 과학기술로 자연을 지배할 수 있는가?

16~17세기에 과학의 비약적인 발전으로 여러 가지 자연현상들을 해석하게 되면서부터 "인간은 합리적 계산과 기술 수단을 통해 자연을 합리적으로 지배할 수 있다." 는 '지배적 합리주의'가 나타나게 되었다.

[그림 2] 대관령에 설치된 풍력발전시설[7]

6) 파리협약(Paris Agreement)은 2015년 유엔 기후 변화 회의에서 채택된 조약이며, 2016년 11월 4일부터 포괄적으로 적용되는 국제법으로서 효력이 발효되었음. 이는 지구 평균온도 상승 폭을 산업화 이전 대비 2℃ 이하로 유지하고, 더 나아가 온도 상승 폭을 1.5℃ 이하로 제한하기 위해 함께 노력하기 위한 국제적인 협약임. 각국은 온실가스 감축 목표를 스스로 정해 국제사회에 약속하고 이 목표를 실천해야 하며, 국제사회는 그 이행에 대해서 공동으로 검증하는 것으로 목표로 하고 있음.

7) 신재생에너지를 확보하기 위하여 설치된 풍력발전시설로서 화석연료를 대체하기 위한 방안으로 바람직하다고 평가됨. 그러나 설치된 위치가 백두대간 마루금이며, 발전기를 설치하기 위한 공사로 산림이 훼손되고 경관이 악화되는 문제에 대해서는 고민이 필요함.

"지구와 모든 열등한 대상물은 인간이 가진 것이고, 자연 그 자체는 인간의 노동을 통해 이용할 수 있는 것이 되기 전까지는 가치가 없는 것이다. 따라서 누구든지 자연에 노동력을 가하면 자기의 것으로 만들 수 있으며, 자연을 빨리 그리고 많이 개발한 자가 그만큼 더 소유할 수 있다"라는 생각(로크[8])이 있었다.

여기에는 인간의 욕구를 충족시키기 위해서는 자연을 이용할 수 있는 것이기 때문에 비도덕적이거나 비합리적인 것이 아니라는 시각이 포함되어 있다. 따라서 인류가 자연과 생태계에 압력을 가하게 된 것은 당연한 것이며, 인간은 과학기술의 발전으로 인해 생산성이 높아졌다는 논리이다. 그러나 자원을 어떻게 이용하는 것이 바람직한지에 대해서는 서로 간에 합의된 기준이 정립되어 있지 않았기 때문에 자연을 무분별 하게 이용할 수 있었다. 그러나 이와 같은 이용 행태는 오히려 인간이 원하지 않고 인간에게 불리하게 작용하는 반대의 결과를 초래하였다.

과거에는 인간이 과도한 욕망을 추구하더라도 문제가 되지 않는다는 생각이 사회적으로 용인되었다. 적어도 자연을 이용하는 당사자에게는 그에 따른 부작용이 직접적으로 나타나지 않았기 때문이다. 그렇기 때문에 인간의 욕망을 채워줄 수 있는(또는 욕망을 채우기 위한) 도구인 과학기술을 확보하게 되면서, 자연은 더 빠르고 넓게 파괴되면서 지배적 합리주의의 문제점들이 조금씩 나타나게 되었다.

과학기술 때문에 자연이 파괴되었다는 단순한 논리는 적합하지 않다. 백신과 같은 의학 기술의 발전으로 인간이 더 건강하게 살 수 있게 된 것과 같이 과학은 인류에게 많은 혜택을 주고 있다. 그러나 자연을 파괴하는 데에도 아주 훌륭한 과학기술이 악용되고 있는 것과 같이 항상 양면성이 존재한다.

지구라는 자원은 유한하다. 그러나 우리가 자연을 이용하는 것과 그 이용에 따른 자연의 손실에 대한 문제를 심각하게 여기지 않는 것은 바로 공간과 시간이라는 변수가 있기 때문이다. 개별 인간의 관점에서 본다는 자연은 무한정하기 때문에 내가 사용한 자연이 없어진다고 해도 그 결과가 나에게 심각하게 다가오지 않는다. 중국 내몽고 지역에서 사막화가 진행되고 있는데, 그 사막화로 인한 황사나 미세먼지는 지구 자전의 덕택으로 우리나라에 심각한 영향을 주고 있다. 만약 자전 방향이 반대라면 미세먼지는 중동지역으로 날아가게 될 것이고, 이미 사막지역인 중동에서는 그리 심각하게 여기지 않을 수도 있을 것이다. 또한 시간이라는 변수도 있는데 자연의 훼손으로 나타나는 문제가 그렇게 빨리 나타나지는 않는다는 점도 있다.

기후변화나 환경오염이라는 말은 우리가 일상에서 사용하는 일반명사가 되어버렸으며, 어린 학생들도 이제는 환경의 중요성을 느끼고 생태계의 변화를 몸으로 체험하고 있다. 과거에는 공장 폐수가 배출된다고 해도 나와는 다른 세상의 이야기로만 여겼으며, 비가 올 때 강에서 물고기들이 폐사하여 떠오르는 모습을 보면 저 잉어나 붕어는 과연 먹을 수 있을까? 라는 엉뚱

8) 존 로크(John Locke, 1632~1704)는 잉글랜드의 철학자이자 정치사상가임.

한 생각을 하기도 했었다.

그러나 환경오염이나 생태계 파괴가 장기적으로 누적되고 있는 상황이 되면서 환경의 자정 능력이나 생태계의 회복능력을 넘어서는 마지막 임계점[9]으로 점점 치닫고 있다. 아니면 벌써 임계점을 넘어섰는지도 모르겠다. 좀 끔직한 비유가 있다. 뜨거운 물속에 개구리를 집어넣으면 곧 바로 튀어 나오지만, 찬 물이 담긴 그릇에 개구리를 넣고 물을 서서히 끓이게 되면 개구리는 자기가 죽는 것도 인지하지 못하고 있다는 얘기는 들어 봤을 것이다. 이 내용이 바로 임계점과 여기에 어떤 과정(속도)으로 도달하는지에 대한 이야기이다.

지구상에서 인구가 점점 더 팽창하고 경제규모가 커지면서 환경오염이나 생태계 파괴의 규모도 커지게 되었다. 오늘날에는 환경문제와 관련해서도 원인 행위와 그 결과가 나타나는 시간적 간격이 그만큼 줄어들고 있기 때문에 환경문제는 미래세대의 문제가 아니라 현세대의 문제이고, 먼 나라의 이야기가 아니라 바로 우리 동네의 이야기가 되고 있다. 지금은 미세먼지 등이 문제가 되고 있으며, 계절별로 본다면 중국에서 겨울철 난방이 시작되는 시점이 되면 뿌연 미세먼지가 우리나라 전역을 덮게 되는 것을 자주 본다. 따라서 지역적인 문제는 결국 지구적인 문제가 되고, 지구적인 문제는 또 다시 지역적인 문제가 되는 것이다.

궁극적으로 모든 자연 현상은 나비효과[10]와 같이 서로 연결되어 있기 때문에, 그 중 어느 하나를 이해하기 위해서는 다른 모든 것과의 연관성을 이해할 필요가 있다. 과학은 우리에게 완전하고 명확한 이해를 줄 수는 없다. 과학에서도 항상 전제조건으로 언급하는 바와 같이 일정 수준으로 변수를 통제하고 나서야 어느 정도의 결론을 도출할 수 있는데, 자연 상태에서는 그러한 변수를 통제하는 것이 거의 불가능하다. 아니 변수를 예측하는 것조차도 어려울 수 있다.

자연에 대한 충분한 이해 없이 섣불리 자연을 지배하려다보면, 자연과 생태계에 전혀 예상치 못한 결과를 초래할 수 있다. 자연을 이용할 수 있는 대상으로만 보는 생각들로 인하여 발생한 환경오염, 생물의 멸종 등에 대한 책임을 이제는 우리가 짊어 져야 한다. 그리고 이렇게 훼손된 환경에서 받는 피해는 인간도 피해갈 수는 없을 것이며, 우리의 후손들은 우리가 예측하는 범위를 넘어서는 엄청난 변화를 겪게 될 것이다.

---

9) 임계점(critical point)은 물질의 구조와 성질이 다른 상태로 바뀔 때를 말하며, 평형 상태의 두 물질이 하나의 상을 이룰 때나 두 액체가 완전히 일체화할 때의 온도와 압력을 나타냄. 환경적 또는 생물 물리적 조건의 작은 변화가 생태계를 다른 상태로 급격하게 변환시키는 원인이 됨. 한번 또는 그 이상의 한계점을 넘어서면 생태계가 인간의 개입 없이 이전 상태 또는 궤도로 쉽게 회복되지 않을 수 있음.

10) 나비효과(butterfly effect)는 혼돈(카오스) 이론에서 초기 값의 미세한 차이에 의해 결과가 완전히 달라지는 현상을 뜻함. 이 표현은 미국의 기상학자 Lorenz E.U.(1972년)의 강연 제목인 'Does the Flap of a Butterfly's Wings in Brazil Set Off a Tornado in Texas? 브라질에서 나비의 날갯짓이 텍사스에 태풍을 일으킬 수도 있는가?'에서 유래함.

[그림 3] 도로변 배수로에 양서파충류의 탈출을 고려하여 설치한 시설

인간은 자연의 일부로서 지속가능하기 위한 합리적 선택을 할 수 있을까?

인간은 자연을 지배하는 것이 아니라 생태적 요인까지 고려해서 합리적으로 판단할 필요가 있다. 인간은 자연의 일부이고 상호 연관되어 있기 때문에 인류가 지속가능하기 위해서는 생태적 요인까지를 고려한 합리적 선택을 해야 한다는 것이다. 이러한 생각은 "생태적 합리주의"라고 할 수 있다.

인간은 자연과 분리될 수 없으며, 다른 생명체와 마찬가지로 생태계의 일부이다. 따라서 자연을 이용하는 대상으로만 보는 개념이 아니라 인간과 자연, 즉 생태계와의 관계를 고려해야 한다는 입장이다. 다시 말해서 환경문제를 바라볼 때 인간을 중심에 놓고 판단하기 보다는 인간을 포함한 각 구성원들의 관계를 더 중요하게 고려해야 한다. 건강한 생태계가 지속가능한 이유는 생태학의 원리에 바탕을 두고 있으며, 인간도 생태계의 구성원이기 때문에 지속가능한 삶을 살기 위해서는 인간과 자연 사이에서 생태계의 원리를 거스르지 않는 것이 필요하다.

생태계는 수많은 구성요소들로 이루어져 있고, 그들 사이에는 유기적이고 비선형의 방정식[11] 관계가 성립한다. 생산성의 측면만을 고려한다면 최대의 자원을 활용하여 결과를 최대한 좋게

11) 비선형 방정식은 변수들 사이의 관계가 직선적으로 변하는 것이 아니라, 곡선적으로 증가하거나 감소하는 현상을 나타내는 방정식을 말함. 나무의 키가 자라는 현상은 단순히 시간이라는 변수에 따라서 직선적으로 나타나는 것이 아니라 곡선식으로 나타나게 되며, 자라는 속도는 빨라지거나 느려지게 됨. 일반적으로 선형방정식의 미지수 차수가 1차인데 대해서 비선형 방정식은 2차 이상이며, 3차 이상의 고차 방정식으로 갈수록 변수 하나가 바뀔 때 큰 변화를 야기하며 그 결과를 예측하기가 더 어려워짐.

또 많이 만들어야 한다. 그러나 자원을 무한정으로 이용할 수가 없기 때문에 이렇게 무분별하게 이용한 자원이 결국 인류에게 독이 되는 부메랑이 될 수도 있다. 경제성의 측면에서 본다면 공장에서 생산성만을 고려한 공정을 채택하게 되는 경우 얻어지는 결과는 좋겠지만, 여기에 필요한 자원과 에너지 소비도 많아지고 폐기물 발생도 증가하게 된다. 따라서 과거에는 단순히 생산성만 높이는 것이 중요하였다면, 이제는 사용하는 자원과 에너지 문제, 폐기물 발생 문제 등도 같이 생각해야 한다.

생태적 합리주의는 '인류의 지속가능성'을 최대 목표로 둔다는 점에서 '인간중심주의[12)]'라고 할 수 있다. 하지만 오로지 인간만의 이익을 추구하려는 편협한 인간중심주의는 인류의 지속가능성을 저해하게 될 수도 있다. 그리고 자연은 인간의 생존을 유지하기 위한 도구로서 필요하다는 사실을 받아들이더라도, 인류의 지속가능을 해칠 정도로 자연을 훼손하거나 파괴하는 것은 인간 자신에게도 치명적인 독이 될 것이다.

자연을 이용하는 이익은 누구에게 가야 하는가?

'최대 다수의 최대 행복[13)]'이라는 말은 공리주의에서 나오는 개념이다. 그러나 도대체 행복은 무엇이며 행복을 누리는 다수는 누구인가를 생각해봐야 한다. 그 행복을 누리는 집단이 누구이며, 그 행복의 효용성이 얼마나 지속되는지에 따라서도 전혀 다른 선택이 나올 수 있다. "생태적 공리주의"는 자연을 이용함으로써 얻는 경제적인 가치뿐만 아니라, 측정할 수 없는 자연의 가치들도 함께 고려할 필요가 있다는 입장이다. 측정할 수 없는 자연의 가치들은 좀 모호하기는 하지만 생태계서비스라는 용어와 비슷하게 해석할 수 있다.

자연환경은 한정되어 있는 자원이기 때문에 이러한 환경문제는 장기적이고 또한 포괄적으로 보아야 한다. 특히 인류의 지속가능성을 고려한다면, 고려해야 할 대상은 공간적으로 볼 때는 우리나라뿐만 아니라 먼 나라의 모르는 사람이 될 것이고, 시간적으로 본다면 우리세대 뿐만 아니라 미래세대까지로 확대되어야 한다.

인간의 진정한 행복을 위해서는 인간 이외의 생명체와 생태계를 보호하는 데 노력해야 한다. 그리고 미래세대에게 부담을 줄 수 있는 환경파괴 행위는 세대 간의 공리주의와 공정한 분배를

12) 인간중심주의는 인간의 가치관과 경험 면에서 세상을 해석하거나 존중하는 사상으로 현대 인간 문화와 의식적인 행동에 깊이 뿌리박힌 것으로 여겨짐. 그것은 환경윤리와 환경철학 분야에서 주요한 개념이며, 종종 생태계 내에서 인간행동에 의해 야기되는 문제의 근본원인으로 여겨지고 있음.

13) 공리주의(utilitarianism)는 19세기 이후 영국을 중심으로 발달한 윤리적 사상임. 인간 행위의 윤리적 기초를 개인의 이익과 쾌락의 추구에 두고, '도덕은 최대 다수의 최대 행복을 목적으로 한다'고 주장하고 있음. 공리주의의 체계화는 18세기 말 영국의 벤담(J. Bentham)에 의해서 이루어졌음.

위해서라도 금지되어야 한다. 요즘은 공정의 문제가 가장 큰 이슈로 떠오르고 있다. 과거에는 그냥 대수롭지 않게 넘어갈 수 있는 사소한 문제들도 이제는 세대간, 지역 간의 공정성 시비에 휘말리는 것을 많이 볼 수 있다. 그러나 인간은 스스로에게는 한없이 공정해지려고 하지만 자연에게는 왜 그렇게 공정하지 않을까? 라는 생각을 해본다. 그리고 이 생각은 인간은 왜 그렇게 이기적인가? 라는 것으로 이어지게 된다.

우리는 몇 가지 질문을 스스로에게 던져본다. "자연을 보존할 것이냐, 개발할 것이냐"를 놓고 손익을 따질 때 우리는 기준을 어디에 둘 것인가? 행복을 누릴 수 있는 대상자는 인간만으로 한정할 것인지 아니면 다른 생명체 모두를 대상으로 할 것인가? 행복을 누려야 하는 대상은 현세대인지 아니면 미래의 후손들까지인가? 그리고 후손의 범위는 한 세대만으로 족한가? 아니면 미래의 수십 세대까지를 생각해야 하는가?

위의 질문에 대해서 새만금 개발사업을 예를 들어서 설명해보자. 새만금 개발사업은 공유수면을 매립하고 간척사업을 통해 용지를 확보하고 담수저장능력을 높이는 대규모 사업이다. 이 사업을 통해서 이익을 얻는 대상을 매립지에서 농업 활동을 하게 될 사람으로만 한정한다면 올바른 접근법일 수 있다. 그러나 바다나 갯벌을 터전으로 살아가는 어민들에게는 어떤 이익이 있을까? 사람만을 대상으로 하지 않는 경우에서 본다면 원래 그 지역에 있던 어류나 조류 그리고 갯벌에서 살고 있는 수많은 생물들에게는 과연 무슨 이익이 있을까?

또한 이렇게 개발로 얻어진 용지에서 농업이나 다른 경제적 활동을 통해 이익을 얻는 대상은 현 세대(엄밀히 따진다면 개발사업이 종료된 이후 십여 년이 지난 시점이 되겠지만)인가? 아니면 우리의 후손들인가? 만약 이렇게 바뀐 환경으로 인해 오히려 후손들은 미세기후의 변화로 또 다른 예측할 수 없는 자연적인 재앙을 겪게 되지는 않을까? 라는 여러 가지 질문이 또 나오게 된다.

[그림 4] 새만금 개발로 사라지게 될 부안 갯벌에서의 낙조

개발과 보전 문제에서는 인간중심적 관점에서 눈앞의 이익만을 추구하는 지역 이기주의자로부터, 환경 문제를 장기적이고 전체적으로 봐야 하며 인간 이외에 다른 생명체까지도 고려해야 한다는 생태주의자들에 이르기까지 그 범위는 매우 다양할 수 있다. 따라서 부분적이고 단기적 효용성만을 추구함으로써 생겨나는 비효율성을 극복하고, 포괄적이고 장기적인 관점(공간, 시간 등)에서 생태적 효율성을 모색할 필요가 있다.

생태계 위기의 근본적인 문제는 인간에게 있는가?

생태계 위기의 근본적인 원인은 "모든 자연 가치관을 인간적 측면에서 평가하고, 자연을 인간의 욕망을 충족시키기 위한 자원 또는 물질로 파악하는 인간중심적 사고방식에 있다"는 주장이 있는데, 이는 심층생태학[14]에서 살펴볼 수 있다.

자연에 대한 인간의 유용성만이 가치가 있다는 것이 아니고, 자연은 그 스스로 내재한 많은 가치를 가지고 있음을 인식하여야 하며, 이를 통해 자연과의 관계를 근본적으로 변화시켜야한다는 신념에 기초한 철학 및 사회 운동이라고 할 수 있다.

여기에서는 인간과 지구에 존재하는 모든 생명체의 본성은 본래 가치를 지니고 있기 때문에 인간은 생명을 유지하기 위해 반드시 필요한 자연 요소들을 제외하고는 생명의 풍요로움과 다양함을 해칠 권리가 없다고 주장하고 있다. 심층생태론에 따르면 인간은 자연의 틀에서 분리될 수 없으며, 인간도 자연의 일종이므로 모든 자연을 통일된 하나의 전체라는 개념으로 보고 있다. 따라서 인간의 행위가 생태계에 어떠한 영향을 미치는지를 평가할 때에도 인간에게 직간접적으로 작용하는 사회, 경제, 문화 등 여러 방면에서 평가해야 하며, 또한 자연 생태계에 어떠한 영향을 미치는지도 살펴보는 것이 중요하다. 이러한 논리를 통해서 심층생태학에서는 다음과 같은 몇 가지 내용을 제시하고 있다.

- 지구상의 인간과 인간을 제외한 생명은 그 자체로서 가치를 가지고 있다. 이 가치들은 자연계가 인간의 목적을 위해 얼마나 유용한가 하는 문제와는 연관되지 않는다.
- 생명체의 풍부함과 생태계의 다양성은 이러한 가치의 실현에 기여하며, 또한 그 자체로서 가치를 가진다.
- 인간은 생명유지에 꼭 필요한 것들을 만족시키기 위한 경우를 제외하고는 생태계의 다양성을 감소시킬 권리가 없다.
- 인간의 생존과 문화의 번영을 위해서는 인구수가 적은 것이 좋으며, 다른 생명체도 역시 개체

14) 심층생태학(deep ecology)은 1973년 노르웨이의 철학자 네스(A. Næss)가 최초로 사용하고 정립한 용어임.

수가 적은 것이 바람직하다.

- 현재 자연계에 대한 인간의 간섭은 과도한 수준이며, 그 상황은 빠르게 악화되고 있다.
- 정책은 경제적, 기술적, 사상적 구조에 영향을 미치고 있으며, 그 결과는 현재와는 매우 다를 것이기 때문에 우선적으로 정책이 바뀌어야 한다.
- 이데올로기[15]의 변화는 주로 생활의 질, 내재적 가치에 대한 평가와 관련되며, 단순히 큰 것과 꼭 필요한 것의 차이를 인식하여야 한다.

지금까지 환경과 관련된 윤리, 철학들을 개괄적으로 살펴보았다. 이와 같이 윤리나 철학은 어디까지나 생각의 산물이며, 사람들은 각자 다른 생각을 가지고 있기 때문에 과학적 이론이나 수학의 함수와 같은 정답이 없는 것이다. 그리고 우리는 이에 대한 생각을 깊게 하고 있지 않으며, 철학은 철학자들만이 하는 사상의 논쟁이라고 치부해 버린다.

우리는 자연 속에서 살고 있기 때문에 환경에 대한 것은 우리 모두의 문제인 것이다. 현대의 생명과학과 생태학에 따르면, 모든 생명체는 시간적·공간적으로 서로 연관되어 있다. 생물학적으로 볼 때 인간은 다른 생명체와 별 차이가 없다. 그러한 사실을 받아들이면서도 인간의 존엄성을 잃지 않으려면, 다른 생명체도 인간 못지않게 소중하다는 것을 인정해야 한다.

한 시스템이 건강하고 지속가능하게 유지되려면 구성 요소들 간의 경쟁과 협동 사이에 평형이 유지되어야 한다. 생태계에서 한 생명종이 사라지더라도 전체 생태계가 유지되는 이유는 생태계가 그만큼 복잡하고 촘촘한 그물 구조를 이루고 있기 때문이다. 그러나 자연이 파괴되면서 생물다양성이 감소된다면 지금은 알 수 없지만 어떤 임계점에 다다를 때 더 이상 회복이 불가능한 상태가 될 수 있다.

생태계에서 생물다양성이 필요한 이유도 여기에 있다. 인간이 건강하게 살아남기 위해서라도 다른 생물종들이 건강해야 하며, 지구상에 풍부한 생물다양성이 유지될 때 인간의 삶도 풍요해질 수 있다. 그리고 이 중요성은 우리세대 뿐만 아니라 우리의 후세대까지도 그대로 연결되는 것이다.

인간은 생태계에서 하나의 구성원에 불과하지만, 다른 어떤 구성원보다도 생태계에 긍정적으로든 부정적으로든 많은 영향을 미칠 수 있고, 생태계에 대해 책임을 질 수 있는 유일한 존재이다. 또한 인간만이 생태계를 훼손하고 또 되살리려는 생각과 그렇게 할 수 있는 힘을 가지고 있다. 환경과 생태계가 절체절명의 위기에 처하게 되었고, 인류의 지속가능성을 위협할 정도로 자연과 생태계의 훼손이 심각하다면, 인간을 위해서라도 자연과 생태계가 유지되고 훼손된 곳은 제대로 복원이 되어야 하고, 다른 모든 생물종은 유지되어야 한다.

---

15) 사회 집단에 있어서 사상, 행동이나 생활 방법을 근본적으로 제약하고 있는 관념이나 신조의 체계로서, 역사적·사회적 입장을 반영한 사상이나 의식을 말함.

(3) 생태복원에서 고려할 사항

훼손된 자연을 대상으로 하는 생태복원은 환경 파괴에 대한 우리의 반성이기도 하지만 동시에 그 결과는 미래의 환경 관리에 방향성을 제공해준다. 인간이 훼손된 자연을 복원할 수 있다는 단순한 가정 하에서 자연을 이용하는 것을 정당화하는 것이 아니라 환경 파괴의 원인과 도전에 제대로 대응할 수 있도록 개념을 명확하게 하는 것이 중요하다.

지금까지도 논쟁이 되고 있는 자연과 인간의 이분법은 생태복원을 둘러싼 생각들을 왜곡시키고 있다. 결국 생태복원은 자연과 인간이라는 이분법에 도전해야 하며, 나아가 자연 속에서 인간의 위치를 제대로 찾는 역할을 해야 한다. 그리고 생태복원은 자연과 인간의 관계를 회복할 수 있는 잠재력을 가지고 있기 때문에 자연의 의미를 재평가 할 수 있는 기회를 제공할 수 있어야 한다.

생태복원이란 무엇인가

생태복원에 대해서는 다양한 논점들이 있으며, 그 정의에 대해서도 많은 변화가 있었다. 이는 생태복원이 아직까지 명확하게 정립된 분야가 아니라 새롭게 발전되어 가는 학문이나 기술 분야이기 때문이다. 생태복원에 대한 개념과 정의에 대해서는 시기에 따라 변화가 있는데 SER(국제생태복원학회, Society for Ecological Restoration)에서는 생태복원에 대해 다음과 같이 정의하고 있다.

- 1990년 : "생태복원은 지역의 자연적인 생태계를 구축하기 위해 부지를 의도적으로 변경하는 과정이다. 이 프로세스의 목표는 지정된 생태계의 구조, 기능, 다양성 및 역학을 모방하는 것이다."
- 1996년 : "생태복원은 생태적 무결성(결함이 없는 상태)의 회복 및 관리를 지원하는 과정이다. 생태적으로 결함이 없는 것에는 생물다양성, 생태 과정 및 구조, 지역 및 역사적 맥락, 지속 가능한 문화 관행에서 중요한 범위의 가변성이 포함된다."
- 2002년 : "생태복원은 훼손, 손상 또는 파괴된 생태계의 회복을 돕는 과정이다."

이와 같이 SER에서 말하고 있는 생태복원의 의미가 변화되는 것을 보면 생태복원이라는 개념을 정의하는 것이 얼마나 어려운지 분명하게 나타나고 있다. 또한 과학적 지식이나 사회적 인식이 변하게 되면서 이렇게 시간에 따라 이에 대한 정의가 점점 더 기본적인 내용으로 바뀌고 있는 것을 알 수 있다.

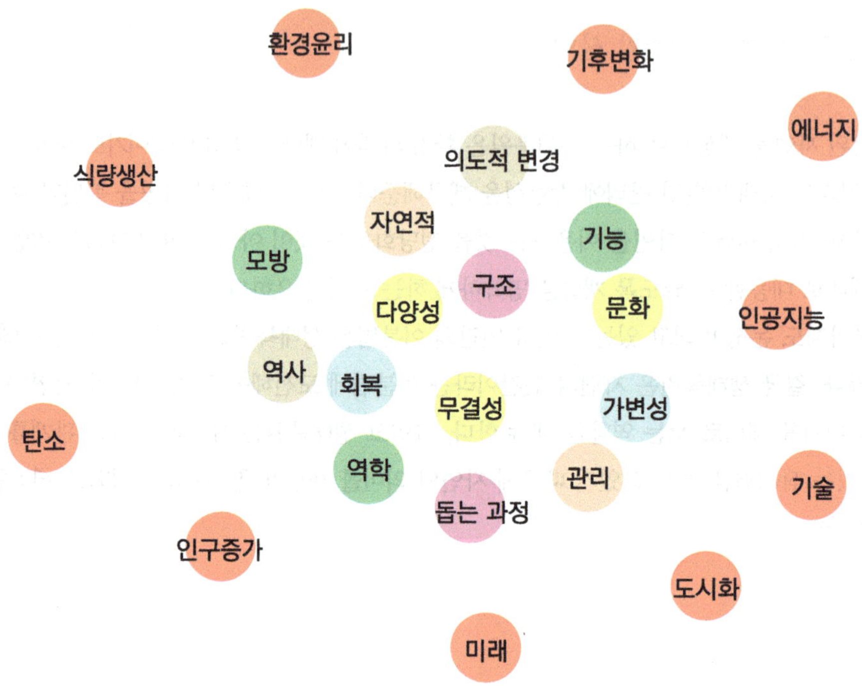

[그림 5] 생태복원의 핵심 개념과 주변 요인과의 관계[16)]

과거에는 생태복원의 정의에 "자연적 생태계" 및 "생태적 무결성"과 같은 범주가 포함되어 있었으나, 2002년 이후에는 내용이 일반화되고 생태계의 회복을 돕는 과정이라는 개념으로 변하고 있다. 또한 아직까지도 복원에 대한 정의 및 실천 행동들이 명확하게 규정 되어 있지 않으며, 생태복원 프로젝트에서는 복원, 복구, 회복, 대체 등의 다양한 용어만큼이나 혼란스럽게 정의나 개념이 사용되고 있는 것도 사실이다. 결국은 핵심적인 특성을 파악하고 제대로 된 생태복원 프로젝트를 지원할 수 있을 만큼 명확한 개념을 찾는 것이 중요하다. 또한 생태복원은 공간적인 특성 때문에 지역적인 문제와 전 지구적 차원에서도 광범위하게 함께 논의될 필요가 있다.

위의 정의에 있는 바와 같이 생태복원은 "의도된 활동"이며, "이전의 상태"로 되돌리는 것을 목표로 하고 있다. 또한 생태복원은 환경 문제의 주요 원인인 인간의 행위와 적극적인 역할, 자연 속에서의 문화적·역사적 유산을 함께 고려하고 있다. 생태복원이 생물다양성, 훼손되기 이전의 물리적, 생물학적, 미적 특성과 여기에 영향을 주고받는 교란 상황을 함께 고려하여 한 지역을 이전 상태로 되돌리는 것이라는 것을 전제로 할 때 다음에 제시된 내용을 같이 생각해 보자.

첫째로는 복원 프로젝트에서는 인간의 개입 이전에 생태계가 어떻게 작동했는지를 살펴보

16) 생태복원의 정의는 자체의 특성으로 능동적으로 변하고 있지만, 이를 둘러싸고 있는 외부 환경(기후변화, 인구증가 등)에 의해 수동적으로 변화되기도 함.

는 것이며, 둘째로는 종종 "자연적인 균형상태"로 이해될 수 있는 "자연스러움"에 높은 가치를 두고 있다는 것이다. 따라서 윤리적인 문제에서도 언급되었듯이 "자연(적)"과 "인간(적)" 사이에 이분법이 발생하게 된다. 이러한 이분법은 환경 문제를 해결하기 위해 현 단계에서 새롭거나 잠재적으로 더 우수한 기술을 찾아내기가 어렵게 만들기 때문에 생태복원 프로젝트에서는 신중한 접근이 필요하다. 또한 할 수 있는 일과 해야 하는 것을 우선 파악하는 것도 중요하다.

우리는 생태복원의 한계를 인정해야 한다. 제주도 한라산에 있는 구상나무가 쇠퇴하고 있는 문제가 언론에 많이 나오고 있으며, 많은 전문가들이 이를 해결하기 위해 노력하고 있다. 어떤 인위적인 교란이나 기후변화가 발생하기 오래전부터 그 곳에 구상나무가 군락을 이루고 있었다고 하더라도, 그 구상나무는 앞으로 100년 동안에도 반드시 그 자리에 계속 남아 있어야 한다는 것을 의미하지는 않는다. 물론 생태복원이 과거의 자연적인 상태를 지향하는 것이기는 하지만, 너무 과거의 상태를 고집하게 된다면 생태적 변화를 반영하지 않고 정적인 상태를 계속 유지해야 한다는 논리적 오류가 빠지게 될 것이다. 이와 관련하여 윌리엄 트룹[17]이 주장한 철학적 문제를 따라서 몇 가지 생각을 정리해보고자 한다.

목표

생태복원에서 목적과 목표는 결과에 집중되어야 하며, '복원의 최종 결과물이 어떻게 되어야 하는가?'라는 질문에 답할 수 있어야 한다. 생태복원은 종종 목표의 관점에서 정의되기 때문에 복원의 목표를 계획하고 수립하는데 시간을 할애하는 것이 중요하다. 생태복원에서 목표를 수립하는 자체도 어려운 일이지만 반드시 필요한 과정은 우리가 어떤 상태를 목표로 해야 하는지를 명확하게 하는 것이다.

복원의 목표를 수립할 때 다음과 같은 질문을 스스로 하고 해답을 찾아야 한다.

생태복원은 훼손이나 교란되기 이전의 상태를 목표로 해야 하는가? 아니면 새롭게 건강한 생태 구조를 조성하는 것으로도 충분한가? 훼손된 구조를 복원하는데 있어서 기준점을 찾기 위하여 어느 정도의 과거로 이동해야 하는가? 이 시점은 인위적 훼손이 일어나기 직전의 상태인가 아니면 역사적으로 훨씬 더 오래 전의 상태를 찾아야 하는지에 따라 달라진다.

이와 같은 질문은 어렵기는 하지만 매우 중요하다. 훼손되어 기능이 저하된 생태계를 복원

17) 윌리엄 트룹(William Throop)은 "Environmental Restoration : Ethics, Theory and Practice(2000)"에서 복원 프로젝트를 추진하는 목표는 무엇인가? 복원의 동기가 되는 가치는 무엇인가? 목표를 달성하는 데 적절한 수단은 무엇인가? 복원과 관련하여 어떤 태도를 가져야 하는가? 의 4가지 질문을 제시한 바 있음. 여기에서는 이와 같은 내용을 3가지로 재정리하였음.

할 때 교란이 일어나기 전의 상태를 목표로 하고 있다면 생태복원 프로젝트 담당자는 곧바로 경험적이고 규범적 문제에 직면하게 된다. 이와 같이 그 이전의 환경이 어땠는지를 파악하는 것은 어려운 일이며, 경우에 따라서는 불가능할 수도 있다. 어떤 지역은 수백 년 동안 인간의 개입을 통해서 숲이 이루어진 곳이 있으며, 반대로 인간의 손길이 닿지 않는 환경 속에서 참조생태계[18])로서 가치가 있는 원시림과 같은 자연이 그대로 남아 있는 경우가 있다.

또한 우리가 참조생태계에서 적절한 모델을 찾았다고 해도 인식론적 문제에 직면해 있다. 과거의 어떤 시점을 복원의 목표로 해야 하며, 또 어떤 준거 틀로 판단해야 하는지의 문제이다. 지구상의 생태계는 끊임없이 변화하고 있으며 어떤 경우에는 과거로 돌아가는 것 자체가 거의 불가능할 수도 있다는 것을 기억해야 한다. 결국 생태학은 아직 초기 단계의 학문이며 명확한 해답을 주지 않는 생태계에 대한 근본적인 의문이 남아 있다. 따라서 안타깝지만 우리는 아직도 자연환경에 대해 충분히 알지 못할 수도 있음을 인정해야 한다.

생태복원은 생태계의 현상과 원리에 대한 이해와 밀접한 관련이 있으므로 생태계에 닥친 위기도 역시 복원사업에 포함된다. 생태학은 자연이 가지고 있는 독특함에 직면해있기 때문에 전체적으로나 부분적으로도 매우 복잡한 과학이다. 유전적으로 구분되는 수백만의 종, 그들 종과 서식지의 조합, 기후변화 및 시간에 따라서 끊임없이 변화되는 세계 속에서 살고 있으며 이들은 연결된 상태로 상호작용하고 있기 때문이다.

생태복원을 실행하는 과정에서는 또 다른 문제에 직면하게 된다. 복원 프로젝트에 대한 명확한 목표를 수립하였더라도 훼손된 곳을 복원하는 것이 예산, 기술, 시간 등의 제한요소로 불가능할 수도 있다. 복원 목표의 설정을 더욱 어렵게 만드는 이유는 “자연에는 똑같은 것이 없다”는 것이다. 자연은 스스로의 변화 방향이 있지만 그 방향이 무엇인지 알 수가 없기 때문에 우리가 하는 행동은 과거에 유사한 사례를 검토하고 비슷한 패턴을 찾는 것이다. 그러나 이와 같은 패턴이 수행하고자 하는 복원 프로젝트와 정확하게 일치하는지는 아무도 알 수가 없다.

자연에서도 물론 공학적으로 정형화된 공식을 찾을 수는 있겠지만 아직까지 과학 기술이 그 정도까지는 발전하지 못하였기 때문에, 우리는 생태복원 프로젝트를 실행하면서도 우리의 프로젝트 목표가 과연 자연의 목표와 일치하는지, 그리고 복원이 제대로 되어가는 지에 대한 의문을 계속 가질 수밖에 없는 것이다.

---

18) 참조생태계(reference ecosystem)는 복원을 위한 모델 또는 벤치마킹의 역할을 수행할 수 있는 유기체와 무생물의 군집. 참조생태계는 대개 복원 시스템에 존재했던 식물, 동물, 비생물적 요소, 기능, 과정 및 연속적인 상태를 갖춘 생태계의 변형되지 않은 형태를 나타내며, 저하, 훼손 또는 파괴가 발생하지 않았지만 변화되거나 예측된 환경조건을 수용하도록 조정되어야 함.

가치

"생태복원에서 목표는 가치를 기반으로 해야 하는가?" 라는 것과 "왜 손상된 환경을 복원하는가?" 라는 질문에 답을 찾아야 한다. 환경철학과 관련된 문헌에서는 가치가 복원 활동에 기초를 두어야 한다고 하고 있다. 가치는 생태복원 프로젝트에 대한 정당성을 제공하고, 어떤 목표를 수용할 수 있는지를 결정하며, 담당자에게 적절한 수단을 제공한다. 따라서 일반적으로 생태복원의 목표에 동기를 부여하고 정당화할 수 있는 가치를 분석하는 것이 중요하다.

예를 들어, 생태복원을 수행해야 하는 곳이 교란 이전의 생태적 구조와 다른 경우 새로운 목표를 수립하는 것 보다는 교란 이전의 생태적 구조 내에 있는 어떤 상태로 설정하는 것이 좋다. 복원 프로젝트는 인간의 영향을 받지 않은 자연적인 천이 상태를 특별히 중요하게 여기기 때문에 인간의 간섭 이전의 생태적 구조를 목표로 할 수 있다. 교란 이전에 자연이 가지고 있는 자율성, 야생성 및 독립성은 매우 가치가 있는 것이다. 따라서 가치는 어떤 복원 프로젝트의 방향을 제공해주며 다른 목표보다 특정 목표를 선택할 때 중요한 역할을 해야 한다.

교란이 발생된 현상을 파악해 볼 때 중요한 가치 중의 하나는 야생성[19]이다. 이 견해는 야생의 상태는 특별한 가치가 있으며 교란 이전의 구조가 야생성을 나타내기 때문에 손상된 상태보다 더 가치가 있다고 보는 것이다. 따라서 복원은 잃어버린 야생성의 회복을 약속할 수 있어야 한다.

그러나 생태복원에는 역설이 숨어 있다. 야생성은 인위적인 통제와는 반대되는 상태이기 때문에, 인간의 인위적 개입이 들어가는 프로젝트에서는 어떻게 자연 그대로의 야생성을 향상시켜줄 수 있을지에 의문이 있다.

생태복원 논쟁을 더욱 어렵게 만드는 것은 사람들의 가치관이 모두 다르다는 점이다. 자연에서 발견되는 가치의 원천은 감각, 의식, 자의식, 살아 있음, 번식 능력, 아름다움, 다양성, 풍요로움, 복잡성, 조화, 안정성 및 자연스러움 등이다. 이 단어들을 보면 다양한 수준에서 가치가 발생할 수 있다는 것이며, 사물은 돌이나 흙, 하천과 호수 등과 같은 지구상의 전체 생태계에 이르기까지 각각의 가치가 있기 때문이다.

생태복원과 관련된 논쟁의 핵심 문제 중의 하나는 자연에서 발견되는 가치가 내재적 가치인지 도구적 가치인지에 대한 판단 여부이다. 내재적 가치는 특정 대상(추상적 또는 물리적)이 그 자체로서 또는 그 자체를 위해 갖는 고유한 가치이다. 내재적 가치란 일을 하면서 얻게 되는 정신적 즐거움, 보람, 만족 등을 의미하며, 나무가 가지고 있는 가치, 물이 가지고 있는 가치 등을 말한다. 이와 같은 내재적 가치는 객관적이며 다른 것에 의존하지 않는다.

---

19) 야생성(wilderness)은 인간의 활동으로 변형되지 않은 자연 환경을 말함. 원형 그대로 보존된, 그 누구의 발길도 닿지 않은 자연으로, 인간의 개발 행위나 훼손이 이루어지지 않은 청정지대로 볼 수 있음.

반면에 도구적 가치는 그 자체로는 가치가 없지만, 원하는 목적을 위한 수단이기 때문에 가치가 생겨난다. 예를 들어, 나무는 산소와 목재를 공급하고 물은 생명을 유지하고 어류의 서식 공간을 제공해주기 때문에 인간과 다른 생물종에게 중요한 가치를 가지게 된다.

자연이 본질적으로 가치가 있는 것으로 간주되는 경우에 중요한 질문이 제기된다. 인간이 세상에서 만드는 영향과 변화가 자연적으로 발생하는 변화와 다른 어떤 가치가 있는가? 이 질문은 자연과 인간이라는 이분법 문제를 제기한다. 이분법에 반대하는 사람들은 인간과 그들의 행동을 포함하여 모든 것이 자연스럽다고 주장하며, 이분법을 옹호하는 사람들은 인간이 다른 종에 비해 본질적으로 다른 것이 있다고 주장하고 있다.

방법

생태복원의 과정을 다루는 수단으로서, "목표를 어떻게 달성해야 하는가?"라는 질문에 답을 해야 한다. 생태복원을 위한 적절한 수단은 실제로 철학자들로부터는 많은 관심을 받지 못하였으나, 이런 방법은 생태복원의 핵심적인 요소 중의 하나이기 때문에 또 다른 중요한 의미를 갖는다.

자연의 본질적인 가치는 훼손이나 교란 이전의 구조를 생태복원의 목표로 정할 것을 요구하고 있기 때문에 인간의 영향을 최소화해야 하는 것이다. 만약 인간의 행위가 적절하지 않다면 인위적인 식재나 파종 등의 방법 보다는 화재나 홍수와 같은 자연적 수단을 사용하여 훼손된 곳이 스스로가 치유될 수 있도록 하는 방법을 택함으로서 인간의 활동을 최소한으로 제한하는 것이 필요할 것이다.

생태복원의 방법 중에서 어떤 지역이나 어떤 식물종을 복원하기 위해 그곳에 조금 남아 있는 식물이나 서식지를 인위적으로 제거하는 행위가 논란이 되고 있다. 종종 생태복원 프로젝트에는 새로운 생태계를 조성한다는 명분으로 그나마 남아있는 일부 동식물종을 파괴하는 행위가 포함되는 경우가 있다. 그리고 이러한 일들은 직접적으로 남아있는 동식물종을 훼손하지 않는 경우라도 나중에는 간접적으로는 영향을 주게 되는 일들이 많다.

예를 들어, 도서지역 서식지 복원을 통해 희귀 조류를 도입하게 된다면, 그들 조류가 먹이로 삼는 작은 동물(곤충, 개구리 등)은 포식하는 종으로부터 직접적으로 피해를 받게 된다. 과거에 염소의 방목으로 문제가 되었던 도서지역에서 고립된 섬의 생태계를 복원하고 멸종위기에 처한 조류의 서식지를 복원하기 위하여 염소를 포획하고 제거한 사례가 있다. 이와 같이 인위적으로 도태시킨 염소와 섬지역의 멸종 위기에 처한 식물 사이에 적절한 절충안은 무엇일까? 염소를 제거하는 것만큼 새롭게 복원하는 식물은 얼마나 희귀하고 가치가 있어야 하는가? 이러한 인위적인 간섭 행동을 자연이 아니라 인간이 제대로 판단할 수 있을까?

[그림 6]　외래 유입종으로 훼손된 무인도서의 생태복원 프로젝트(신안군 칠발도)[20]

많은 복원 프로젝트에서 외래종은 직접적인 제거의 대상이 된다. 외래종은 "인간에 의해 환경에 도입된 종"으로 정의된다. 외래종의 문제는 종종 환경을 극적으로 변화시키고 자생 동식물종을 위험에 빠뜨릴 수 있다. 외래종은 인간이 도입했기 때문에 한 지역에서 번성하는 종(생태적으로 적절하지는 않지만 개별 종의 입장에서 보면 그곳에 나름대로 정착하고 있는 상태임)을 제거하는 것이 적합한지에 대한 의문이 제기될 수 있다.

생태복원 프로젝트에 반대하는 많은 철학자와 사람들이 종종 실행 방법에 문제를 제기하고 있다. 생태복원을 해야 하는지에 대한 질문만 보면 찬성인 경우가 많겠지만, 그 방법에 대해서는 이해관계자들의 생각이 너무나 다르기 때문이다. 따라서 생태복원에서 모든 방법은 반드시 수용 가능한 것이 아님을 분명히 밝혀야 하며, 결국은 복원의 목표와 가치와 관련되어 실행 방법은 또 다른 선택의 문제로 남게 된다.

자연환경을 보호해야 한다는 명제는 더 이상 논란의 여지가 없다. 물론 현실을 본다면 자연환경과 인간의 제반 이익이 충돌할 경우 후자가 우선시되는 경우가 많다. 그러나 자연환경의 보호나 복원의 이념 자체가 부정적으로 인식되는 경우는 거의 없는 것 같다. 우리는 인간 중심이냐 아니면 자연 중심이냐를 불문하고 자연 환경의 전면적인 파괴를 정당화할 수 있는 이론을 주장하지 않고 있으며, 법이나 제도적 차원에서도 그와 같은 결론에 도달한다.

실제로 생태복원은 '자연'이라는 대상에 대한 인간의 새로운 도전이다. 복원 행위는 자연적인 것과 인위적인 것의 경계선에 맞닿아 있기 때문이다.

자연은 유지되고 보호되고 복원되어야 한다. 새로운 분야인 생태복원은 환경철학과 자연과의 관계에 완전히 새로운 차원을 제공한다. 우리는 '생태복원'에 대한 명확하고 포괄적인 정의

20) 신안군 칠발도에서 바닷새 서식환경에 영향을 주는 위해 식물을 제거하고 자생식물을 도입하여 조류의 서식처 및 산림 식생을 복원한 프로젝트로, 조류 서식에 영향을 주는 위해 식물을 제거하고, 자생식물(밀사초)을 증식하여 식생 개량을 도모함. 특히 목표종의 서식환경을 개선하기 위하여 현지의 식물 종자를 채취, 증식, 이식 및 관리하는 일련의 과정이 모범적으로 적용됨(국립공원관리공단).

를 내려야 하며, '자연'과 '자연'이 의미하는 바를 재평가 할 수 있는 기회로 삼아야 한다.

생태복원 프로젝트의 성공을 위해서는 명확한 목표가 필수적이다. 복원 프로젝트의 목표는 프로젝트의 최종 산출물과 이 결과를 성공으로 판단할 수 있도록 하기 위하여 산출물이 어떤 모습인지를 미리 예측하여야 한다.

그러나 복원 프로젝트는 자연을 바라보지만 자연이 스스로 가지고 있는 목표가 무엇인지 알 수 없기 때문에 그러한 생태복원에 적용하기 위한 수학적 공식을 실제로 자연에서 찾을 수 없다는 어려움이 있다. 또한 생태복원의 주된 목표는 손상된 생태계를 원래 상태로 복원하는 것인데, 어떤 상태의 생태계가 합리적인가를 판단하는 것도 어렵다. 따라서 우리는 어떤 과정을 따르고 어떤 목표를 수용해야 하는 것이 바람직한가?

지구환경 파괴와 온난화에 직면해 있는 우리는 생태복원에 대해 전 세계적으로 합의된 개념을 찾기 위하여 적용 가능한 목표를 찾아야 한다. 따라서 목표는 주변의 광범위한 복원 활동을 포함할 수 있을 만큼 충분히 넓어야 한다. 그러나 동시에 좋은 복원 프로젝트와 나쁜 프로젝트를 구분할 수 있어야 하며, 더 중요한 것은 복원 프로젝트와 그렇지 않은 프로젝트를 구분할 수 있어야 한다.

가치는 생태복원 프로젝트에 동기를 부여하고 정당화하기 때문에 복원의 근본적인 부분이 되어야 한다. 우리는 왜 복원을 하려고 하는가? 그 이유는 바로 복원을 통해서 자연이 잃어버린 것이라고 인정되는 가치를 되살리기 위한 것이다. 이와 함께 복원의 목표를 정당화하고 사용하는 방법도 정당화해야 한다. 우리가 생태를 복원해야할 할 의무가 있다고 느낀다면 이와 관련한 도덕적 주장들도 목표 선택에 중요한 역할을 하게 될 것이다.

자연의 보전이나 복원을 다룰 때에는 자연에서 찾을 수 있는 가치를 중요하게 여겨야 한다. 자연 지역이 보존된다면 그것은 반대로 잃어버릴 가치가 있는 무언가가 존재하기 때문이다. 즉 의도적인 개입[21]의 행위인 생태복원 프로젝트에 의해서 실제로 자연이 더 자연스러워지는 데 도움이 되는 것이 아니라 오히려 인간의 개입을 많이 받게 될 수도 있다. 따라서 자연의 보전이나 복원은 역설적인 표현이기는 하지만 자연을 어떻게 이해하느냐에 달려 있다. 오늘날 큰 화두가 인류의 '지속가능성'이라 한다면, 자연을 간과해온 현 상태에서는 효용성, 생산성, 합리성 등의 평가기준들은 재고되어야 한다.

이미 생태계가 파괴되고 본래의 자연이 변형된 상황 속에서, 자연을 있는 그대로 두는 것이 좋은지, 아니면 인위적인 조작을 하는 것이 바람직한지는 일괄적으로 정할 수는 없다. 산불이 난 곳에 조림을 하여 복구하는 방법과 자연적인 식생침입을 유도하는 방법 중에서 어느 것이 효과적인지에 대한 결론은 쉽게 내릴 수 없다. 또한 효과는 자연의 관점에서 볼 것인지, 아니면

21) 의도적인 개입은 생태기반의 층(토양, 모래, 암석 등) 개량, 외래종 조절, 서식지 개량, 식물의 재도입 등과 같이 생태복원을 위해 수행하는 인위적인 조치를 말함.

인간의 관점에서 볼 것인지에 대해서도 마찬가지이다. 따라서 생태복원에 인간이 어떻게 얼마나 개입해야 할지에 대해서는 의견이 분분하기 때문에 모두의 지혜를 모으는 집단지성이 필요하게 된다.

자연을 가장 잘 이해한 사람이 자연을 가장 잘 다룰 수 있다. 생태적 합리주의는 자연과 생태계의 복잡한 유기적 인과성을 파악하고, 자연의 도구적 가치뿐만 아니라 비도구적 가치도 고려하며, 미래세대뿐만 아니라 다른 생명의 안위도 헤아려야 한다고 주장한다. 생태적 합리성을 고려하면서 지구를 생태적으로 경영할 때 인류의 지속가능성은 높아질 것이다.

이러한 관점에서 복원의 과정과 그 과정에서 우리가 핵심적인 역할을 수행하는 것은 너무나 당연하다. 또한 생태적 사고로 나아가기 위해서는 인간중심적 사고를 버려야 하겠지만, 지나치게 높은 도덕성을 요구하게 되면 대중들을 생태적 의무로부터 멀어지게 할 수도 있다. 결국은 우리는 인간중심주의와 생태중심주의의 타협점을 찾아야 하지 않을까?

#2

무질서한 자연이 오히려 질서가 있다.

(1) 엔트로피의 개념

학교 입학식에서 많은 학생들이 모여서 행사를 준비할 때 줄이 잘 맞춰져 있으면 사람들은 참 질서정연하고 학생들이 말을 잘 듣는다고 생각을 한다. 그러나 행사 시간이 길어질수록 그 줄은 조금씩 흐트러지게 되고, 만약 앞에서 통제하는 선생님마저 자리를 뜨게 된다면 그 형태는 직선의 형태가 아니라 괴상한 곡선으로 비뚤어지고, 몇몇은 옆의 친구와 장난을 치기 위해 두세 명씩 뭉쳐있는 질서가 없는 형태로 바뀌게 된다.

훈련을 잘 받은 군인(특히 훈련소의 병사들)들은 자의반 타의반으로 아주 오랜 시간 동안 그 질서정연한 상태를 유지할 수 있겠지만, 만약 초등학교 1학년 학생들이라고 한다면 그와 같은 질서가 오래 유지될 것이라고 기대할 수가 있을까? 오히려 줄이 흐트러지고 몇몇이 모여 있는 형태가 자연스러운 모습일 것이다.

이성적인 생각으로 스스로의 행동을 통제할 수 있는 인간도 이렇게 질서를 유지하는 것이 어려운 일인데, 각각의 생명체들이 본성에 따라 행동특성을 보이는 살아 있는 생태계 내에서는 이와 같은 질서정연한 모습은 더 찾기가 어렵다. 오히려 자연 속에서는 질서가 있는 것과는 반대의 개념으로 무질서한 상태를 더 쉽게 볼 수 있다. 이와 같이 무질서한 상태를 물리학 용어로 엔트로피라고 한다.

엔트로피[22]라는 말은 1850년대 초 독일의 과학자 클라우지우스(R. Clausius)가 처음으로 사용한 개념으로서 쉽게 표현하면 어떤 시스템의 '무질서도', '무질서한 정도' 혹은 '규칙적이지 않은 정도'를 측정하는 물리학적 양이다. 자연현상이 자발적으로 변화하는 방향은 물질계의 엔트로피가 증가하는 방향으로 일어나는데, 이를 엔트로피 증가의 법칙이라고 한다. 그리고 엔트로피가 감소하는 방향은 비자발적인 현상으로 본다.

---

22) 엔트로피(entropy)라는 용어는 'energy'라는 말과 그리스어 'tropy(향성)'을 합성하여 만든 것으로 자연 속에서 물질계의 열적 상태를 나타내는 물리학 용어이며, 일반적으로 기호 S로 표시함.

지금 기억은 가물가물 하지만 학교 수업시간에 본 적이 있었던 것 같은 엔트로피는 열역학 법칙에 나오는 물리학 용어이다. 열역학 제 1법칙[23]은 우주의 총량은 일정하며, 생성되거나 소멸하지 않고 형태만 바뀐다는 에너지 보존의 법칙이다. 제 2법칙[24]은 자연현상의 변화는 항상 일정한 방향으로만 흐른다는 법칙이다. 엔트로피란 이 과정에서 자연물질이 변형되어 다시 되돌릴 수 없는 상태를 의미한다.

열역학 제 1법칙에 의하면 에너지는 그 형태가 변하기만 할 뿐 새로 생기거나 사라지지 않기 때문에 그 총량은 언제나 일정하다고 하고 있다. 그렇다면 우리가 자연을 훼손시키기 않고 원상태로 복원하게 된다면 에너지는 원래의 상태와 양으로 돌아갈 수 있을까? 또는 자연재해 등으로 훼손된 자연은 과연 스스로 생태계 기능을 회복할 수 있을까? 라는 의문이 생긴다.

문제는 에너지의 형태가 변하는 과정에서 언제나 손실이 발생하게 된다는 점이다. 물론 손실이라고 해서 에너지가 완전히 없어지는 것은 아니고 우리가 파악하지 못하는 다른 형태로 바뀌는 것이기는 하지만… 이 책에서는 열역학 법칙을 자연계에 접목해 보고 이를 생태복원의 관점에서, 특히 "무질서"의 개념을 통해서 알아보고자 한다.

모래시계와 같이 간단한 사례를 살펴보자. 우리가 흔히 볼 수 있는 모래시계는 호리병과 같은 투명한 구조 안에 모래가 있고, 시계를 세워 놓았을 때 그 모래는 일정한 시간 동안 위에서 아래로 떨어지게 되어 있는 구조이다. 모래시계는 유리병 안에 모래가 다시 들어가지 않고 나오지도 않는 폐쇄된 시스템이며, 유리통 안에 있는 모래의 양은 일정하고 모래가 유리 내에 새롭게 생기거나 없어지지 않는다. 이것은 열역학 제 1법칙과 유사하며, 모래시계 내부에서는 물질 에너지의 생성이나 파괴가 없다. 반면 병 안에 있는 모래의 양은 일정하지만 그 분포는 모래시계를 뒤집어 놓음으로서 지속적으로 변하게 된다.

상부에 있는 모래가 하부로 떨어지면서 하부가 채워지고 상부가 비게 되는 경우 이것은 엔트로피(바닥부 모래)가 항상 증가한다는 열역학 제 2법칙과 유사하다. 상부(낮은 엔트로피)의 모래는 폭포의 물처럼 떨어지면서 일을 하는 것이고, 바닥(높은 엔트로피)의 모래는 이동하는데 에너지를 이미 사용한 상태이다. 만약 모래가 떨어지기 전의 상태로 되돌리려면 이미 사용된 것보다 더 많은 에너지를 사용하여 모래시계를 뒤집는 것 외에는 소모된 에너지를 재활용할 수 없게 된다.

---

23) 열역학 제 1법칙(the first law of thermodynamics)은 일반화된 에너지 보존 법칙의 표현으로 "어떤 계에서 내부 에너지의 증가량은 계에 더해진 열에너지에서 계가 외부에 해준 일을 뺀 양과 같다." 는 것을 의미함. 열의 이동에 따라 계 내부의 에너지가 변하는데 이때 열에너지 또한 변하며, 이 에너지는 계 내부의 원자·분자의 역학적 에너지 등을 나타냄.

24) 열역학 제 2법칙(the second law of thermodynamics)은 열적으로 고립된 계에서 매 시각마다 계의 거시상태의 엔트로피를 고려하였을 때, 엔트로피가 더 작은 상태로는 진행하지 않는다는 법칙임. 이 법칙을 통해 자연적인 과정의 비가역성과 미래와 과거 사이의 비대칭성을 설명함.

[그림 7] 강릉 정동진에 있는 대형 모래시계

결국 열역학 제 2법칙에 따라서 에너지가 변화하는 과정에서 파악할 수 있는(우리가 필요로 하는) 것은 에너지는 점점 감소하게 되고, 새로운 형태의 에너지(무질서)가 증가하게 된다는 것이다. 이 조건에서 엔트로피는 계속 증가하지만 이를 감소시킬 수 있는 효율적인 방안이 없기 때문에 모래가 아래로 떨어져서 그대로 있는 상황이 된다.

열역학 제 2법칙에 의하면 엔트로피는 감소하지 않기 때문에 자원을 사용함으로써 증가시킨 엔트로피는 다시 되돌릴 수 없다. 물론 이 법칙은 기체의 역학에 관련된 물리적 특성에 대해 확률이라는 수학적 개념[25]을 적용시킨 것으로서, 엔트로피가 증가하는 것은 발생될 가능성이 매우 높지만 그 반대로 엔트로피가 감소하는 방향으로는 일어날 가능성은 극히 희박하다(거의 불가능하다는 것이 바람직함)는 것을 나타낸다.

따라서 자연을 대상으로 지금 같이 자원(생물자원 이용, 토지 개간 등)을 계속 사용하다보면 한정된 자원은 모두 고갈되고, 이와 함께 훼손되거나 변형된 자연은 스스로 복원되기 어려워 질 것이다. 만약 사진에 있는 정동진의 대형 모래시계를 사람의 힘으로만 뒤집어 놓기 위해서는 많은 사람이 필요할 것이다. 그리고 생태계 속에서 멸종위기에 처한 생물종을 복원한다거나 훼손된 숲을 그 이전으로 다시 되돌리기 위해서는 모래시계를 뒤집는 것보다 얼마나 많은 노력(에너지)이 필요할지는 여러분 스스로 상상해보는 것도 재미있을 것이다.

제레미 리프킨(J. Rifkin)이 펴낸 『엔트로피(Entrophy)』라는 책에서는 열역학의 제 2법칙, 즉 '모든 물질과 에너지는 이용이 가능한 것에서 이용이 불가능한 것으로 또는 질서가 있는 것에서 무질서한 것으로 변한다'고 말하고 있다. 우리의 생활과 연관시켜 볼 때 엔트로피는 모든 경제활동을 지배하는 기본 원리이며, 이 궁극적인 원리를 인식하고 이것에 의해 경제정책의 새

25) 데이비드 린들리(이덕환 역). 2003. 볼츠만의 원자.

로운 방향을 잡지 못하면 앞으로 세계는 파국을 재촉할 뿐이라고 경고하고 있다.

지구라는 자연은 닫힌계가 아니라 외부로부터 태양 에너지가 계속 유입된다. 물론 많은 양이 지구복사 에너지의 형태와 반사로 빠져나가기는 하지만 꾸준히 많은 양의 에너지가 유입되고 있다. 따라서 태양에서는 에너지가 방출되고(엔트로피가 증가), 지구는 에너지가 유입되는 것이며(엔트로피의 감소), 보다 넓은 우주의 차원에서는 엔트로피가 증가하는 것이라고 할 수 있다. 반면 우주선을 통해서 물체를 가지고 밖으로 나가서 버리는 외계 행성 탐사선 등은 지구가 가지고 있는 에너지 총량을 밖으로 가져다 버리는 행위라고 볼 수 있다. 하지만 지구 차원에서 본다면 무시해도 될 정도로 작은 양이다.

이 책에서는 이와 같은 고민을 너무 확장하지 말고 우주의 차원이 아니라 지구의 차원에서 닫힌계라는 상황에서만 검토해보고자 한다. 따라서 우리가 살고 있는 지구로 눈높이를 맞추고 본다면, 열역학 제 1법칙에 의해 에너지는 보존되며, 열역학 제 2법칙에 의해 지구 내에서 엔트로피는 증가하게 된다.

자연계에서는 자발적으로 변화하는 방향이 물질계의 엔트로피가 증가하는 방향으로 일어나며(자연계에서 일어나는 모든 과정들은 가역과정이 아니라는 것을 나타냄), 엔트로피가 감소하는 방향은 비자발적인 현상으로 보고 있다. 그리고 여기에서 생태복원의 실마리를 찾을 수 있다.

(2) 자연의 무질서한 상태

물질의 변화 과정에서는 에너지 변화가 일어난다. 에너지는 일을 할 수 있는 능력이라 정의되는데, 물질의 변화 과정을 보면 에너지의 형태나 성질이 변하면서 일부는 일을 할 수 없는 에너지로 변화된다. 이때 일을 할 수 있는 에너지를 엔탈피(H)라 하고, 일을 할 수 없는 에너지를 엔트로피(S)라 한다.

어떤 형태의 에너지를 이용하여 일을 하면 그 과정에서 에너지의 전환이 일어난다. 이때 전환된 에너지의 총량은 일정하지만 일부는 일을 할 수 없는 형태의 에너지로 전환되는 현상이 일어난다. 즉, 엔트로피가 증가하는 방향으로 변화된다.

물질의 변화는 대부분 무질서도가 증가하는 방향, 즉 엔트로피(S)가 증가하는 방향으로 진행된다. 집에서 음식을 할 때 참기름 병을 열어두면 냄새가 퍼져 나간다. 병속에 있던 향기를 가진 분자는 온도에 의해 증발하거나 미세한 움직임에 의해 스스로 퍼져 나가게 되는데, 분자의 입장에서 본다면 공기 중에 확산되는 것이므로 병 속에 모여 있을 때보다는 무질서한 상태가 된다. 그리고 사람들은 고소한 향기에 매료되어 배고픔을 느끼게 된다.

이렇게 엔트로피(S)가 증가하는 방향의 변화는 일어날 수 있지만 엔트로피(S)가 감소하는 반대 방향은 비자발적 변화이므로 쉽게 일어나기가 어렵다. 무질서도가 증가한다는 것은 엔트로피(S)가 증가하는 것이므로 반응에 따른 엔트로피 변화(ΔS)는 쉽게 예측할 수 있다. 어떤 반응에서 엔트로피 변화(ΔS)는 최종 상태의 엔트로피에서 초기 상태의 엔트로피를 뺀 값이다(ΔS = 최종 S - 초기 S). 이와 같이 엔트로피 변화(ΔS)를 측정하여 반응이 자발적인지 또는 비자발적인지와 같이 반응의 방향을 설명할 수 있다.

생명체가 새롭게 탄생하고 성장한다는 것은 주위로부터 유용한 에너지를 계속해서 흡수하는 것이며, 이렇게 해야 엔트로피가 낮은 상태를 유지시킬 수 있다. 식물을 대상으로 할 때 그 에너지원은 바로 태양 에너지이며 식물은 광합성을 함으로써 직접적으로 에너지원을 흡수해서 생존한다. 반면 대부분의 동물은 광합성을 하기 보다는 식물(1차 생산자)이나 다른 동물을 먹음으로써 에너지를 흡수하는 것이므로 결국 동물도 간접적으로 태양에 의존하면서 생존한다고 볼 수 있다.

생성과는 반대인 소멸의 과정도 이와 같이 해석할 수 있다. 지상에 있는 풀이나 나무처럼 식물 자체도 질서를 가진 존재이지만 오랜 시간이 지나게 되면 흙으로 돌아가게 된다. 모든 생명체는 결국은 분해되는 과정을 거치게 되는데, 이렇게 생명은 순환하는 특성을 가지고 있으며 오늘날 생태학의 기본 틀에서 엔트로피의 증가 과정을 간접적으로 이해할 수 있다.

생태계적 엔트로피에 대하여 그림을 통해 설명한다면 생태계는 열린 계라고 할 수 있다. 여기에서는 물질과 에너지가 주위와 교환되고 있으며, 생명체가 살아있는 한 절대로 평형에 이르지 못한다. 따라서 주위로부터 유용한 에너지를 계속해서 흡수함으로써, 생명체는 평형상태와는 다른 상태를 유지한다. 물질과 에너지가 더 이상 생명체로 흘러 들어오지 않게 되면, 이러한 상태는 곧 평형상태 즉, 죽음에 도달하게 된다.

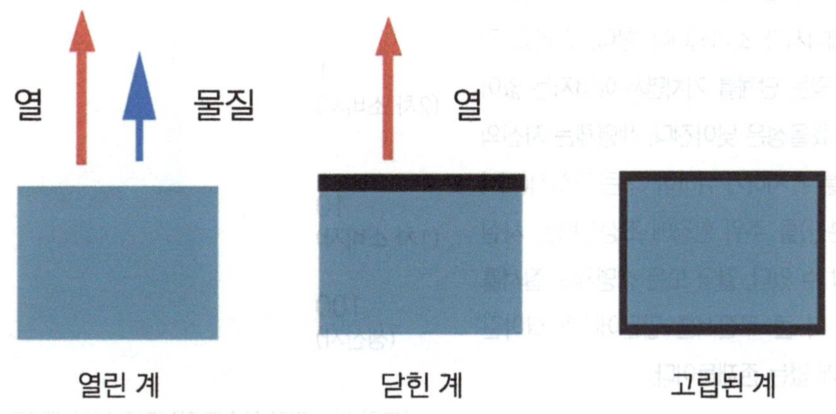

[그림 8] 여러 가지 위상의 계(system)에 대한 개념

러셀(Russell)[26]은 "모든 생명체는 주위 환경으로부터 가능한 한 많은 것을 자신이 살아가는데 필요한 자원으로 바꾸려고 하는 일종의 제국주의자다"라고 말한 바 있다. 이러한 에너지 획득의 과정에 있어서 모든 생명체는 적어도 일부분의 에너지를 사용 불가능한 상태로 만들면서 에너지를 분산한다. 아주 작은 식물조차도 전체 환경 속에서 더 큰 무질서를 만들면서 자신의 질서를 지켜 나간다.

식물의 경우 광합성에 의하여 즉, 태양으로부터 엔트로피를 흡수함으로써 살아간다. 이러한 과정을 통해서 태양에너지가 흡수되고, 동물은 그 식물을 먹어서 2차적으로 에너지를 흡수하게 된다. 이와 같이 먹이 사슬 관계를 통해 엔트로피는 계속 변하고 있다.

먹이사슬에 따른 에너지의 변화

생태계 내에서의 에너지 변화에 대해 간단한 먹이사슬의 예를 통해 밀러(G. Tyler Miller[27], 1971)가 설명한 내용이 있다. 이 가정에는 풀, 메뚜기, 개구리, 송어, 그리고 사람으로만 구성되어 있다.

에너지는 한 곳에 정체되어 있지 않고 먹이를 먹는 과정에서 이동하고 변환된다. 이런 과정 속에서 총 에너지의 80~90%는 그냥 낭비되어 열의 형태로 주위환경으로 빠져 나가게 된다. 전 단계에서 얻은 에너지의 10%에서 20%만이 다음 단계로 이전된다.

다음 단계의 생물이 죽지 않기 위하여 필요로 하는 먹이의 양을 숫자로 쉽게 표현해보면, "한 명의 인간이 1년을 살기 위해서는 3백 마리의 송어가 필요하다고 볼 때 3백 마리 송어는 9만 마리의 개구리를 먹어야 하며, 개구리는 2천 7백만 마리의 메뚜기를, 메뚜기는 1천 톤의 풀을 먹어야 한다고 가정할 수 있다."[28]

따라서 사람 한 명이 질서 있는 상태를 1년 동안 유지하기 위해서 엄청난 양의 메뚜기(1차 소비자)나 풀(생산자)에 해당하는 에너지가 소비되어야 한다. 그리고 먹이를 먹는 단계를 거치면서 에너지는 없어지며 효율성은 낮아진다. 생명체는 자신의 질서를 유지하기 위하여 더 큰 무질서(에너지 분산)를 주위 환경에 조성한다는 사실을 알 수 있다. 결국 모든 생명체는 질서를 위해 더 큰 무질서를 만들어내며 살아갈 수밖에 없는 존재들이다.

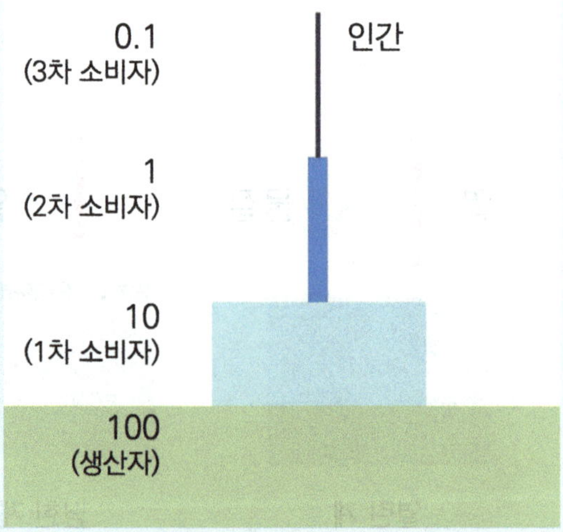

[그림 9] 먹이 사슬과 에너지의 변화 개념도

엔트로피의 개념을 생태복원의 관점에서 보면 다음과 같은 설명이 가능하다. 생태복원 프로젝트의 대상을 훼손된 산이라고 가정해보자. 이곳에 나무를 심는 방법을 계획할 때 조림의 방식으로 미리 준비된 같은 규격의 묘목을 일정한 간격으로 심는 것은 작업의 효율성과 조성 이후의 관리의 측면에서는 매우 편리하다. 이 방법은 무질서도가 낮다고 볼 수 있지만, 당초 조림의 목적이 빠른 시간 내에 경제성이 있는 나무를 균질하게 키운다는 측면에서는 매우 효과적이다. 그러나 자연 상태에서 엔트로피가 증가하는 방향으로 움직이는 현상을 고려해 본다면 이렇게 같은 규격의 묘목이 같은 간격으로 심어진 곳에서 그 나무들이 계속 똑같은 간격을 유지하면서 같은 높이로 자라게 될 것이라고 기대하기는 어렵다.

예를 들어, 산지 1ha(100m × 100m)의 면적에 2,500그루의 묘목을 줄을 맞추어서 조림한다고 가정할 때 각각의 나무는 약 2m 간격으로 심어지게 된다. 그러나 나무를 심은 이후에 별다른 조치를 취하지 않을 경우 몇 년 뒤 산에 가서 보면 나무의 높이는 일정하지 않을 것이며, 심어진 2,500그루의 나무 중 일부가 도태되었을 가능성이 있다. 또한 심어진 나무 외에도 땅속에 있던 종자나 외부에서 이입된 식물종이 다양하게 들어와서 경쟁을 하면서 살고 있는 것을 보게 될 것이다. 이러한 과정을 생태학에서는 천이[29] 과정으로 해석하기도 한다.

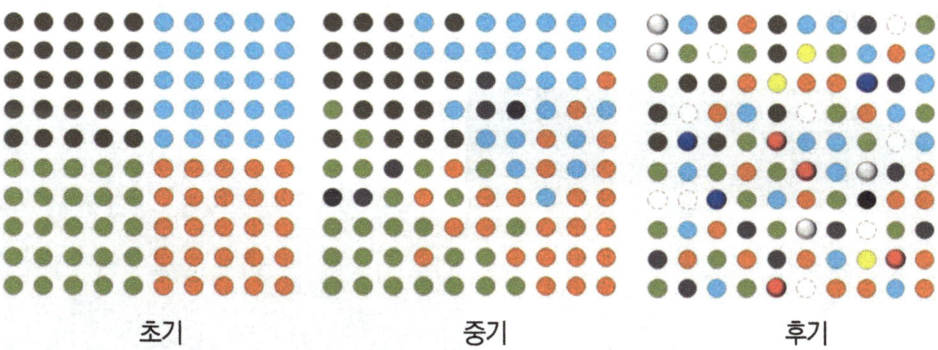

[그림 10] 조림 후 시간의 변화에 따른 식생의 변화를 예측한 개념도

26) 러셀(Bertrand Arthur William Russell, 1872~1970)은 영국의 수학자, 철학자, 수리논리학자임.

27) Miller G.T. 1971. Energetics, Kinetics, and Life : An Ecological Approach.

28) 이 내용을 우리나라 실정에 맞게 닭과 사료로 표현해보려고 했으나, 저자의 의도를 명확하게 나타내기가 어려워 원문을 그대로 번역해서 실었음.

29) 천이(succession)는 생물학 분야에서 어떤 식물 군락이 환경의 변화에 따라 새로운 식물 군락으로 변해가는 과정을 말함. 예를 들어, 산사태나 홍수가 지나간 곳이나 벌목 등으로 맨 땅에 드러난 곳을 방치해 두면 어느새 초본류가 자라며 나무의 싹도 트게 되며, 시간이 지남에 따라 처음에 생긴 식물 군락은 다른 군락으로 바뀌게 됨.

만약 심어진 나무들이 모두 잘 자라기를 바란다면 중간에 잡초나 잡목을 제거하는 작업(에너지의 투입)이 이루어져야 한다. 초기에 질서 있게 심어진 나무들이 경쟁과 도태 과정을 통해서 다양성이 높은 식물군락으로 변하게 되는 것이 자연스러운 과정이겠지만, 반대의 개념으로 여러 가지 나무와 풀들이 한데 모여 살고 있는 숲이 갑자기 정신을 차리고 한 가지 나무만 선택해서 질서정연하게 일정 간격으로 다시 자리를 잡게 되는 것은 상상하기가 어렵다.

일정 공간에서 다양한 생명체들이 같이 살게 되는 것도 엔트로피가 증가하는 방향이라고 볼 수 있다. 이와 같이 식생의 천이는 자연 속에서 엔트로피를 증가시켜 주는 하나의 자연스러운 현상이며, 질서정연한 상태에서 무질서한 상태로 변하는 것이 어찌 보면 당연한 과정이다. 단일한 식생으로 구성된 상태보다는 좀 더 다양한 식물종들이 같이 어우러져 살 수 있는 기회를 제공해주는 것과 같이 생물다양성을 증진시켜주는 것, 즉 생물종 측면에서 무질서한 상태로 만드는 것이 바로 생태복원의 기본 개념인 것이다.

자연을 대상으로 하고 있기 때문에 별도의 에너지를 투입하지 않고 자연 스스로 어떤 상태를 이루어가도록 하는 것이 효율적인 생태복원이라고 할 수 있다. 그러나 생태계가 가지고 있는 자체의 능력이나 범위를 넘어서는 에너지를 인간이 자연계에 투입하게 되면 언젠가는 자연계의 동화·흡수 능력은 파괴되어 생태계는 위기에 이르게 될 것이다. 결국 위기의 상황을 피하기 위해서는 생태계가 회복이 불가능한 상태로 파괴되지 않도록 물질순환의 시스템을 제어할 필요가 있다.

조성 상태 (2008년) | 변화하는 과정 (2018년)

[그림 11] 엔트로피가 증가하는 과정을 보여주는 생태복원 사례

위 사례는 광산복원 프로젝트에서 수목을 이식한 대상지로서, 2008년도에 개발예정지에서 채취한 단풍나무, 신갈나무 등을 2m 간격으로 식재한 현장이다. 초기에는 식재한 수목들이 정착하면서 숲을 형성하였으나, 이후 식재한 수목 외에 물오리나무, 거제수나무, 물박달나무, 산벚나무 등 10여종이 넘는 수목들이 침입하여 같이 자라고 있다. 초기에 이식하였던 수목 중 약 30%는 다른 수목들과의 경쟁에서 밀려 도태된 상태이다. 수목이 자리 잡고 있는 지역의 하

부에는 싸리, 쑥부쟁이, 억새 등이 침입하여 하층식생을 형성하고 있으며, 매년 모니터링을 해 보면 지금도 새로운 식물종들이 나타나고 있다.

이곳에서는 초기에 일정한 간격으로 식재되어 있던 곳에 다양한 식물종이 침입하면서 생물다양성이 높아지고 있으며, 자리를 잡은 수목들이 다양하게 층위를 형성하면서 수직적인 구조도 다양해지고 있다. 그리고 이 변화는 앞으로도 계속 나타날 것이다. 이와 같은 현상은 바로 엔트로피(무질서도)가 증가하는 자연스러운 과정이다.

(3) 엔트로피와 생물다양성

생태복원에서 중요한 의미가 있는 식생천이의 개념도 열역학 제 2법칙에 의해 설명할 수 있다. 최대 에너지가 분산된다는 기준으로 볼 때 생태계는 다양한 기작을 통해 자유 에너지를 소비하여 고정된 상태로 변한다. 여기에서 생물종은 다양한 열역학적 수준의 개체군으로 구성된 에너지 저장소 사이의 위계 차이에 따라 아래로 에너지를 옮겨주는 과정을 보여준다. 식생천이의 두드러진 특징인 바이오매스의 증가, 종 다양도의 증가 및 생물종 분포의 변화는 시간의 흐름에 따라서 에너지 밀도 차이를 줄이기 위한 현상으로 해석할 수 있다.

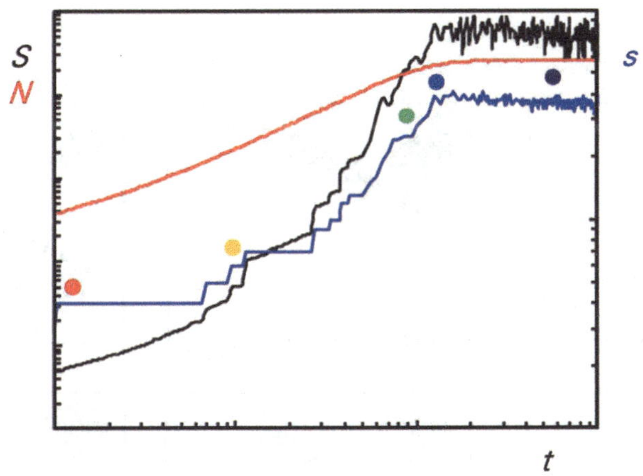

- S (검정) : 생태계의 상태를 나타내는 척도인 엔트로피
- N (적색) : 총 바이오매스의 양
- s (청색) : 종수
- t (흑색) : 시간의 함수로 구성한 시뮬레이션

[그림 12] 엔트로피를 활용한 생태적 천이에 대한 시뮬레이션 사례[30]

30) Würtz P. and A. Annila. 2010. Ecological Succession as an Energy Dispersal Process. BioSystems. (저자 일부 수정)

열역학적 의미에서 종은 에너지 전달 기작으로 표현되고 있다. 생태계 내에서 새로운 기작이 나타날 때마다 더 많은 물질과 에너지가 자연 과정에서 사용되고, 이에 따라 엔트로피가 빠르게 증가하고 있다. 또한 더 많은 외부의 에너지가 프로세스에 투입되거나 생태계 내에서 내부 에너지의 밀도 차이가 있는 변화가 나타나고 이는 식생천이라는 과정이 계속 진행된다는 것을 나타낸다. 이를 활용한 연구사례에서는 시간이 지나면서 식물종의 수와 그에 따른 바이오매스는 계속적으로 증가하고 있으며, 결국 엔트로피(무질서도)도 연관되어 증가한다는 것을 보여주고 있다.

다음도 유사한 사례로서 엔트로피와 생물다양성의 관계를 연구한 자료이다. 다양성은 생물군집을 평가하기 위하여 일반적으로 사용하고 있는 지표이다. 엔트로피 측정을 기반으로 한 이 접근법은 생태학적 패턴을 추론하기 위해 통계 및 열역학적 개념을 적용하고 있다. 종다양도, 풍부도 등을 토대로 유기체의 양을 엔트로피의 개념에서 보고 있으며, 대상 지역에서 지위의 특성과 식물종의 상황을 분석한 사례이다.

특정한 조건에서 대상지의 면적이 증가함에 따라서 엔트로피는 증가하고 있다. 넓은 면적에서 발견되는 식물종의 수나 양은 적은 면적에서 조사한 양보다 늘어나고 있는 것을 보여주고 있다. 즉 대상지 면적이 넓어질수록 엔트로피는 증가하게 되고 이에 따라서 다양한 식물종과 식물종의 생장 특성도 다양해지는 것을 알 수 있다.

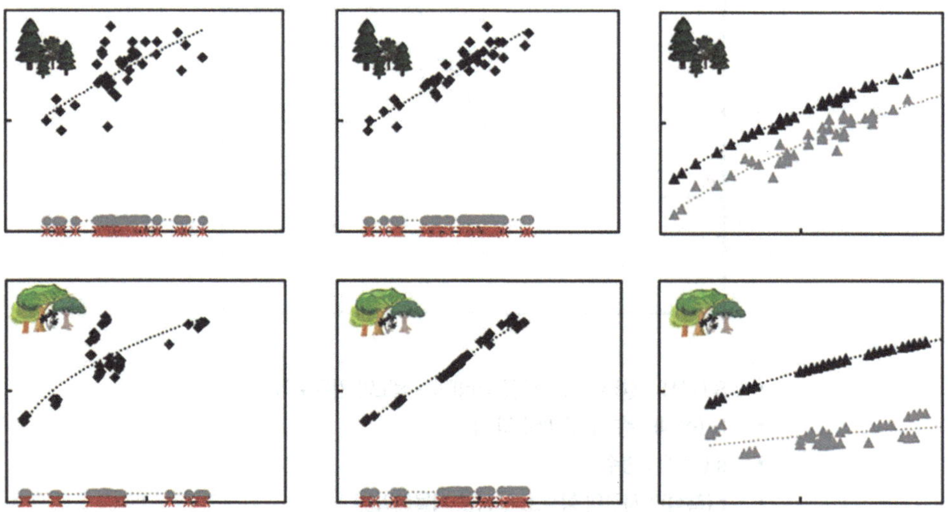

[그림 13] 확률 추정치에 따른 유기체의 양과 엔트로피의 관계를 분석한 사례[31].

31) Meloni F. et al. 2017. Biological Communities as Interacting Compartments : Thermodynamic Properties and Diversity Indices. (저자 일부 수정)

이 개념은 대상지의 식생조사를 하는데 있어서 어떤 면적으로 표본 조사구를 정해야 하는지와 같은 모니터링 방법과도 연관이 된다. 또한 생태복원 현장에서 어느 정도의 범위를 복원해야 생물다양성이 높아지고 훼손되기 이전의 원상태와 유사한 특성으로 회복될 것인지를 통계적으로 예측할 수 있도록 해준다.

유기적인 시스템 내에서는 에너지와 물질이 효율적으로 이용된다. 성숙한 생태계는 성숙하지 못한 생태계보다 종이 아주 다양하며 높은 엔트로피를 갖는다. 단일한 식물종을 이용하는 농업분야에서는 같은 공간에 집단으로 모여 있는 동일한 식물은 환경에 대한 대처능력이 떨어지는 경우가 있고, 이 같은 상황을 농업에서는 중요한 문제로 보고 있다.

어떤 단일한 식물종(예, 사과나무 과수원)에 영향을 미치는 화상병[32]은 이 종으로 대부분 구성된 식물군집에 한 번에 큰 피해를 줄 수 있다. 그러나 다양한 수종으로 구성된 식물군집은 일부가 특정한 병의 피해를 받더라도 전체 군집은 계속 그 피해를 감당해내면서 살아갈 수 있는 능력을 가지고 있다. 또한 다양성과 안정성은 '균형'을 의미하기도 하는데, 이 점은 생태를 지향하는 환경론자들이 현대의 대규모 조림이나 단일 식물종으로 이루어진 농업 정책을 반대하는 근거가 되기도 한다.

현대의 식량생산 정책은 단순한 동일경제체제(예를 들어 농업에서의 전문적 단일종 개발) 위주인데, 생태학의 법칙에 따라 이러한 획일성은 결국 균형이 아닌 불안정한 상태를 초래하게 되고 엔트로피가 낮은 상태를 유지하기 위하여 지속적인 에너지 투입이 불가피하다는 것을 반증한다. 균형은 생태계의 존속을 위해 반드시 필요하며, 이 균형은 변화하지 않고 고정된 것은 아니다. 자연계의 균형이 결코 정적일 수 없기 때문이다.

우리는 에너지를 자유롭게 형태를 바꾸어 사용할 수 있고 변환시킬 수도 있지만 그때마다 반드시 상응하는 대가를 치르게 된다. 이 대가란 본래 그 에너지의 형태가 가지고 있는 일할 수 있는 잠재능력, 즉 포텐셜(potential)의 상실이라고 표현한다. 생명체는 주위 환경으로부터 자유에너지를 흡수함으로써 엔트로피가 반대방향으로 변할 수 있다.

노벨상 수상자인 양자 물리학자 슈뢰딩거(Erwin Schrödinger)는 "주위로부터 음의 엔트로피를 계속해서 얻음으로써 모든 생물은 살아간다. 유기체가 먹고 사는 것은 바로 음의 엔트로피이다. 생물은 주위로부터 질서를 흡수한다[33]."라고 하였다. 모든 생명체는 평형을 향해서 움직이려는 경향이 있다. 우리 인간들이 생각을 하거나 몸을 움직일 때는 항상 주위에 에너지를 분산시킨다. 인간은 죽음의 평형상태로 자신이 분산되는 것을 막기 위하여, 끊임없이 자유에너지(음의 엔트로피)를 주위로부터 흡수해야 한다.

---

32) 화상병(fire blight)은 배, 사과와 같은 수목에 생기는 세균성 병해의 일종이며, 물의 잎·꽃·가지·줄기·과일 등이 마치 불에 타서 화상을 입은 것과 같이 되어 조직이 검게 말라 피해를 주는 병.

33) Erwin Schrödinger. 1944. What is Life. Cambridge University Press.

한 생물종이 특정한 형태의 생태계에서 지나치게 전문화되면, 이 종은 주위 환경의 변화에 적응할 수 없게 된다. 환경적응에 필요한 융통성이나 다양성을 갖추지 못했기 때문이다. 인간 사회도 마찬가지이다. 현대의 사람들은 과도하게 전문화되어 있는 에너지 환경에 잘 순응되어 있기 때문에, 새로운 에너지 환경으로 변환될 경우에 필요한 융통성을 대부분 잃어버린 상태이다.

생태계에서는 외부 및 내부 변화에 대응하여 나타나는 자기 조직화나 및 재구성 프로세스는 시간이 많이 걸릴 수 있다. 지금과 같은 재생 불가능한 자원(화석연료 등)의 사용은 미래에 돌이킬 수 없는 영향을 미치게 된다. 인간은 엔트로피의 자연스러운 흐름에 역행하듯이 에너지를 엄청나게 교란시키고 있으며, 그 변화는 인간을 대신하여 자연이 힘들게 감당해내고 있다.

#3

될성부른 자연은 떡잎부터 알아본다.

(1) 환경 포텐셜의 개념

될성부른 나무는 떡잎부터 알아본다는 속담이 있다. 이 말은 앞으로 크게 될 사람은 어려서부터 다른 아이들과 비교하여 뛰어난 경우가 있다는 것이다. 땅에 식물을 심어보면 알 수 있다. 사실 떡잎은 대부분 비슷하게 생겼기 때문에 떡잎부터 알아본다는 것은 이 분야에 대단한 내공을 쌓은 전문가들이나 할 수 있을 것이다. 그러나 떡잎이 실하게 올라온 식물을 보면 그래도 잘 자랄 것이라는 막연한 기대를 할 수 있다.

사실 종자에서 싹이 트고 자라는 식물은 초기 상태에서 그 가능성을 알 수 있는 경우가 많다. 같은 시기에 파종한 종자에서 유독 빨리 성장하는 개체들이 있는데, 이들을 지켜보면 실제로 빠르게 자라는 경우가 많다. 반면 잘 자라지 않는 것들은 옆에서 빨리 성장하는 개체들과의 경쟁에서 밀려서 결국은 도태되고 만다. 이는 식물 자체가 가지고 있는 유전적인 특성이 나타나는 것이라고 볼 수 있으며, 유전적 특성 중에서 개체가 가지고 있는 차이가 이렇게 외부로 표현되고 있는 것이다.

이와 함께 같은 식물을 어느 곳에 심었는지에 따라서도 차이가 난다. 조림의 예를 든다면 적지적수[34] 개념이 있다. 산지를 기준으로 본다면 지역별로 어떤 수종이 잘 자랄 것인지를 나타내며, 나무의 기준으로 본다면 어떤 곳(능선부나 계곡부)에 심는 것이 적합한지를 나타내는 것이다. 이런 개념은 생태복원의 관점에서 본다면 식물을 고를 때 식물 자체가 가지고 있는 유전적 특성에 따라서 어떤 것을 선택할지에 대한 것이고, 식물이 결정 되었다면 계곡이나 능선부 중 어느 곳에 심는 것이 좋고, 또 식물이 직접 심어질 토양을 어떻게 만들어주어야 하는지에 대한 것으로 해석할 수도 있다.

이와 같이 식물이 가지고 있는 특성과 환경이 주는 조건을 같이 고려하여 식물의 성장, 경쟁,

34) 적지적수(suitable tree on a site)란 한 입지에 가장 잘 적응할 수 있는 나무를 나타내며, 어떤 지역의 천연림에서의 수종분포를 보면 그곳의 적지적수를 미루어 짐작할 수 있음(산림청).

천이 등의 관계를 가능성 또는 잠재력(potential)의 개념으로 해석하고 있는 것이 환경포텐셜이며, 이것은 바로 "될성부른 나무는 떡잎부터 알아본다"는 오래된 속담과 유사한 내용이다.

포텐셜(potential)은 잠재성이나 잠재력 등으로 번역되는 물리학 용어이다. 포텐셜은 겉으로 드러나지는 않지만 내재되어 있는 힘이나 물건 등으로서, 환경 분야에 있어서 포텐셜(잠재력)은 어느 특정한 장소나 환경에서 생물종이 살아가고 서식지를 구성하는 것과 같은 생태계 성립의 잠재적인 가능성 또는 확률을 나타내는 개념이다.

우리 주변에 있는 습지를 한 번 살펴보자. "이 곳은 왜 습지가 생겨났으며, 이곳에 있는 여러 가지 식물들은 어떻게 자리를 잡게 되었을까"에 대한 생각을 해보게 된다. 습지는 지형학적으로 주변보다 상대적으로 낮은 지점에 여러 가지 요인으로 인해 물이 모이게 되고, 이때 유입되는 물이 외부로 빠져 나가거나 증발하는 양보다 많을 때 형성이 된다. 이렇게 물이 고인 곳에서 살 수 있는 식물과 어류, 곤충들이 들어와서 자리를 잡게 되고, 또한 들어온 생물종도 서로 경쟁을 하면서 새로운 생태계 또는 서식지를 구성한다. 이 경우는 주어진 환경 속에서 특정한 생태기반환경이 조성되고, 이곳에 살 수 있는 생물종이 들어오면서 생태환경이 다시 조성되는 것이다. 또한 관련 사례가 많지는 않지만 반대로 생각한다면 식물들이 들어와서 생태환경을 조성해가면서 생태기반환경이 그에 맞게 변화되는 사례도 볼 수 있다. 이와 같이 자연 속에서는 환경과 동식물이 상호 작용을 하며 밀접하게 연관되어 있다.

한편 생태복원 프로젝트를 계획하는 실무자들은 다음과 같은 고민을 하게 된다.

- "목표종(동물)이 살 수 있도록 서식지와 숲을 조성해야 하는가?"
- "먼저 이곳에 살 수 있는 식물을 이용하여 숲이나 서식지를 조성한 이후에 목표종(동물)이 유입될 수 있도록 해야 하는가?"

[그림 14] 생태복원의 첫 단계에서 고민하는 문제

이와 같은 고민은 식물을 먼저 선정하고 토양조건을 그 식물이 적합하도록 개량하는 방법과 현재 주어진 토양조건에서 살 수 있는 식물을 찾는 방법과 비슷하다. “닭이 먼저인가, 달걀이 먼저인가[35]” 라는 아주 해묵은 논쟁과 같이 비유되기는 하지만, 생태복원 프로젝트에서는 두 가지 원론적인 고민을 동시에 하는 것이 바람직할 것이다.

[그림 15] 인공적으로 조성한 습지에 식물이 정착하는 사례 (경기도 연천군)

* 자료 : 한국산지보전협회(2020)

환경에 대한 잠재력과 유사한 의미로 '생태계의 복원 가능성'이란 개념도 있다. 생태계 복원 가능성은 훼손된 곳이 원래의 상태로 되돌아가려고 하는 성질과 관련된 것으로, 생태계의 안정성으로 해석할 수도 있다. 생태계의 복원 가능성에 관련된 요인은 식물이 자랄 수 있는 기반의 상태나 주변에서 식물종이 공급될 수 있는 가능성에 따라 달라질 수 있다.

이런 면에서도 복원의 가능성은 포텐셜과 유사한 개념으로 볼 수 있다. 또한 훼손된 곳은 훼손되기 이전의 원상태로만 돌아가는 것은 아니고, 변화된 상황에서 그 특성에 부합되도록 자기 조직화에 의해 다른 유형의 생태계가 성립될 가능성 까지도 고려해야 한다.

35) 이 내용은 인과관계에 관한 딜레마로 닭과 달걀 중 어느 것이 먼저인지 논리적으로 밝히려는 문제로서, 고대 철학자에게 이 의문은 생명과 이 세계가 어떻게 시작되었는가라는 의문에서 비롯된 것임. 일상어의 맥락에서 '닭이 먼저냐, 달걀이 먼저냐'라고 말할 때, 이것은 서로 순환하는 원인과 결과의 단서를 분류하려고 하는 무의미함을 지적하는 것이 됨.

(2) 환경 포텐셜의 종류

포텐셜(potential)은 겉으로 드러나지 않고 속에 숨어 있는 것으로서 잠재력이라고 할 수 있다. 잠재력이란 현재 존재하고 있지는 않으나 발현될 가능성이 있는 힘이며, 환경 포텐셜은 특정 장소에 있어서 종의 서식이나 생태계 구성의 가능성을 나타내는 개념으로 볼 수 있다.

환경 포텐셜은 종의 공급, 입지, 종간관계, 천이 포텐셜 등으로 구분된다. 또한 포텐셜은 일정한 장소에서 환경조건의 적합도, 식물종자 공급 가능성과 동물개체의 유입 가능성, 종의 생육 및 서식과 관련된 종간 관계 등을 나타낸다. 인위적인 영향을 받거나 훼손된 토지에서 종의 서식지나 생태계 복원가능성을 파악하여 적절한 복원 프로젝트 후보지의 선정이나 목표수준 설정에 이용할 수 있다.

환경 포텐셜은 몇 가지 개념으로 구성되는데, 첫째는 "입지 포텐셜"로 기후, 지형, 토양, 수환경 등의 토양환경 조건이 특성 생태계의 성립에 적합한지 여부를 나타낸다. 둘째는 "종의 공급 포텐셜"로 식물의 종자나 동물이 다른 곳으로부터 대상지 내로 공급될 가능성이다. 셋째는 "종간 관계 포텐셜"로 종의 생육이나 서식에 관계된 것으로서, 포식관계나 자원을 둘러싼 경쟁관계 등의 생물간 상호작용을 형성하는 것을 말한다. 넷째는 "천이의 포텐셜"로 생태계의 시간적 변화가 독특한 과정을 거쳐 어떠한 속도로 진행되며, 궁극적으로는 어떠한 방향으로 갈 것인가를 나타내는 가능성이다. 천이의 포텐셜은 앞에서 언급한 입지, 종의 공급, 종간 관계의 3가지 포텐셜에 의해 결정된다.

▶ 입지 포텐셜

입지 포텐셜은 토지의 환경조건과 관련된 개념이다. 기후는 생물의 존재를 좌우하는 기본적인 인자로서 그 중에서도 기온과 강수량이 가장 큰 영향을 미친다. 또한 일사, 적설, 바람 등도 중요한 인자이다. 기후는 거시적으로는 위도, 육역이나 해역 내에서의 위치, 큰 지형 등에 의해 결정되고, 미시적으로는 소지형 등에 의해 결정된다. 극히 좁은 지리적 범위에서 기후는 거의 균질하다고 볼 수 있다.

지형은 고도, 방위, 경사 등의 지형 형태와 붕괴, 운반, 퇴적 등 지형 형성 작용에 따른 교란을 통하여 식생의 성립에 영향을 준다. 또 토양은 두께, 구조, 비옥도 등에 의하여 식물 생육의 좋고 나쁨이 결정되는데, 지형과 토양 간에는 밀접한 관계가 있으며 동일한 기후 아래에 지형이 같은 장소에서는 유사한 토양 특성이 나타나는 수가 많다.

물환경은 수문과 수질로 나눌 수 있다. 수문은 물의 수지, 지표수의 양, 수심, 유속, 지하수위 등에 의해 결정된다. 수질은 존재하는 물의 물리화학적 상태로서 수온, 토양 산도(pH), 영양염류의 과다 등이다. 이와 같이 토지와 같은 생태기반환경 조건은 서로 독립하고 있는 것이 아니라, 상호 영향을 미치는 관계 속에 있다.

생태기반환경에서도 식물의 생육 기반이 되는 지형과 토양은 중요한 요소이다. 지형과 토양은 밀접한 관계가 있으며, 이곳에서 침식, 퇴적 등의 현상이 복합적인 영향을 미친다. 토양 두께, 구조, 화학적 성질 등도 식물이 자라는데 영향을 준다. 또한 수리·수문적 요소도 큰 영향을 미치는데, 물수지, 지표수의 양, 수심, 유속, 지하수위 등에 의해 결정된다. 따라서 이들의 복합적인 영향이 그 지역의 입지 포텐셜을 결정하게 된다.

하천의 경우 직선으로 정비된 곳에서는 유속이 빠르기 때문에 수변부에 식물이 자리를 잡고 살 수 있는 기회가 줄어들게 된다. 반면 인공화가 되지 않고 자연 상태로 남아 있는 하천에서는 그림에서 같이 여러 가지 형태의 지형이 조성되고 유속이 변화되는 곳은 침식과 퇴적 작용이 일어나면서 식물이 정착할 기회가 상대적으로 증가하게 된다. 또한 이렇게 형성된 곳은 입지적인 요인으로 다양한 서식지가 조성될 가능성이 높다.

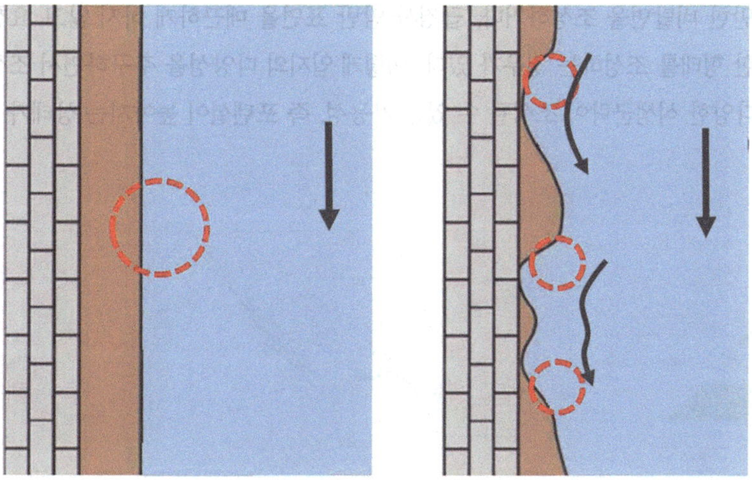

[그림 16] 직강화 된 하천과 자연형 하천에서 생물서식공간 조성 대상지 비교

석재를 채취하는 경우에는 산지관리법의 기준에 따라서 계단의 형태로 비탈면이 조성되고 그 하부에 수평의 소단이 형성된다. 현장에서는 소단에 흙을 채우고 수목을 식재하여 차폐하는 방법이 적용되고 있다. 그러나 이렇게 조성된 곳은 일반 산지와는 달리 토양층도 두껍지 않고, 양분의 상태로 좋지 않기 때문에 식재된 몇 그루의 나무만 덩그러니 자라게 된다. 그리고 그 생장속도도 빠르지 않기 때문에 생태복원의 관점에서 본다면 좋다고 볼 수는 없다. 이 경우는 식물이 뿌리를 내리고 자랄 수 있는 공간이 상대적으로 좋지 않기 때문에, 식물이 크고 빠르게 성장할 가능성은 낮다. 즉 입지의 포텐셜이 낮은 것이다.

[그림 17] 채석장에서 계단식 소단에 식재된 수목

최근에는 일률적인 계단 조성 방법이 아니라 비탈면의 경사를 다양하게 하고, 경관을 고려하여 지형을 조성하는 사례가 있다. 또한 계단식 채광지역 하부에는 돌이나 흙을 메워서 자연스럽고 완만한 비탈면을 조성하거나, 급경사 암반 표면을 매끈하게 하지 않고 요철을 남겨두면서 다양한 형태를 조성하는 경우가 있다. 이렇게 입지의 다양성을 추구하면서 조성해주는 방식에서는 다양한 식생군락이 조성될 수 있는 가능성, 즉 포텐셜이 높아지는 상태가 된다.

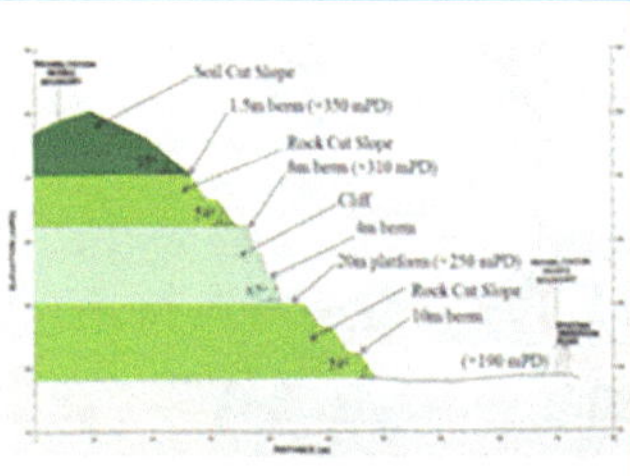

다양한 경사도 조성

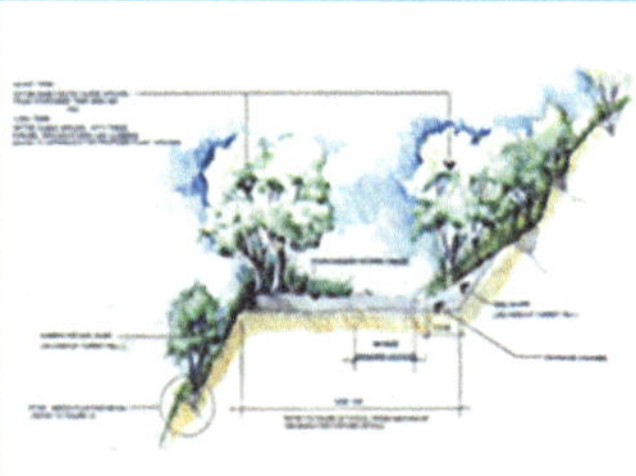

자연스러운 소단부 조성

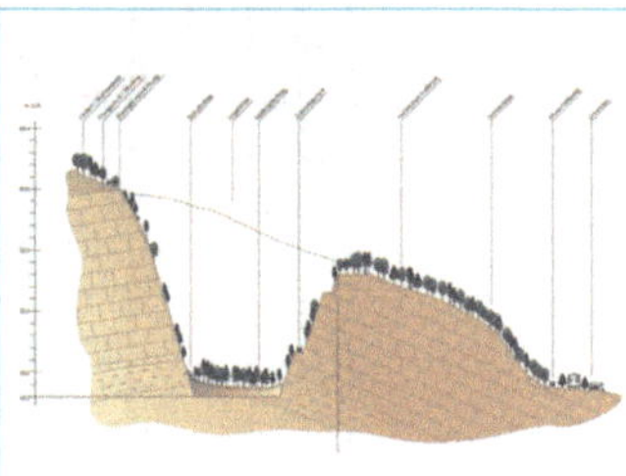

경관을 고려한 지형 조성

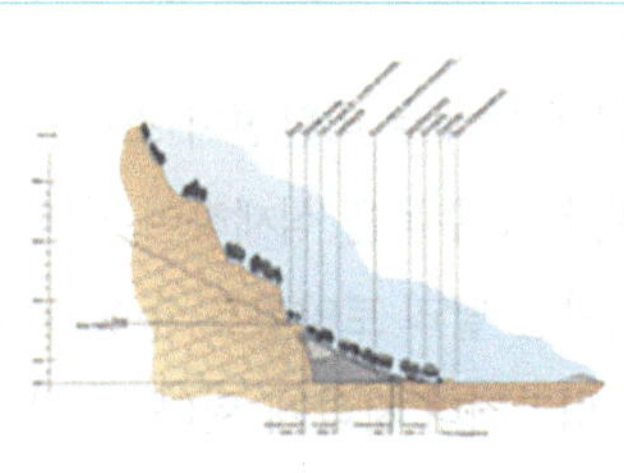

하단부에 완만한 경사지 조성

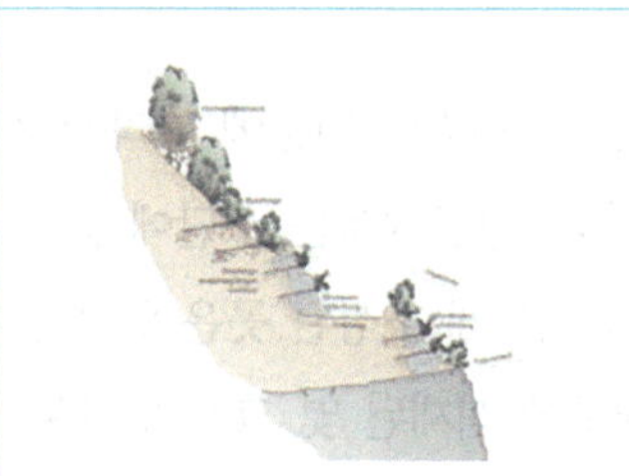

산지와 자연스럽게 연결되도록 상부 구조 완화

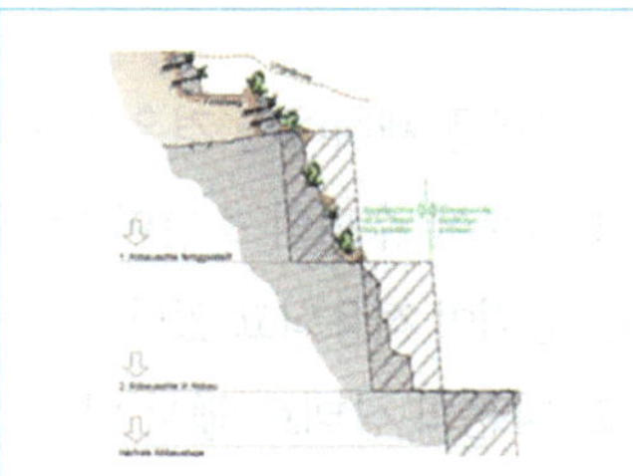

잔벽면에 요철 형성

[그림 18] 채석장에서 다양한 형태의 비탈면 조성을 통한 생물서식공간 조성 사례

환경조건과 식물 성장

생물이 성장하는 과정은 그 환경에 서식하고 있는 다른 생물종 뿐만 아니라 물리적, 화학적 조건도 크게 영향을 주게 된다. 기상조건 중에서는 온도, 빛 등이 있으며, 그 지역이 가지고 있는 내재적인 조건으로 토양, 물, 토양 이화학성 등이 있다. 또한 동물종이나 식물종도 서로 영향을 미치게 된다.

하나의 생물이 살아가는데 영향을 주는 요인은 어느 한두 가지가 아니라 매우 다양한 요인이 작용을 한다. 그 중에서도 생물이 생존하는데 큰 영향을 주는 것이 있는데 이를 제한요소라고 한다. 제한요소는 대부분 양이나 질이 부족하기 때문에 문제가 된다. 그러나 그러한 요소가 너무 많아도 나쁜 영향을 미칠 수 있다. 예를 들어 식물이 자라는데 물은 아주 중요한 요소가 되지만, 갑자기 강수량이 증가하게 되면 기존의 강수 조건에 적응한 식물종이 오히려 쇠퇴하게 되는 경우도 볼 수 있다.

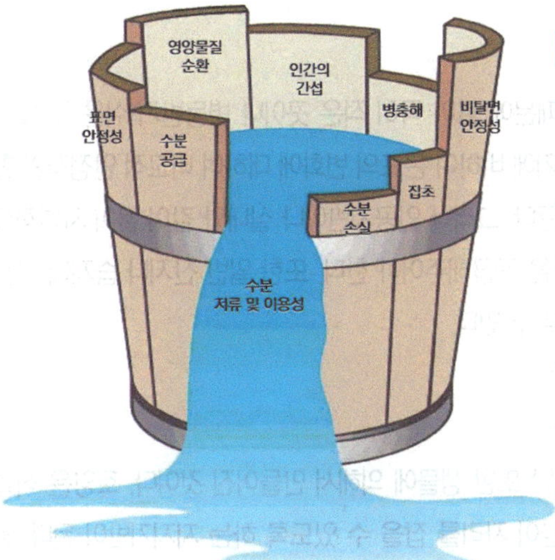

번호	제한 요소	항목
1	수분 공급	강수량, 차단량, 침투량, 배수 등
2	수분 저류 및 이용성	토성, 암편, 토양 구조, 뿌리 깊이, 토양균류 등
3	수분 손실	바람, 경사, 경쟁식생, 토지피복 등
4	영양물질 순환	표층토, 유기물함량, 질소와 탄소, 영양염류, 산도, 염도 등
5	표면 안정성	강수와 바람, 동결융해, 토지피복, 표면경도, 침투능, 비탈면 경사, 표면 거칠기, 비탈면 길이 등
6	비탈면 안정성	투수능, 차단층, 수분공급, 비탈면 길이, 경사, 토양경도 등
7	잡초	잡초의 공급원, 잡초 성장 환경 등
8	병충해	동물해, 곤충해 등
9	인간의 간섭	병, 도로 유지관리, 휴양적 이용 등

[그림 19] 비탈면 녹화에서 식생 성립에 영향을 주는 요인들

온도

생물의 생존에 커다란 영향을 미치는 요인 중의 하나로서, 생존 가능 범위를 나타내는데 온도를 기준으로 구분하기도 한다. 일반적으로 생물의 생존 가능한 온도범위는 0~50℃ 정도로 볼 수 있지만, 극지방이나 온천수의 조건에서 살아가는 생물들도 존재한다. 식물의 생육은 기후대에 따라 구분하기도 하는데, 온량지수[36]라는 용어가 사용되고 있다. 식물이 살아가는데 필요한 최소한의 온도 조건에 따라서 살 수 있는 식물종이 구분되기 때문에, 우리나라에서는 온도(온량지수)에 따라서 식

물대를 구분하고 있다. 최근 기후변화에 의해 지구 온도가 상승하면서 남부지방에 주로 분포하고 있던 식물종이 중부지방까지 올라온 것을 쉽게 볼 수 있으며, 열대작물인 망고, 바나나 등도 제주도에서 재배되고 있다.

빛

생물의 활동에는 빛과 관계가 깊은 것이 많다. 광합성을 위해서는 태양 에너지가 필요하다. 또한 새나 포유동물의 성주기, 개화나 산란으로 이어지는 광주기성도 빛과 관계가 깊다. 식물의 경우는 빛이 더욱 중요하다. 식물은 광합성을 기반으로 살아가는 유기체로서 빛의 유무나 세기가 식물의 존재에 중요한 요소로 작용한다. 쉽게 설명하면 빛이 많이 들어오는 곳에서 잘 자라는 식물들도 있지만, 너무 빛이 강하면 오히려 생장이 어려운 것들이 있다. 우리가 생태복원을 위하여 식물을 도입할 때에도 식물의 이런 특성을 고려하여 빛이 많은 곳과 빛이 적은 부분에 적용할 식물을 달리 선택하는 것도 이를 고려한 것이다.

물

모든 생물은 생리적으로 물이 필요하기 때문에 물이 극히 적은 곳이나 변동받기 쉬운 곳 또는 염분농도가 높은 곳은 살기 어렵다. 물은 공기에 비하여 온도의 변화에 대하여 비교적 안정적인 환경이며 생물에게 쾌적한 서식장소를 제공해준다. 그러나 인공지반이나 실내와 같이 물이 자연적으로 공급되기 어려운 곳에서는 인위적으로 물을 공급해주어야 한다. 또한 일반 산지나 습지에 사는 식물들을 비교해보면 큰 차이가 있는 것을 알 수 있다.

토양의 물리성

토양은 생물 환경의 한 가지 요인이 되지만 또한 생물에 의해서 만들어진 것이다. 토양은 식물의 뿌리가 정착하고 자라는 공간이면서, 식물이 자리를 잡을 수 있도록 하는 지지기반이 된다. 일반 산지에서는 토양이 충분히 있기 때문에 식물이 잘 자랄 수 있지만, 복원 프로젝트에서 토양기반을 인위적으로 조성해주는 경우에는 토양의 특성(토심 및 질)이 중요한 요소가 된다. 도로비탈면과 같은 곳에서는 토양의 상태가 적용하는 녹화공법의 종류를 선택하는데 영향을 주게 된다. 또한 토양의 물리적인 특성으로 입도(흙[37] 알갱이의 크기 분포), 통기성, 통수성, 함수율 등도 큰 영향을 미친다. 토양에서는 분해자가 생물의 사체나 유기물의 분해를 왕성하게 하고 있어서 생태계의 물질순환을 원활하게 하고 있으며, 수생태계에서는 물 아래에 있는 기반 흙이 역할을 하게 된다.

[표 1] 비탈면에서 토양경도[38]와 식물 생육의 관계

토양경도지수(㎜)	식물생육 상태
18㎜ 이하	식물 생육은 양호하지만 비탈면이 무너질 위험성이 있는지 확인이 요구됨
18㎜ ~ 23㎜	식물의 근계생장에 적당
23㎜ ~ 27㎜	식물의 생육은 양호하지만 생육활성이 그다지 좋지 않음
27㎜ ~ 30㎜	흙이 너무 단단해서 식물의 생육이 곤란함
30㎜ 이상	식물의 근계의 침입이 곤란함

* 자료 : 국토해양부. 2009. 도로비탈면 녹화공사의 설계 및 시공지침

토양의 화학성

식물은 대부분 영양물질을 섭취하지 않으면 생존할 수 없는데 이들 필수 영향물질은 식물에 따라서 다르다. 식물의 생장은 그 식물이 요구하는 영양물질 중에 최소량의 것에 의존하고 있는데 이를 최소량의 법칙이라 한다. 일반적으로 농작물을 재배할 경우 작물생장에 영향을 주는 요소에는 질소, 인산 등을 들 수 있는데, 이들이 바로 제한요소가 된다.

▶ 종의 공급 포텐셜

종의 공급 포텐셜은 특정 장소에 대한 종의 공급가능성으로 종의 공급원(source)과 종을 공급받는 곳인 수용처(sink)의 2가지 요소가 있다. 복원 대상지 주변에서 종자 등을 공급할 수 있는 기회가 많을 경우 공급 포텐셜이 높고, 떨어져 있을수록 공급량이나 기회가 적어지기 때문에 포텐셜은 낮아진다. 식물은 종자나 화분에 의해 유전자를 이동시킨다. 그 가능성은 종의 공급원과 수용처 사이의 공간적인 관계 이외에도 이동을 매개로 하는 동물의 유무에 크게 좌우된다.

동물은 이동에 이용하는 공간에 따라 공중, 육상, 수중 이동 동물로 크게 나눌 수 있다. 일

36) 온량지수는 월평균기온이 5℃ 이상인 달의 월평균기온과 5℃ 와의 차이를 연간 합산한 값으로서 식물 분포와 농업 생산과 밀접한 관련이 있음. 또한 온량지수는 기후의 남북차를 잘 반영하기 때문에 기후 구분에 사용됨. 온량지수에 의한 기후 구분도는 식생의 수평적 분포와 대체로 일치함.

37) 암석의 분해 또는 풍화로 이루어진 무기물과 동식물에서 생긴 유기물이 섞여서 이루어진 물질을 흙이라고 함. 비, 바람 및 생물학적 작용으로 일컬어지는 풍화작용으로 분해된 물질이 주가 되고, 여기에 물과 공기가 침투되어 흙의 성분을 이루게 됨. 흙 입자의 크기에 따라 모래, 미사, 점토로 구분하고, 이들의 비율이 입도를 결정함.

38) 토양경도는 외부 힘에 대한 토양의 저항력으로서, 토양입자의 응집력과 마찰력으로 생기며 토양의 성질, 공극, 밀도 등이 종합적으로 관여함. 특히 식물 뿌리의 생장에 영향을 미침.

반적으로 새와 같은 공중 이동 동물은 이동 속도가 빠르고, 또 도중에 장애물로 인해 이동을 방해받는 일이 적다. 이에 비해 육상과 수중 이동 동물은 이동 공간의 조건에 따라 움직일 수 있는 거리나 속도가 크게 좌우된다. 예를 들면, 떨어져 있어서 고립되어 있는 숲 사이를 조류는 쉽게 왕래할 수 있으나, 땅에 있는 지렁이 같은 토양 동물은 이동이 매우 어려울 것이다.

[그림 20] 물장군 서식지 복원에서 생물종과 입지의 다양성을 고려한 계획 사례

위의 사례는 멸종위기종인 물장군의 서식지를 복원한 프로젝트이다. 프로젝트의 목표종인 물장군[39]의 서식지를 조성하기 위해서는 서식공간과 먹이원이 되는 양서류, 어류가 풍부하여야 한다. 이 프로젝트에서는 먹이원을 인위적으로 공급하는 것이 아니라 다양한 서식지를 조성해줌으로서 목표종의 먹이원이 되는 양서류, 어류가 살 수 있는 다양한 입지를 조성해주었다. 또한 개구리와 같은 양서류는 물에서 시작하여 성충이 되면서 산지로 이동하는 특성을 보인다. 여기에서는 둠벙과 묵논, 저류지는 수생 생활에서의 서식공간이 되고, 인접하여 초지와 산지가 연결되면서 동물종의 이동성을 개선해주도록 조성하였다.

식물은 동물종과는 달리 이동성이 낮기 때문에 종자나 화분에 의해 유전자를 이동시킨다. 그 가능성은 공간 이외에도, 이동을 매개로 하는 동물의 유무에 크게 좌우된다. 식물종의 공급원 중에는 매토종자(토양속의 종자) 집단이 있다. 매토종자란 토양 속에 휴면 상태로 생존하는 종자로, 수명이 1년 미만인 계절적 매토종자와 수명이 1년 이상인 영속적 매토종자로 나눌

39) 물장군(*Lethocerus deyrollei*)은 노린재목 물장군과의 수서곤충이며, 몸 길이는 약 5~7㎝ 정도로 노린재 중에서 가장 큰 편임. 맑은 물에서만 살 수 있어서 멸종위기 야생 동·식물 2급으로 지정되어 있음(환경부). 물 밖에서도 날아서 이동하거나 기어 다닐 수 있으며, 뾰족한 입으로 개구리, 물고기, 올챙이, 물자라, 게아재비 등의 체액을 빨아먹음.

수 있다. 매토종자의 수명은 식물의 생활형에 따라 대개 결정되는데, 극상을 구성하는 목본식물과 같이 개체의 수명이 긴 종에서는 짧고, 1~2년생 초본과 같이 개체의 수명이 짧은 종에서는 길다. 휴면하면서 발아에 적합한 조건을 엿보는 교란 의존적인 식물이 영속적 매토종자집단의 주된 구성종이다.

또 산림식생에서도 소매군락과 망토군락[40]이 형성되는 곳은 햇빛이 많이 들기 때문에 양지를 선호하는 식물들이 먼저 자리를 잡게 되며, 이들 종은 매토종자 집단을 형성하는 경우가 많다. 식물군락의 성립가능성을 알기 위해 매토종자집단은 매우 중요하며, 이들은 특히 2차 식생천이의 초기단계에서 성립하는 선구식물[41]의 출현에 영향을 준다.

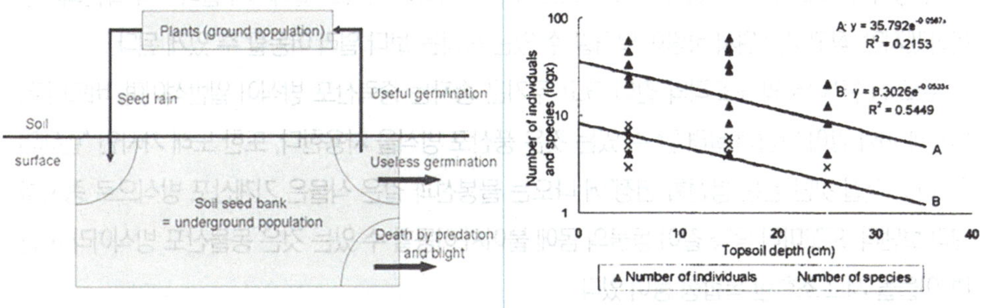

[그림 21] 매토종자와 관련된 개념도 및 표토내에 함유되어 있는 매토종자원 분석 사례

시공직후(1983년) 시공 20년 후

[그림 22] 토양 내에 함유되어 있는 매토종자에 의한 수림복원 사례(일본 미노오가와댐 녹화지역)

---

40) 소매군락은 숲 가장자리 가장 바깥쪽에 위치하며, 망토군락은 초지와 산림의 중간에 형성됨. 소매군락에는 키가 작은 다년생 초본을 위주로 초지가 형성되는 경우가 많으며, 망토군락에는 관목이나 어린 교목류가 많이 나타남.

41) 선구식물(pioneer species, 개척식물)은 천이 초기 단계에서 나대지에 제일 먼저 침입하여 정착하는 식물이나 이미 형성된 하나의 군락에 침입하는 다른 생활형을 지닌 식물로서, 일반적으로 햇빛을 좋아하고 생장이 빠른 특성을 보임.

이와 같이 종의 공급에 따른 포텐셜은 특정 장소에 대한 종의 공급 가능성, 종 공급원과 수용처의 거리, 종의 이동 능력, 이동 속도, 장애물의 존재 여부 등에 크게 영향을 받는다.

종자에 의한 유전자 이동

식물은 다양한 방식으로 생장하고 번식한다. 식물 중에서는 종자에 의한 번식 외에도 영양번식(무성 생식의 하나로, 식물의 영양 기관 일부가 떨어져 새로운 개체를 만드는 번식 방법)을 하는 식물이 있지만, 우리가 알고 있는 대부분의 식물은 종자에 의해 번식이 시작된다. 과일나무를 생각한다면 열매가 열리고, 이 열매 속에 있는 종자가 땅에 떨어져서 다시 후대가 시작된다.

식물은 종자의 형태와 특성에 따라서 매우 다양한 방법으로 퍼지게 된다. 이를 종자의 산포라고 한다. 종자가 크고 무거운 것들은 주로 부모 나무 가까이에 아래로 떨어져서 멀리까지 확산되지는 못하겠지만, 작고 가벼워서 바람이 날려갈 수 있는 종자는 보다 멀리 이동할 수 있게 된다.

주로 상수리나무의 도토리와 같이 크고 무거운 종자는 중력산포 방식이 일반적이며, 버드나무, 민들레 씨와 같이 바람에 날려 갈 수 있는 것은 풍산포 방식을 사용한다. 또한 노래 가사인 "손대면 톡~하고 터질 것만 같은 봉선화 연정"에 나오는 물봉선과 같은 식물은 기계산포 방식으로 종자를 날려 보낸다. 도꼬마리 등과 같이 동물의 몸에 붙어서 이동할 수 있는 것은 동물산포 방식이라고 하며, 이들을 서로 조합한 복합형 등이 있다.

[그림 23] 물봉선과 도꼬마리

[그림 24] 단풍나무와 민들레 씨

풍산포 : 풍산포는 바람에 의해 부모 식물로부터 떨어진 장소로 운반되는 방식이다. 풍산포의 종자는 가볍고 긴 털이나 날개 등 바람을 타기 쉬운 기관이 발달해 있다. 대표적인 풍산포 방식의 목본류에는 자작나무, 단풍나무 등과 같은 양수가 많으며, 초본류에는 국화과가 대표적이다. 생태복원의 관점에서 볼 때 풍산포를 하는 식물에는 천이의 초기에 출현하는 선구종이 많으며, 훼손지 복원이나 녹화 공사 현장에 많이 침입하는 식물들이다. 또한 도심 속의 고립된 녹지에는 주변에서 유입될 수 있는 종자가 제한적이기 때문에 주로 풍산포종이 많이 나타나고 있다.

수산포 : 수산포 방식은 종자를 물에 띄워 하천의 유수나 해류를 타고 종자를 퍼트리는 것이다. 그 중에는 종자 자체가 가볍거나 또는 공기가 들어 있는 자루모양의 기관을 발달시켜 물에 떠서 멀리 이동할 수 있는 종들이 있다. 수산포의 식물에는 딱딱한 종자 껍질을 가지고 있는 야자수, 모감주나무 등이 있으며, 물에 떠서 이동할 수 있는 물옥잠, 물마름, 기타 수생식물 등이 있다. 주로 수변을 서식장소로 하는 종이 많다.

기계산포

기계산포는 자동산포라고도 하며, 이러한 살포법은 종자를 흩어 뿌리는 독특한 구조를 발달시키고 있다. 이런 식물들은 열매가 탁 터지면서 꼬투리가 말리거나 뒤집어지면서 그 탄력으로 씨앗을 날려 보낸다. 그러나 흩어 뿌린다고 해도 그 거리가 고작 몇 미터에 지나지 않지만, 식물 자신의 크기에 비하면 수십 배에 해당하는 거리를 날려 보내는 것이다. 기계산포 식물에는 봉선화과, 제비꽃과, 괭이밥과, 콩과에 해당하는 식물들이 있다.

동물산포

동물산포는 동물에 의하여 종자를 이동시키는 방식으로서 부착형, 피식형, 저식형으로 구분된다. 부착형산포는 동물의 몸에 종자를 부착시켜서 운반하게 하는 방식으로 종자가 부착하기 쉽도록 갈고리모양의 털이나 접착성이 있는 외피가 있는 것이 특징이다. 피식형산포는 동물이 과일이나 종자를 먹고 나서 다른 곳에 분과 같이 배출하여 새로운 곳에 종자를 퍼트리는 방식이다. 주로 조류와 포유류가 많이 관여하는데, 특히 조류의 경우 멀리까지 운반시켜 퍼트릴 수 있는 기회가 많다. 주로 과실류에서 나타나는 특징이다. 저식형산포는 종자를 저장하는 동물이 종자를 부모 식물로부터 떨어진 장소로 운반하여 땅속에 저장함으로써 다른 장소에서 자랄 수 있도록 하는 방식이다. 종자를 저장하는 주된 동물에는 쥐, 다람쥐 등이 있으며, 이들이 저장한 종자 중에서 찾아내지 못한 일부 종자들이 발아하는 경우가 있다. 참나무류가 멀리 떨어져 있는 소나무 숲에서 간혹 자라고 있는 경우는 다람쥐가 먹이용으로 땅 속에 저장해 놓았던 도토리에서 발생한 것이라고도 유추할 수 있다.

▶ 종간 관계 포텐셜

모든 생물은 복잡한 관계로 이루어진 생물 사이에서 상호작용을 하고 있다. 생물간 상호작용에 있어서 어떤 특정한 종의 입장에서 보면, 자기의 생존에 좋은 영향을 주는 종과 나쁜 영향을 주는 종이 존재한다.

좋은 영향으로 작용하는 것은 상리공생관계에 있는 종이라고 불린다. 꽃이 피는 속씨식물과 꽃가루받이를 하는 곤충은 이러한 관계에 있고, 식물은 곤충에게서 꽃가루를 운반 받는 대신 꿀을 제공한다. 상리공생은 2종간에서 뿐만 아니라 많은 종간에 복잡하게 얽혀 있으며, 상리공생 관계에 있는 종의 어느 하나가 빠지게 되면 남은 종의 생존은 불리하게 된다.

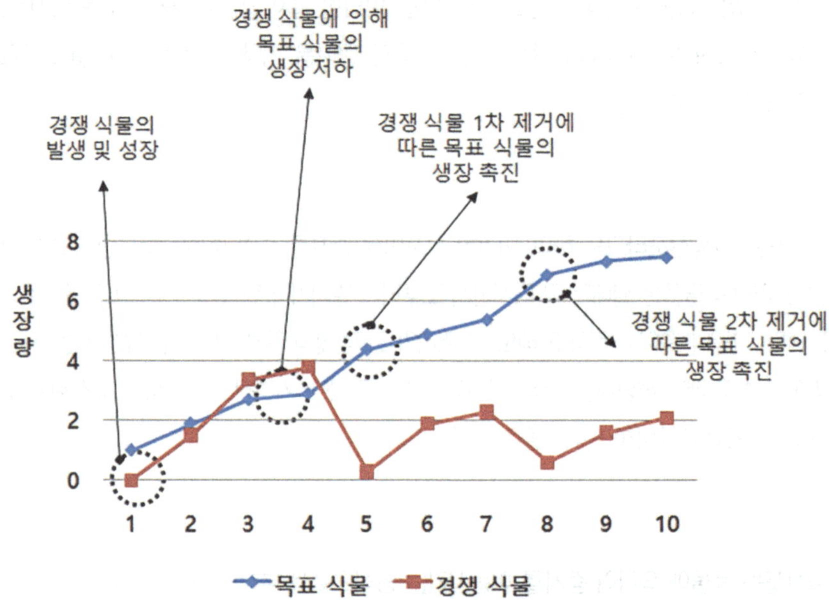

[그림 25] 같은 공간을 두고 경쟁하는 목표 식물과 경쟁 식물의 관계

[그림 26] 일본잎갈나무 조림지에서 식생구성 상태를 개선하기 위하여 간벌을 실시한 현장[42)]

반대로 나쁜 영향을 주는 종에는 먹고 먹히는 관계인 포식자와 자원을 둘러싼 경쟁을 하는 상대가 있다. 포식자의 존재는 피식자의 개체수를 제한하는 요인이 되고, 포식자가 압도적으로 강한 경우 먹이가 되는 동식물을 전멸시키는 일도 있다. 자원을 둘러싼 경쟁상대는 먹이, 집을 짓는 장소, 숨을 장소 등에서 경합하는 관계에 있는 종, 즉 생태적인 지위[43)]가 비슷한 종이다. 생태적 지위가 상당히 가까운 경우에는 경쟁의 결과 어느 한쪽이 그 장소에서 배제되기도 한다.

일반적으로 많은 종이 복잡한 관계를 형성하는 생태계는 소수의 종이 우점하는 생태계보다도 안정되어 있다고 한다. 이것은 같은 기능을 가진 종이 여럿이 있는 생태계에서는 이중의 몇몇이 빠지더라도 전체로서는 생물간 상호 보완이 가능하기 때문이다.

생태계 내에서 특히 중요한 기능을 가진 종을 핵심종(keystone species)[44)] 이라고 한다. 핵심종에는 고차 포식자, 대형 초식동물 등이 있다. 핵심종이 없어지면 생태계에는 큰 변화가 일어나기 때문에 생태복원을 도모할 때 종간의 관계를 고려한 접근이 필요하다.

종간 관계 포텐셜을 검토할 때에는 생물종간의 상호관계와 영향의 잠재성, 생물사이의 기생, 공생관계, 생물사이의 상호작용, 우점 및 경쟁관계, 먹이사슬의 형성과 유지 등에 대한 항목을 광범위하게 조사·분석하여야 한다.

---

42) 외래종인 일본잎갈나무를 제거하고 남은 밀동 근처에서 물푸레나무 등 다양한 식물종이 생장하고 있음(문경 하늘재 산림생태복원 현장).

43) 생태적 지위(niche)는 생태학 및 동물행동학에서 생태계내 종의 지위를 나타내는 용어임. 생태계내에서 한 생물이 살아가는 물리적 공간이자 군집 내에 기능적 역할을 하는 여러 가지 환경요인을 포함하여, 이는 생물의 분포 및 범위와 관계가 깊음. 쉽게 표현하면 어떤 생태계에서 그 생물이 어떻게 살아가는지를 나타내는 것임.

44) 핵심종(keystone species, 중추종)은 비교적 적은 개체수가 존재하면서도 생태계에 큰 영향을 미치는 생물종을 말함. 핵심종은 생태계 내에서 다른 종의 종류와 개체수를 결정하는데, 주로 다른 종을 포식하는 행위로 나타남. 이외에도 비버는 주변의 나무로 댐을 만들어서 하천의 생태를 바꾸어 놓기도 함.

식물의 침입 전략

식물도 이동을 한다. 동물처럼 빨리 이동하는 것이 아니라 뿌리, 종자 등에 의해 서서히 공간을 옮겨가고 확장해 간다. 모든 생명체들은 자신들이 살기에 적합한 공간을 차지하기 위한 치열한 경쟁을 하고 있다. 식물은 동물에 비해서는 상대적으로 이동성이 크지 않기 때문에 종자나 뿌리의 확장을 통해서 새로운 공간으로 아주 천천히 그러나 아주 강력하게 침입해 간다. 동물은 그 개체가 직접 이동할 수 있지만 식물은 땅에 뿌리를 두고 있기 때문에 후대를 양성하기 위하여 종자의 형태로 이동을 하는 것이다.

생태복원 현장에서 보면 주변에 있는 아까시나무가 복원 대상지 내부의 공간으로 뿌리를 확장해서 침투하는 곳도 있으며, 식재하지 않은 버드나무류가 습지 주변에서 다량으로 발생하고 있는 것도 볼 수 있다. 이런 것들이 각각의 식물들이 가지고 있는 침투 전략에 의해 공간을 차지하는, 즉 이동을 하는 형태라 할 수 있다.

많은 식물들은 종자를 만들어서 다음세대로 유전자[45]를 건네주고, 새로운 세대가 계속 생장을 하면서 생물종이 유지된다. 일반적으로 동물에서 볼 수 있듯이 생식을 통하여 후세대를 만들고 자연이라는 공간에 방출하여 자리를 잡도록 하는 것으로서, 종자를 생산하는 대부분의 식물이 이 방식을 이용하고 있다.

그러나 종자를 생산하지 않고 무성번식에 의한 방법으로 클론[46]을 만들어서 확산시키거나, 영양생장 방법인 뿌리나 가지를 확대하여 세력을 확장해가는 방식도 있다. 냇가에서 흔히 볼 수 있는 달뿌리풀은 기는 뿌리를 이용하여 다른 곳으로 이동해가면서 세력을 확대하는 것을 볼 수 있다. 아까시나무와 같이 땅속에 있는 뿌리를 뻗어서 옆 공간으로 확장해나가고 그곳에서 새로운 개체로 정착하여 살아가는 식물들도 있다. 또한 대부분 지하나 지상으로 뻗어나가는 줄기를 가지고 있는 덩굴식물은 게릴라 전략으로 이웃 식물들의 영역 속을 침투해 들어간다.

[그림 27] 기는 뿌리에 의해 확장하고 있는 달뿌리풀

일반적으로 안정되어 있는 극상림에서 보다는 환경이 훼손되었거나, 원래의 상태에서 식생이 심하게 변형된 곳에서 자연적인 종자 생산에 의한 식생복원 보다는 오히려 무성생식에 의한 방법으로 자라는 식물들을 많이 발견할 수 있다.

생태복원 관점에서 볼 때는 종자를 이용하여 식물을 도입하는 것이 일반적이지만, 훼손지나 생태복원지에서는 토양 속에 남아 있던 뿌리에 의해 식물이 확산되어 가는 현상도 있다. 식물의 관점에서 본다면 종자를 생산하고 그것이 자라서 나무가 되기에는 많은 시간과 환경조건이 부합되어야 하겠지만, 뿌리를 이용한 영양번식을 통해서 초기에 빨리 자신의 세력을 확장해나가는 방법이 효과적일 수도 있다.

물론 최근에서는 자연조건 하에서 식물 스스로 확장해나가는 것과는 달리 공원 조성, 조림 등을 통해서 자연이 원하는 방향과는 다를 수도 있는(인위적으로 식물을 식재하여 새로운 공간을 조성해주는) 일들이 많이 일어나고 있다. 따라서 생태복원의 기술적 측면에서 볼 때 빨리 정착하고 자라는 식물을 도입하는 것은 효율적인 측면에서는 좋겠지만, 자연 스스로 자기 조직화를 하려는 것을 인간이 방해하는 것이 아닌지에 대한 고민도 필요하다.

▶ 천이의 포텐셜

식물군락의 구성종이 변화하여 다른 식물군락으로 바뀌는 것을 식생천이라고 한다. 식생천이의 과정 중에는 부식물의 퇴적과 뿌리에 의한 토양 모재의 풍화에 의해 토양이 발달해 간다. 발달한 토양은 또 다시 새로운 식물군락을 유지하게 되며, 이러한 식생과 입지의 상호작용 중에서 천이가 진행된다. 또 식물군락이 변하면 그곳에 서식하는 동물군집도 변하게 된다. 예를 들면, 밝은 낙엽활엽수림과 어두운 상록활엽수림에서는 다른 조류 군집이 서식한다. 이와 같이 입지, 식물군락, 동물군집을 종합적으로 보는 생태계의 변화를 생태천이라고 부른다.

생태천이가 향하는 방향, 속도, 극상 상태 등은 입지, 종의 공급, 종간의 관계에 의해 결정된다. 현시점에 있어서의 환경 포텐셜은 과거 이곳에서 진행되었던 입지, 종, 경쟁 관계에 의해 형성된 것이며, 미래에 그 생태계가 어떻게 천이되어 갈 것인가에 대한 방향성을 좌우한다.

---

45) 리처드 도킨스(Clinton Richard Dawkins)의 "The Selfish Gene, 이기적유전자"에서 생물은 유전자 보전을 위하여 프로그램된 기계라고 하고 있음. 식물도 자신의 유전자를 후대에 전달하기 위한 전달체이며, 종자를 만드는 행위는 식물이 유전자를 전달할 수 있는 가장 효율적인 방법으로 진화된 것이라고 볼 수 있음. 종자의 산포 형태도 이와 같이 맥락으로 이해할 수 있음.

46) 클론(clone)은 한 개의 세포나 개체로부터 무성 생식으로 증식한 세포군 또는 개체군으로, 똑같은 염색체를 가진 복제품을 뜻하는 단어임. 생물 복제의 결과로 생성된 복제 개체를 클론이라고 함.

예를 들면, 똑같은 입지 포텐셜을 지닌 도로의 비탈면에서도 주변에 소나무 군락이 있는 경우에는 산포된 소나무 종자가 발아하여 소나무림이 성립되며, 활엽수 군락이 있는 경우에는 활엽수가 생장하면서 다른 목본종이 좀처럼 접근하지 못하는 상태가 장기간 지속된다. 물론 모든 곳에서 이와 같은 현상이 나타나는 것은 아니지만, 주변 환경의 영향을 받아서 그와 유사한 식물이 출현하게 될 확률이 높은 것은 사실이다. 이런 예에서 볼 때 종의 공급 포텐셜의 차이가 천이의 방향을 결정하는 요인이 된다.

종의 공급 포텐셜은 입지, 종의 공급 여부, 잠재성을 모두 포함하며, 생태천이의 성립과 유지에 기여하며, 식물군락 구성종과 개체수의 변화와 식생과 입지의 관계, 동물군집의 서식 등이 중요하다.

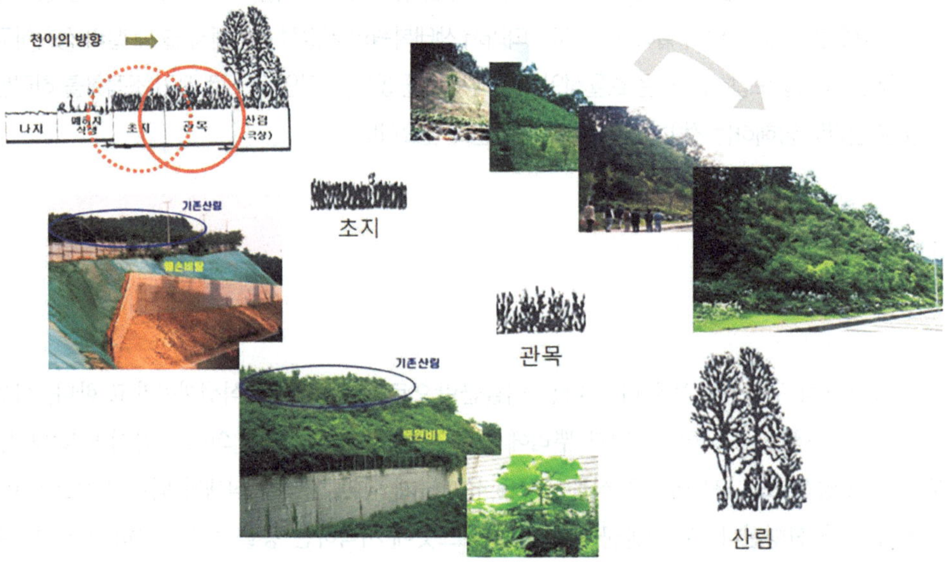

[그림 28] 비탈면에서 주변 산림에서의 종자 공급에 따른 식물천이 상태

생태복원을 계획할 때 포텐셜의 평가는 지형, 토양, 수환경 등의 생태기반환경 및 주변 산림 식생의 구성 상태와 같은 생태환경의 조사 분석에 의거하여 종의 생육이나 생태계의 성립가능성을 진단함으로써 시행된다. 포텐셜은 시간과 함께 변한다. 포텐셜의 시간적 변화에는 자연적 요인과 인위적 요인에 의한 것이 있는데, 자연 상태에서는 훼손의 원인 및 유형에 따라서 다르게 나타나게 된다.

따라서 생태계 복원의 가능성은 입지 포텐셜, 종의 공급 포텐셜, 종간 관계 포텐셜, 천이 포텐셜의 4가지 환경 포텐셜에 의해 평가할 수 있다.

식물의 천이

어떤 장소에 존재하는 식물군락은 시간의 흐름에 따라서 종조성이나 구조를 변화시켜 다른 상태로 변해간다. 이와 같이 일정한 방향성을 가지고 식물이 변화하는 것 또는 과정을 식생천이 또는 천이라고 한다.

식물이 잘 자라고 있던 숲이 여러 가지 이유에 의해서 기존의 식생이 파괴되고 나지와 같은 새로운 상태(식물이 없거나 식물이 쇠퇴하고 있는 곳)가 생기면 그 빈 공간에 새로운 식물군이 침입하게 된다. 이러한 일련의 발달 과정을 천이계열이라고 한다.

식생천이의 과정을 보면 초본이 먼저 자리를 잡고 나중에 키가 큰 나무들이 들어오게 된다. 이를 좀 더 세분화하면 "나지 → 1,2년생 초본 → 다년생 초본 → 관목 → 호양성 교목 → 내음성 교목" 등과 같이 변화하게 되며, 식생군락의 종조성은 생활형의 변화로 파악할 수 있다.

천이는 일반적으로 선구식생에서 중간식생을 거쳐 극상[47]에 이른다. 훼손된 생태계는 식물이 살기에 적합하지 않은 환경 상태일 경우가 많다. 이러한 조건에서는 열악한 조건에서도 잘 자랄 수 있는(빨리 자라거나, 많이 자라거나, 토양 양분 요구도가 높지 않거나, 강한 햇빛이나 건조한 것을 견디거나) 식물들이 먼저 자리를 잡게 된다. 이들 종은 선구식생이라고 한다. 그리고 후기에 일정 정도의 수관층이 형성된 이후에는 그늘에서도 잘 견디는 종들이 생장할 기회가 상대적으로 많아진다.

천이에 관련된 이론은 여러 가지가 있으며, 지금도 새로운 이론이 나와서 과거의 이론들을 뒤집은 경우들이 많이 있다. Connell과 Slatyer[48]가 주장한 3가지 이론적 모형을 생태복원의 관점에서 살펴보자.

- **촉진 모델(facilitation model)** : 어떤 지역에 먼저 자리를 잡은 종은 일정 기간 동안 그 지역의 식생군락을 형성하고 있다가, 시간이 지나면서 그 다음에 들어오는 식물의 정착을 도와준다. 이 모델에 의하면 척박한 환경에서도 많은 종자량을 갖고 있으면서 넓은 지역에 확산되는 성질이 있고, 종자가 오래 생존할 수 있는 특성을 가지고 있으며, 생장이 빠른 식물들이 먼저 그 지역을 차지하게 되는데, 이는 주로 선구식물들에서 나타나는 특징이다. 그러나 이렇게 빨리 자라는 식물은 수명이 그리 길지 않기 때문에 다음 식물들에 자리를 넘겨주게 된다. 콩과식물이나 오리나무류는 공기 중의 질소를 고정[49]해서 이용하는 능력이 있기 때문에, 척박한 환경에서 살 수 있으며 토양을 비옥하게 해주는 역할을 하게 된다. 이들이 자리를 잡은 공간은 훼손되어 나지화된 초기의 상태보다 토양을 비옥하게 하고 바람이나 강한 햇빛을 막아줄 수 있다. 결국 선구식물은 천이 후기에 나타나는 식물이 들어와서 살 수 있는 환경조건을 조성해주는 역할을 하게 되며, 새로운 식물이 들어오면서 그 자리를 서서히 내주게 된다. 그리고 나중에 자리를 잡게 된 식물은 경쟁을 통해 선구식물을 제거하게 된다. 이 모델은 극

상 상태에 도달할 때 까지 뒤에 들어온 종이 먼저 들어온 종을 제거함으로써 점차적으로 극상으로 변하게 되는 것을 보여주고 있다.

- **내성 모델(tolerance model)** : 어떤 군집에서는 초기에 정착한 선구식물들이 후기에 들어오는 식물들을 촉진하지도 방해하지고 않는다고 보는 것이다. 이 모델은 많은 개체수와 바이오매스[50]의 축적이라는 측면에서는 바람직하지만, 연속된 모든 종들이 새롭게 교란된 장소에서 자리를 잡게 될 수 있음을 시사한다. 촉진 모델의 예측과는 다르게 부지의 초기 선구식물들은 나중에 들어올 식물들에게 유리한 방식으로 환경 조건을 변화시키지 않는다. 오히려 시간이 지남에 따라 다양한 종은 경쟁과 관련된 생물학적 스트레스가 연속적으로 증가하는 강도에 대하여 서로 다른 내성을 가지고 있는 것으로 보고 있다. 천이가 진행되면서 선구식물이 자리를 잡은 곳에는 아래쪽에 햇빛이 통과하는 것을 막게 되는데, 수관층 아래에서는 그늘에서도 잘 자랄 수 있는 식물이 자리를 잡으면서 새로운 극상림이 형성된다.

- **억제 모델(inhibition model)** : 선구식물이나 천이 후기 식물들 모두 생태계가 교란되고 나지가 형성된 곳에 유입될 가능성이 있다. 그러나 일부 식물은 독성 생화학 물질을 분비하는 것으로 알려져 있으며(타감작용[51]), 이것은 다른 식물의 정착과 성장을 방해하게 된다. 이곳에서 선구식물들을 제거하게 되면 후기 식물들이 자리를 잡게 될 가능성이 높아지기 때문에 초기에 정착한 식물들은 다른 식물들이 들어오는 것을 방해한다는 것을 의미한다. 선구식물은 일반적으로 천이 후기 식물 보다 생존기간이 짧기 때문에 나중에 들어오는 식물을 억제함에도 불구하고 천이가 진행된다. 그러나 억제하는 종은 죽어 나중에 정착하는 종들이 이용할 수 있는 기회를 만들어 주게 된다. 이러한 점진적인 변화는 결국 극상의 상태로 발전하게 된다.

이러한 세 가지 촉진, 내성 및 억제 모델은 식생천이 과정을 따라 수행된 여러 가지 연구 사례에 의해 뒷받침을 받고 있다. 그러나 이러한 모델은 식생천이 계열에 대한 예측에서 항상 올바른 것은 아니다. 토양과 식물이 상호 작용하는 잠재적인 천이 기작의 중요성은 환경 조건, 상호 작용하는 특정 식물종 및 우연한 사건의 영향(예를 들어 어느 종이 먼저 도착했는지) 그리고 어떤 수준으로 영향을 받는가에 따라 달라질 수 있다.

훼손지의 생태복원에는 촉진과 내성 모델이 적합하다고 볼 수 있다. 만약 억제 모델을 적용하게 된다면 초기에 정착된 식물이 쇠퇴할 때 까지 후기종이 들어오지 못하고 그 상태가 계속 유지될 수도 있는 것이다. 이러한 천이 모델은 이론적으로 넓은 지역에 교란이 일어났을 때를 가정하고 있지만, 적은 규모의 복원지역에서도 이러한 모델이 적용될 수 있음을 보여주고 있다.

생태복원에서는 생태계의 천이가 바람직한 방향으로 진행되면서 생태기반환경이 안정해지고 풍부해지는 것이 좋다. 이를 무시하고 생태기반환경만을 강조하여 선구식물만을 과다하게 도입하는 경우에는 나중에 들어올 가능성이 있는 식물들의 정착을 방해하는 식물군락이 조성될 수 있으며, 이들 식물이 죽거나 쇠퇴하는데 소요되는 기간 동안 생태적 천이를 지연시키게 된다.

만약 천이 후기종인 음수 계통을 많이 심는다면 이들 종은 강한 햇빛에 노출되어 잘 적응하지 못하고 쇠퇴하게 될 것이며, 이 공간에 새로운 선구식물이 자리를 잡으면서 일부 남아 있는 음수 계통의 수목과 경쟁을 통해 천이의 방향이 새롭게 정해질 것이다.

위에서 제시한 천이 모델은 극상으로 도달하는 것을 전제로 제시가 되었으며, 이는 극상이라고 하는 안정적이고 최종적인 단계를 가지고 있는 것으로 이해되었다. 이때 이 극상단계를 한 구역의 잠재적 식생(potential vegetation)이라고 말하고 있으며, 이는 그 지역의 환경적 특성에 의해 형성된다. 그러나 이러한 생각은 생태계 역동성의 관점에서 볼 때 논란이 많다. 특히 기후변화와 같은 변수들이 작용하면서 극상상태가 과연 존재할 수 있을까 하는 고민이 생기게 된다. 예전에 우리나라 중부지역의 극상림은 서어나무림이라고 하였으나, 요즘과 같은 기후변화를 생각한다면 과연 서어나무의 극상림이 안정적이고 지속적으로 그 지역에서 식생군락을 유지할 수 있을까에 대한 의문이 있다. 또한 한라산과 지리산 등에서 나타나고 있는 고산 상록침엽수림이 쇠퇴하는 문제를 볼 때 그 수목을 다시 식재하고 군락을 조성하려는 노력이 과연 식생천이의 방향과 일치하는지에 대한 고민도 필요하다.

따라서 이러한 변화는 단기간에 나타나지는 않겠지만, 교란의 빈도와 강도가 높아지는 현 시점에서 생태계의 역동성을 고려할 때 생태복원과 천이의 관계에 대한 새로운 모델의 검증이 필요하다.

---

47) 극상(climax)은 주어진 환경조건 하에서 천이에 의하여 군집조성이 점차 변화하여 그 지역의 환경조건에서 장기간 안정을 지속하는 상태로 최고 단계까지 천이하여 평형을 이룬 상태임. 특히 식물군락에서는 동일한 기후조건과 토양조건이라면 동일한 극상군락으로 수렴한다고 믿어지고 있음.

48) Connell J.H. and R.O. Slatyer. 1977. Mechanisms of Succession in Natural Communities and Their Role in Community Stability and Organization.

49) 식물이 살아가는데 필요한 질소를 얻는 것으로 자연에서는 근류균이나 남조류에 의해 질소고정이 이루어지며, 콩과식물의 뿌리에 작은 혹을 형성하여 붙어 있는 근류균이 외부로부터 얻은 질소 원자를 질소화합물로 바꾸어 질소영양원을 확보하는 질소동화를 말함.

50) 바이오매스(biomass)는 태양 에너지를 받아 유기물을 합성하는 식물체와 이들을 식량으로 하는 동물, 미생물 등의 생물유기체를 총칭함. 나무의 경우에 자라서 키와 직경이 늘어나는 것을 바이오매스의 증대로 봄.

51) 타감작용(allelopathy)은 대사물질의 분비에 의한 식물 상호간 또는 식물과 토양미생물간의 생화학적 억제작용을 말함. 하나의 생물 특히 식물이 떨어져서 생활하고 있는 다른 종의 생물에게 영향을 주는 현상이며, 주로 어떤 식물에서 생성되는 화학물질이 다른 식물의 종자 발아나 생육에 영향을 미치는 현상임. 삼림욕에서 들을 수 있는 용어인 피톤치드(phytoncide)는 고등식물에 함유되어 있는 테르펜류를 주체로 하는 휘발성분으로서 미생물이나 원생동물이 살지 못하도록 작용을 하는 것도 같은 예로 볼 수 있음.

(3) 환경 포텐셜의 평가 및 생태복원 목표

생태복원을 계획할 때에는 대상지의 환경 포텐셜에 대한 평가가 우선되어야 한다. 생태기반 환경 및 생태환경의 포텐셜 평가는 생물종의 서식지와 생태계의 성립 가능성을 진단하고 예측하는 것이다. 포텐셜은 대상지의 대한 다양한 조사와 데이터를 기반으로 하여 종합적으로 평가하여야 한다.

우리가 생태복원 과정에서 목표종[52]을 정하게 되는데, 특정 종만을 고려하다 보면 목표종을 둘러싸고 있는 다양한 환경 포텐셜에 대한 내용을 간과하는 실수를 하게 된다. 따라서 환경 전반에 대한 객관적인 평가를 토대로 목표종을 도입하기 위한 여러 가지 분석을 통해서 생태계의 성립 가능성을 평가해야 한다.

목표종을 선정하고 시행하는 프로젝트에서 추진기간 내에 목표종을 직접 도입하면서 필요한 서식 환경을 바로 조성해주는 방식이 있으며, 목표종을 1차적으로 도입하지는 않지만 그들이 미래에 서식할 수 있도록 기초가 되는 식물군락을 조성하고 2차적으로 그 목표종이 서서히 유입되도록 유도하는 방법이 있다. 이들 방식은 바로 복원대상지가 가지고 있는 생태기반의 환경을 고려해서 결정하게 된다.

기후, 지형, 토양, 물 환경 등은 식물의 성립에 영향을 주는 요인들이며, 입지 포텐셜의 평가는 이와 같은 요인들에 대한 조사 분석을 통해 종의 서식이나 식생, 생태계의 성립가능성을 진단함으로써 시행된다. 기후는 중요한 인자이기는 하지만 좁은 범위에서의 입지 포텐셜 평가의 경우에는 그 차이가 거의 없다. 습지를 예를 들 때 습지는 물의 공급이 충분하고, 또 물이 지하로 침투하지 않는 것이 조건이 된다. 이 예에서는 지하수위의 고저에 따라 조건이 평가되고, 계절에 따른 측정 결과에 의거하여 습지가 되기 쉬운 장소와 그렇지 않은 장소로 구분된다.

종의 공급 포텐셜은 생물 서식 환경을 새로 조성하고자 할 때 실험적으로 새로운 서식지를 만들어 그곳에 출현하는 종이나 구성 상태를 조사하는 방법으로 평가할 수 있다. 이러한 실험을 할 때 주의해야 할 점은 새로운 서식지, 즉 수용처의 환경조건을 충분히 만들어 주는 일이다. 그렇지 않으면 실험 결과에 수용처의 수준 차이도 반영되어 종의 공급 포텐셜을 바르게 평가할 수 없다. 또 종의 공급 포텐셜을 결정하는 요인에는 공급원과 수용처 간의 거리 및 이동 장해요인, 공급원의 양과 질 등이 있는데, 이들 요인이 어느 정도 기여하고 있는가를 알기 위해서는 다양한 조건을 설정하여 분석할 필요가 있다.

종의 공급에 대해서는 현재 남아 있는 식물 또는 도입하고자 하는 식물은 어떤 형태로 종자

52) 목표종(target species)은 핵심 또는 지표종이라고도 하며, 생태복원 프로젝트를 수행할 때 중요한 가치를 두고 설정하는 종임. 주로 희귀 동식물이나 특별히 보전의 가치가 있는 종을 선정하며, 그 종의 서식지나 개체수 보전 및 확대를 목표로 수립하고 있음.

원이 공급될 수 있는지에 대한 평가도 필요하다. 종자의 크기가 작은 것들은 바람에 의해 공급이 될 수 있지만, 도토리와 같이 큰 것들은 바람에 의한 방식 보다는 주변에서 떨어져서 공급이 되어야 한다.

매토종자의 조사도 종의 공급 포텐셜 평가의 하나이다. 매토종자 집단을 조사하는 방법에는 종자를 직접 확인하는 방법과 종자를 포함한 토양을 파종하고 여기서 발아한 식물을 확인하는 방법이 있다. 매토종자 집단의 조성은 종자를 공급하는 지상의 식물군락에 의존하고 있어, 바로 그 장소와 주변의 현재 및 과거의 식물군락이 관여하고 있다. 현재의 식물군락에서는 전혀 없던 종도 매토종자 집단에 포함되는 경우도 많다. 그 유래는 인접한 지역이나 같은 장소의 과거 식물군집인 경우가 많다. 또 떨어진 곳에서 바람이나 동물에 의해 운반된 종도 있다. 일반적으로 매토종자는 지표에 가까운 얕은 토양 중에 종수와 개체수가 많고, 토양 속으로 깊게 내려갈수록 적어진다.

종간 관계의 포텐셜을 평가할 때에는 같은 공간에 자리를 잡게 되는 식물들의 경쟁관계를 평가해야 한다. 이것은 미지의 상태를 예측하는 것이므로 이 조건과 유사한 생태계(참조생태계)의 특성을 관찰해서 유추할 수 있다.

마지막으로 이렇게 공급되어 서로 경쟁하는 종들이 장기적으로 어떤 방향으로 천이가 진행될지에 대한 내용을 평가할 수 있어야 한다. 폐쇄된 생태계에 외래종이 이입되었을 때 그 생물종이 토착 생물종을 몰아내고 우점하게 되는 경우도 많이 볼 수 있다. 이를 천이 포텐셜이라고 할 수 있는데, 이 포텐셜은 위의 세 가지 환경 포텐셜에 영향을 받게 된다.

환경 포텐셜은 현 상황을 토대로 미래를 예측하는 것이므로 아직까지 정확하게 예측할 수 있는 방법이 나와 있지는 않다. 예를 들어 산불이 난 지역을 복원한다고 가정할 때 입지, 종의 공급, 종간 관계 등을 어느 정도 예측할 수는 있지만, 이들이 복합적으로 작용할 때 또 어떤 생태계가 형성될지에 대한 미래를 예측하는 것은 빅데이터를 활용하는 요즘에도 어려운 것이다. 이와 함께 기후변화라는 요인을 추가하게 된다면 훨씬 더 복잡한 양상을 띠게 될 것이다.

생활사 전략 (Life history strategy)

식물은 생물이며 다른 생물처럼 자라고 번식한다. 대부분의 식물은 새로운 삶을 시작하고, 성장하고, 시작 단계로 돌아오는 순환 주기적 과정을 따르고 있다.

식물이 거치게 되는 "출생→성장→생식→노화→사망"의 전 생활과정, 즉 생활하고 있는 기간의 행동 및 생활 방법을 생활사라고 한다. 식물의 생활사는 종마다 고유한 특성을 가지고 있으며, 식물은 출생에서부터 사망에 이르기까지 성장 단계에 따라서 계절이나 해마다 주기적인 활동을 하면서 성장하게 된다. 우리나라와 같이 4계절이 뚜렷이 구분되는 곳에서 식물은 주로 1년 주기로 발아, 성장, 개화, 결실, 낙엽, 휴면 등의 과정을 거친다. 반면 열대지방의 경우 연중 생장이 가능하기 때문에 나무의 나이테를 보면 잘 구분이 되지 않는 경우도 있다.

동물들도 역시 비슷한 주기를 가지고 있는데 일반적으로 1년 주기로 교미, 산란, 부화, 성장, 동면 등을 한다. 그러나 동물은 이동 능력이 식물에 비해 높아, 개체가 이동함으로써 분포영역이 확대된다. 또 영양섭취 방법도 식물은 뿌리에서 영양과 수분을 흡수하고, 잎에서 광합성에 의해 탄수화물을 생산하여 생활을 하지만, 동물은 먹이사슬의 아래에 있는 식물이나 다른 동물을 직접 먹어서 영양을 흡수한다. 이와 같이 동물과 식물의 생활사는 기본적인 것에서부터 다르다는 것을 이해해야 한다.

따라서 생태복원 프로젝트에 있어서는 식물과 동물에 대한 각각의 생활사를 정확하게 파악함으로써 대상생물의 생활에 끼치는 영향을 최소화할 수 있는 시기에 시행하는 것이 바람직하다. 또한 모니터링 과정도 이러한 생활사를 기본으로 하여 계절적 변화를 위주로 설정할 필요가 있다.

일반적으로 종자를 맺는 식물의 생활사는 그 성장에 따라 다음과 같이 몇 가지 단계로 구분할 수 있다.

○ 종자기 : 부모 개체로부터 나온 종자는 부모로부터 물려받은 유전자를 가지고 있으며, 후대를 이어나갈 모든 정보가 들어 있다. 이들 종자는 각각의 발아 특성에 의해서 곧바로 발아되거나, 땅속에서 일정기간의 휴면을 거쳐서 천천히 나오는 종자가 있으며, 비교적 외부 환경에 잘 견딜 수 있도록 껍질과 같은 보호 장치를 가지고 있다.

◎ 실생기 : 종자가 막 발아하여 생장을 시작하는 단계로서, 외부 환경에 대한 적응력이 식물의 생존에 직접적인 영향을 미친다.

◎ 생육기 : 종자에서 나와서 땅속에 뿌리를 내리고 성장하는 것으로서, 아직 후대를 양성하는 단계까지는 자라지 못한 상태이다. 식물의 특성에 따라서 생육기가 1년 이내로 짧을 수도 있으며, 나무 종류들은 수년에서 수십 년에 걸쳐서 생육기가 지속될 수도 있다.

성숙기 : 후대에 자손을 퍼트리기 위한 생식의 단계로서, 개화 및 종자생산, 구근이나 뿌리 발달과 같은 영양번식을 하는 시기이다. 일반적으로 종자생산 등에 많은 에너지를 사용하기 때문에, 성숙기 이후 휴면기에 들어가거나 쇠퇴하는 식물들이 많다.

휴면기 : 외부의 환경조건이 가뭄, 건조, 한랭 등과 같이 생육이 부적합한 상태로 들어갔을 때, 식물의 성장을 일시적으로 정지하는 시기이다. 우리나라의 경우 주로 겨울철에 잎이 떨어진 나무가 휴면기에 들어가는 것으로 알려져 있다.

과숙기 : 식물이 가지고 있는 종자 생산 능력을 다 소진한 이후부터 식물체가 고사할 때까지의 기간이다. 이 기간에는 생식과정은 없고 성장 과정이 느려지는 것이 일반적이다.

모든 생물은 환경에 대한 적응도를 최대로 하기 위해(살아남고 후대를 남기기 위해) 여러 가지 전략을 가지고 있는데 이것을 생활사 전략이라고 한다.

생활사 곡선에서 내적증가율(r)을 크게 하려는 종을 r선택(r-selection, r도태)종이라고 하고, 환경수용능력(K)에 가까이 하려는 종을 K선택(K-selection, K도태)종이라고 한다. r선택종은 새로운 서식지나 생태적으로 안정되지 못한 곳에 적합하도록, 개체 크기가 작고 자손을 많이 낳으며, 조기에 생장하여 성숙하는 특징을 가진다. 반면 K선택은 생태적으로 안정된 서식지나 구성종 상태의 변화가 크지 않은 곳에 적합하고, 개체 크기가 크고 적은 수의 자손을 낳으며, 비교적 천천히 성장하는 특징을 가진다.

식물 중 국화과나 벼과와 같이 종자를 많이 생산하는 종은 r선택이 많고, 느릅나무과의 목본은 K선택이 많다. 또 동물에서는 대부분의 곤충류가 r선택이고 덩치가 큰 포유류 등은 K선택이 많다.

[표 2] 식물의 생활사 전략[53] 비교

항 목	천이 초기종(r)	천이 후기종(K)
성장 속도	빠르다	늦다
번식 나이	빠르다	늦다
종자 크기	작다	크다
종자산포 양식	풍산포, 동물산포	동물산포, 중력산포
종자의 휴면성	있다	없다
잎의 수명	짧다	길다
내음성	없다	있다

생태복원의 관점에서 본다면, 프로젝트 초기에 식생 피복을 목표로 할 때에는 그곳에 빨리 정착하고 자리를 잡을 수 있는 r-선택종이 유리할 것이다. 반면 잔존림이 일부 남아 있는 상태에서 하층부에 수목을 식재하여 식생 구성 상태를 개선하고자 할 때에는 다른 전략이 필요하다. K-선택종은 복원 대상지의 환경 조건이 어느 정도 개선된 상태에서 도입하는 것이 바람직하다.

생태복원은 교란된 생태계를 되살리는 것으로 회복을 가속화하거나 새로운 생태를 재창조하는 것을 목표로 한다. 생태계에 가해지는 교란은 생태계 구조와 기능을 바꾸는 환경 변화이다. 일반적인 교란에는 벌목, 강 댐, 방목, 태풍, 홍수 및 산불이 포함된다. 생태복원 활동은 교란 전 생태계를 복제하거나 이전에 발생하지 않은 새로운 생태계를 만들기 위해 설계될 수 있다.

생태복원은 생물과의 공존을 목적으로 인간과 자연과의 건전한 관계를 구축하는 것을 목표로 생태계를 새롭게 디자인 하는 것으로서 생태계의 무기적 환경요소(물, 공기, 토양)와 생물적 요소(생산자, 소비자, 분해자)는 자연생태계, 반자연생태계, 인공생태계로 구분되며 생태복원의 대상이 된다. 생태복원은 인위적 영향에 의해 훼손된 생태계를 복원하는 것이며 그 가능성을 알기 위한 것이 환경 포텐셜이다. 즉 환경 포텐셜은 특정장소에 있어서 종의 서식이나 생태계 성립의 잠재적 가능성을 나타내는 개념이다.

환경 포텐셜은 시간과 함께 변한다. 환경 포텐셜의 시간적 변화에는 자연적 요인에 의한 것과 인위적 요인에 의한 것이 있다. 자연적 요인에 의해 환경 포텐셜이 변하는 전형적인 예가 생태천이이다. 환경 포텐셜에 대한 평가는 복원 대상지에 성립할 가능성이 높은 생태계를 예측하는데 효과적이다. 환경 포텐셜은 일정한 것이 아니라 시간에 따라 변한다. 특히 환경을 복원한다는 것은 1~2년 내에 이루어지는 것이 아니라 수십 년이 걸리는 과정이 필요하기 때문에 어려운 것이다.

다만 생태복원의 관점에서 볼 때는 우리가 제어할 수 있는 인자들, 특히 인위적인 요인들에 대한 제어가 우선 필요하다. 환경 포텐셜에 영향을 주는 요인에는 자연적인 것과 인위적인 것이 있다. 초기 단계에서 생태 복원에 문제가 되는 것은 인위적인 요인에 의한 포텐셜의 저하이며, 그 예로 지형의 변형, 지하수위의 변화, 토양 침식이나 오염 등을 들 수 있다. 또한 그 복원 대상지 자체가 직접적인 영향을 받지는 않더라도 주변의 넓은 범위에 걸쳐서 지형과 수계의 변화가 식생의 형성에 큰 영향을 미치게 된다.

인위적 요인으로는 지형의 급격한 변화, 지하수위의 저하, 식생파괴에 따른 토양침식 등을

53) 표에 제시된 생활사 전략은 식물종 별로 차이가 있을 수 있지만 일반적으로 나타나는 대표적인 형질을 제시한 것임.

들 수 있다. 또 그 장소가 직접 변하지 않더라도 광범위한 지형이나 식생의 현저한 변화가 환경 포텐셜을 불가역적으로 저하시키는 경우도 있다.

환경 포텐셜의 변화 기작을 파악하는 것은 인위적인 영향을 저감하는 것을 통하여 제어할 수 있기 때문에 생태복원을 수행하기 위한 기초 작업으로 매우 중요하다. 환경에 대한 잠재력의 평가만으로는, 복원의 목표가 결정되는 것은 아니기 때문에, 그 요인들에 대한 영향을 평가하고 생태복원 목표를 선택하는 것이 좋다. 따라서 생태복원 프로젝트는 입지 포텐셜, 종의 공급 포텐셜, 종간관계 포텐셜, 천이 포텐셜의 4가지 환경 포텐셜을 통해서 평가함으로써 복원의 목표달성 가능성을 예측할 수 있다.

#4

생태계는 변화에 탄력적으로 대응한다

(1) 회복력의 개념

지구라는 시스템은 빠르고 심각한 변화를 겪고 있다. 변화를 일으키는 주요 요인들에는 기후변화뿐만 아니라 외래종의 확산, 토양과 수문환경의 변화, 각종 개발행위 및 농업에 의한 토지의 황폐화 등이 포함된다. 이런 변화는 생물종의 분포와 생태계의 구조 및 기능에 영향을 미치며, 종의 분포와 지속성을 방해할 수 있는 기후 스트레스 요인과 상호 작용하게 된다. 또한 산불 및 곤충 대발생과 같은 생태적인 교란은 기후 변동성에 영향을 더 크게 받으면서 단지 한 나라만의 문제가 아니라 전 세계적인 규모에서 갑작스러운 변화를 촉진할 수 있다.

이러한 심각한 변화는 훼손되기 이전 과거의 좋은 상태로 되돌리기 위해 진행하고 있는 여러 가지 생태복원 프로젝트의 성공 가능성을 낮추게 될 수도 있다. 대안으로 떠오르는 방식은 하나의 목표를 세우고 그 방향으로 집중하는 것과는 조금 다르게 외부의 교란에 대한 저항력 증대나 생태계 구조의 재구성과 같이 탄력성이 있도록 생태적 기능을 강화하는 것이다. 저항력의 증대나 재구성과 같은 프로세스는 기존의 복원이라는 큰 범주에는 속하지만 재구성을 위해 생물종 및 생태계를 관리하는 것은 과거 참조생태계를 기반으로 하는 전통적인 복원의 접근 방식에서 약간 차이가 있다. 생태계를 대상으로 하는 탄력적인 관리방법은 변화를 일으키는 스트레스 요인으로 인해 과거의 생태로 되돌리는 것이 어렵거나 적응성이 떨어지는 문제가 있는 전통적인 생태복원 방법을 보완할 수 있다.

생태복원 프로젝트는 훼손된 곳을 좋은 상태로 되돌리는 것인데, 이 행위를 인간의 관점에서만 본다면 어떤 목표를 정해 놓고 그 방향으로 잘 가도록 해주는 것이다. 그런데 생태복원 프로젝트의 주인이 인간이 아니고 자연이라고 가정한다면 생각이 달라질 수 있다. 예를 들어 숲에 굴참나무를 심어서 그 나무가 잘 자라도록 하는 것은 인간의 생각이다. 반면 자연(여기에서는 산 또는 흙)의 입장에서 볼 때는 정말 굴참나무를 원했을까? 그리고 복원하려는 산은 아직 굴참나무가 자랄 수 있는 여러 가지 토양 조건이 맞지 않을 수도 있다. 이 경우 자연은 굴참나무가 아니라 소나무를 선택할 수도 있을 것이고, 또한 굴참나무와 소나무가 반반 정도 섞인 것을 원할 수도 있다. 결국 목표를 세우고 무조건 그 방향으로 가는 것 보다는 주어진 환경에 적응할 수 있는 어떤 수준이나 여러 가지 방향에 맞게 적절히 변화를 주는 것, 즉 탄력적으로 대응하는 것이 생태계의 지속적인 유지를 위한 효과적인 수단이 될 수 있다.

생태복원의 목표는 교란되거나 훼손된 생태계를 회복시키는 것이지만 복잡한 자연 시스템의 작동 방식에 대한 이해가 바탕이 되지 않은 상태에서 수행하는 복원 프로젝트는 때때로 의도하지 않은 결과가 나타나기도 한다. 우리를 둘러싸고 있는 복잡한 환경, 특히 생태 시스템이 가지고 있는 특성을 이해하는 데 있어서 결과를 예측하기도 어려운 생태복원 프로젝트가 진정한 생태계의 회복이라는 목표까지 연결될 수 있을까?

생태복원 과정에서 정확하고 구체적인 복원 방법을 제시하기 위해서는 생태계의 기반이 되는 요소인 토양, 식생과 관련하여 기초자료를 광범위하고 정확하게 수집하는 것이 좋다. 특히 복원 대상지의 생물종이나 이들의 구성, 생태계의 회복력, 교란의 정도 및 과거 토지이용, 주변 경관 등에 대한 정보가 필요하다.

우리는 생태계가 스트레스를 받을 때 어떻게 반응하는지를 알아야 한다. 외부에서 어떤 교란이 발생되었을 때 현재의 상태를 유지하기 위해 버티는 것은 저항이라고 표현할 수 있으며, 관성[54]이라는 용어로도 이해할 수 있다. 외부의 충격이 가해지면 일정 범위까지는 외력에 견딜 수 있으나 어떤 임계점을 넘어가게 되면 회복이 불가능한 상태로 바뀌게 된다. 나뭇가지를 예를 든다면 바람이 어느 정도 불 때 까지는 가지가 휘면서 바람을 견디다가 바람이 잦아들면 다

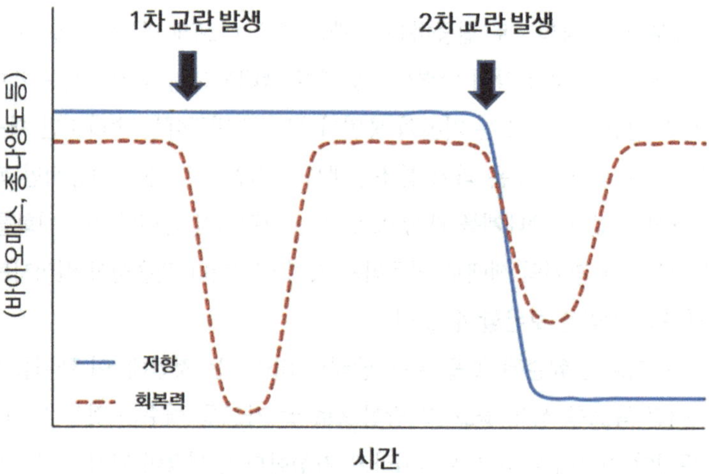

[그림 29] 교란에 대한 저항과 회복력의 개념 비교

54) 관성(inertia)은 물체에 작용하는 힘이 있을 때 운동이나 정지 상태를 유지하려는 경향을 말함. 물체도 정지해 있는 것은 계속 정지해 있으려고 하고 움직이는 것은 계속 움직이려고 하는 것으로 보는 원리임.

시 원상으로 회복이 된다. 그러나 바람이 너무 세게 부는 경우 나뭇가지가 견디지 못하고 부러지게 되는데, 이러한 지점을 임계점이라고 볼 수 있다.

반면 회복력의 개념은 외부의 힘에 의해 생태계 기능이 변형되거나 낮아진 상태에서 스스로 회복할 수 있는 능력이나 정도를 나타낸다. 앞에서 언급한 나뭇가지의 예를 다시 들어보면 바람에 의해 나뭇가지가 휘는 정도와 다시 원상태로 되돌아오는 힘을 복원력 또는 회복력이라고 할 수 있다.

회복력(resilience)은 회복탄력성이라고 하며, 생태복원 뿐만 아니라 사회 전반에서 적용할 수 있는 유연한 개념이다. 생태복원이 훼손된 생태계를 원래의 상태나 이에 가깝게 되돌리는 것이라고 한다면, 회복력 향상은 생태계를 구성하는 요소가 재조합 되면서 새로운 균형상태가 되도록 하며, 이를 통해서 본래의 기능이나 또는 새로운 기능을 갖출 수 있도록 도와주는 것이라고도 할 수 있다.

최근에는 도시 생태계에 대해서 각종 기후변화나 자연재해에 따른 영향으로 생태계가 파괴되거나 훼손된 곳에서 예측되거나 혹은 예측되지 않은 피해까지도 견뎌낼 수 있도록 회복력을 높여야 한다는 것이 강조되고 있다. 회복력을 갖춘 생태계란 모든 구성요소들이 주어진 환경 조건에서 적응하고 함께 유지될 수 있는 능력을 갖춘 것이라고 말할 수 있으며, 이와 관련해서

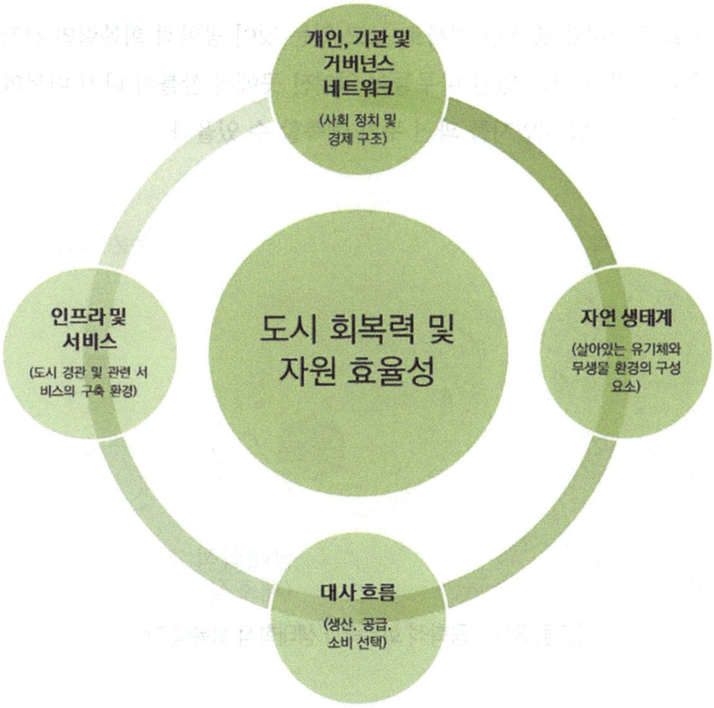

[그림 30] 도시 회복력 및 자원 효율성과의 관계

는 여러 가지 용어[55]로 표현되는 다양한 원리들이 포함되어 있다. 이러한 개념은 산이나 호수와 같은 자연 생태계뿐만 아니라 도시 생태계에서도 그 중요성이 높아지고 있다.

지금까지 생태복원 개념에서는 주로 대상을 자연 생태계로 한정하였으나 회복력의 개념에서는 그 대상을 사회-생태 시스템(social-ecological system)으로 확대하고 있다. 예를 들어, 도시 생태계는 도심 속에 자연환경이 속해 있는 것이고, 바꿔 말하면 자연환경 속에 인간이 들어가 살고 있는 것이다. 이를 사회-생태 시스템으로 표현하고 있다. 여기에서는 인간이 직접적으로 개입되어 있기 때문에 단일 종이나 훼손된 곳의 식생군락을 복원하는 것과 같이 단편적이고 생태적인 측면만을 강조하는 복원 방식은 적용이 어렵고, 인간과 자연이 공존할 수 있도록 통합적인 사고를 바탕으로 커다랗고 상호 연관되어 있는 시스템을 회복시킨다는 접근방식이 요구되고 있다.

회복력에는 몇 가지 관점이 있는데, 이중에서도 공학적인 개념과 생태적인 개념으로 나누어 볼 수 있다. 공학적 회복력(engineering resilience)에서는 효율성, 일관성, 예측 가능성을 중심으로 보고 있으며, 이 관점을 가진 학자들은 생태계를 마치 용수철과 같은 단순한 시스템으로 보고 있다. 따라서 외부 교란에 의해 파괴된 생태계가 어떻게 회복되는지와 같은 질적인 개념 보다는 언제까지 회복될 수 있는지에 양적인 개념에 초점을 두었다. 따라서 공학적 회복력의 평가에는 회복되는 시간과 효율성이 중요한 척도로 활용되었다. 산불로 훼손이 된 산림을 복원하는 프로젝트에서는 훼손되기 이전의 상태로 복원하는데 시간이 얼마나 걸리고, 이 시간을 어떻게 단축할 것인지를 중요한 인자로 보고 있는 것이 공학적 회복력의 관점이다. 그러나 산불로 인해 수십 년간 자라고 있던 나무들이 없어진 곳에서 산불이 나기 이전의 숲으로 되돌리는데 시간이 얼마나 걸릴 것인지를 과연 누가 예측할 수 있을까?

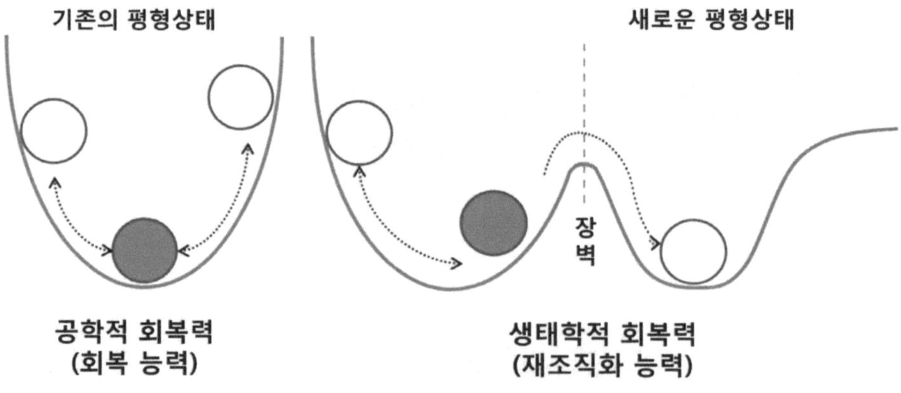

[그림 31] 공학적 회복력과 생태학적 회복력 개념

55) 회복력은 유연성(flexibility), 예비능력(redundancy), 견고성(robustness), 융통성(resourcefulness), 반영성(reflectiveness), 포괄성(inclusiveness), 통합성(integrated) 등의 개념을 포함하고 있음

반면 생태학적 회복력(ecological resilience)은 지속성, 생태적 천이, 예측 불가능성과 관련된 개념으로, 자연 상태가 교란이 되어도 자기 조직화에 의해 생태계가 유지되는 능력으로 해석하고 있다. 예를 들어, 산불 등으로 훼손된 산지에서는 외부에서 인위적인 노력(수목 식재 등)을 들여도 나무가 빨리 자라지 못하고 자연 상태에서 균형 잡힌 숲이 조성되기가 어렵다. 나무를 심는 행위는 인간의 관점에서 많은 에너지를 투입하는 일이지만, 자연의 관점에서 볼 때 자연 스스로 그 나무가 자랄 수 있는 기반(그늘이나 토양속의 물과 양분, 지렁이와 같은 토양 미소동물 등)이 갖춰져 있지 않으면 숲이 빠른 시간 안에 자연적으로 형성되기는 어렵다. 따라서 생태학적 회복력은 훼손되기 이전의 균형 상태로 되돌아갈 수 있는 능력이라기보다는 주어진 환경 조건에서 생태계의 재구성을 통해 새로운 균형 상태가 되어 본래의 기능이나 새롭게 형성된 자연의 기능을 발휘할 수 있는 능력을 의미한다.

생태복원은 훼손되기 이전의 상태로 되돌리거나 이를 도와주는 과정이라고 보고 있는데, 현실적으로는 훼손되기 이전으로 완벽하게 돌아가는 것은 불가능하다. 그렇기 때문에 회복력이라는 개념이 추가되면서 주어진 환경에 좀 더 탄력적이고 유연하게 적응하려는 노력이 필요하게 되었다.

생태계가 회복되는 과정에서 생물종과 그것을 둘러싸고 있는 환경이 상호 작용을 한다는 것을 고려한다면 그 환경조건에 맞는 새로운 균형 상태로 스스로 찾아가도록 하는 것이 회복력의 개념을 적용한 생태복원의 방향이라고 할 수 있다.

(2) 자연 속에서의 회복력

생태계에서 볼 때 회복력은 어떤 외부의 힘에 저항하고 신속하게 회복함으로써 교란에 대응할 수 있는 생태계 스스로의 능력이다. 우리가 이미 알고 있는 대표적인 교란에는 화재, 홍수, 태풍, 곤충 개체군의 폭발적인 증가, 산림 벌채, 개발을 위한 지형 및 토양의 변형, 농약의 사용, 외래식물이나 동물종의 유입과 같은 크고 작은 사건들이 포함된다.

회복력은 1973년도에 홀링[56]에 의해 처음 소개되었다. 이 개념은 초기에는 안정성이라는 의미와 비슷했지만, 지금은 어떤 교란을 받은 뒤 보통의 상태로 되돌아가는 능력을 뜻하고 있다. 따라서 회복력이란 생태계가 교란에 대응하는 능력, 즉 훼손되기 이전의 상태로 돌아가거나 새로운 상태로 안정화되어 가는 능력이며, 회복력을 높이는 일은 생태복원 프로젝트에서 바람직한 결과를 만들어낼 수 있도록 해준다.

어떤 지역에 일정한 규모나 기간 동안 가해지는 개발이나 훼손 압력은 생태계에 큰 영향을

56) Holling C.S. 1973. Resilience and Stability of Ecological Systems.

미칠 수 있으며, 이들 영향은 생태계가 또 다른 천이과정을 따르거나 새로운 생태 구조를 형성하도록 작용한다. 생물다양성의 감소, 자연 자원의 이용, 토양이나 수질 오염, 토지 이용 및 기후 변화와 같이 생태계의 회복에 악영향을 미치는 인간의 활동은 생태계의 변화를 자주 일으키고 있으며, 회복이 불가능한 상태로 만든다.

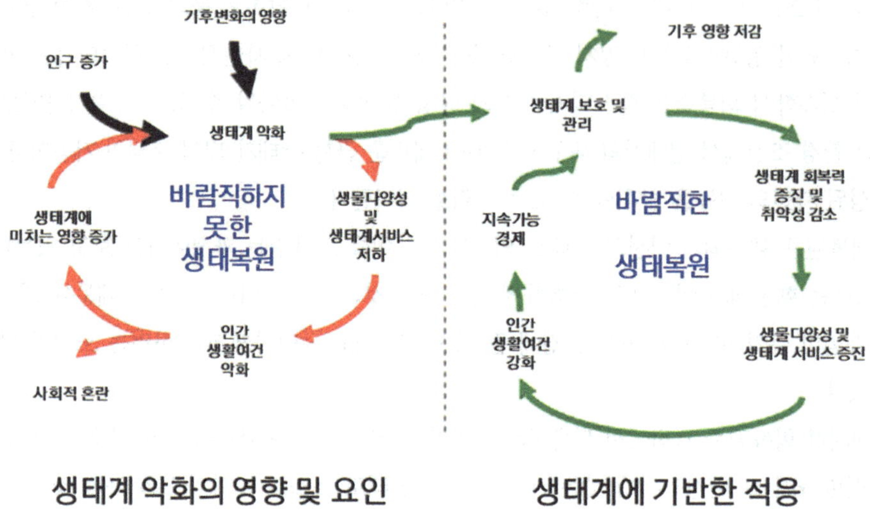

[그림 32] 생태계에 기반을 둔 적응과정

가령 기후변화와 같은 요인에 의해 생태계가 훼손되었을 때 제대로 대처하지 못하면 생물다양성 및 생태계서비스가 저하가 되고, 이는 인간생활과 생태계가 더 나빠지는 악순환이 반복된다. 반면 생태계가 적절히 관리 되거나 보호 된다면 자연이 가지고 있는 회복력이 증진될 수 있다. 이 경우 생물다양성 및 생태계서비스가 좋아지면서 인간 생활 여건과 지속가능성이 개선되고 이에 따라 생태계가 바람직한 방향으로 유지될 수 있는 선순환이 이루어진다. 회복력은 우리의 경험으로부터 자연자원을 보호하고 유지할 수 있는 힘을 제공해주며, 교란을 일으킬 수 있는 외부 요인이 많은 곳에서 더 이상 훼손이 되지 않도록 하고, 일단 훼손된 생태계는 스스로 일정한 방향을 찾아서 생태계의 균형을 유지하는데 도움이 된다.

건강하고 다양한 생태계는 장애 요소를 극복하는데 필요한 잠재적인 가능성을 가지고 있기 때문에 중요하다. 그늘에서 자라는 것을 좋아하는 전나무[57]가 빼곡히 자라고 있던 숲이 훼손되었을 경우 이곳에서 다시 전나무만 자라는 숲이 조성되기는 어렵다. 반면 전나무 외에 서

57) 전나무(*Abies holophylla*)는 천이 후기에 나타나는 대표적인 음수 계통의 수목으로서 어릴 때에는 다른 나무 아래의 그늘에서 생장함. 전나무는 그늘을 좋아하기 보다는 그늘에서도 잘 견딘다는 표현이 적절함.

어나무, 소나무, 신갈나무, 철쭉 등과 같이 여러 가지 식물종이 같이 어우러져 있는 산림에서는 훼손된 이후 다양한 식물종이 다시 자랄 수 있는 가능성이 상대적으로 높다고 본다. 아무래도 다양한 식물종이 있는 경우 교란에 대응할 수 있는 후보가 많다는 것을 의미하고, 후보 식물이 그 기능을 보완해줄 수 있다. 따라서 생태복원을 위해서는 식물과 동물과 같은 유기체가 필요하기 때문에, 복원이 될 가능성을 높일 수 있도록 다양성을 갖는 것이 중요하다.

생태 시스템도 매우 복잡하다. 생태 시스템은 생태계가 인간에게 주는 혜택인 '생태계서비스'를 사회 시스템에 제공하고, 사회 시스템은 자연자원의 이용 및 관리, 토지이용 상태의 변경 등을 통해 생태 시스템에 영향을 준다. 그뿐만이 아니다. 사회-생태 시스템은 아주 작은 것에서부터(내가 사는 동네뿐만 아니라) 우리나라와 같은 아주 큰 규모에 이르기 까지 다양하게 구성되어 있으며, 지속적으로 예측 불가능한 교란을 받고 있다. 또한 교란을 받은 생태 시스템은 자기 스스로 시스템을 재구성할 수 있는 자기 조직화 능력이 있어 적응 주기라는 생애를 반복적으로 거치게 되는 특성이 있다.

회복력의 핵심은 우리가 속해 있는 지구나 생태계는 항상 고정되어 있는 것이 아니라 계속해서 변화되는 과정 중에서 여러 가지 평형 상태가 존재한다는 것이다. 변화는 자연적이거나 인위적 변화, 해롭거나 이로운 변화 등 다양한 형태로 나타난다. 그 중 인간이 가장 인지하기 어려운 것은 그 변화의 시간(주기)이 한 인간이 살아가는 기간을 넘어가는 정도로 아주 느리게 나타날 때이다.

"라떼는 말이야!"라고 말하는 어른들조차도 "라떼" 일 때부터 지금까지 잘 느끼지 못하는 그런 몇 십 년의 변화인 경우는 더욱 그렇다. 기후변화와 같이 서서히 진행되는 변화는 우리가 살아가는 동안에는 그렇게 심각하게 느끼지 못했던 것들이다. 최근 지구온난화라는 말이 많이 나오는데, 우리가 민감하게 느끼지 못하였을 뿐 온난화는 아주 오래전부터 조금씩 진행되어 오던 것이다. 물론 최근에는 기후변화로 인한 영향이 실생활에 가깝게 다가온 상태이기는 하다.

이러한 사회-생태 시스템의 특성이 원활하게 발휘될 수 있도록 적절한 관리를 함으로써 생태계는 높은 회복력을 확보할 수 있다. 이렇게 생태 시스템을 이해하면서 생태계를 바라보는 것을 회복력적인 사고라고 할 수 있으며, 이는 다양한 변화에 대응하면서 자연 자원을 관리할 수 있도록 대안을 제시해 준다. 옛말에 "강하면 부러진다"라는 말이 있듯이 "유연하게 대처하는 것이 좋다"라는 것은 인간사뿐만 아니라 자연계에도 역시 같이 적용될 수 있는 듯하다. 아니 인간사가 자연사 속에 있기 때문에 같은 의미라고 할 수 있다.

우리도 이제 자연자원을 관리하는 개념을 광범위하게 확대하면서 회복력으로 생각의 전환이 필요하다. 학술적으로도 생태학뿐만 아니라 도시계획, 사회학, 공학 등 다양한 분야에서도 회복력을 도입하여 우리가 직면한 여러 가지 위기의 돌파구를 찾고 있다. 특히 다양한 학문의 연계가 필요한 생태복원 분야에서는 더욱 유연한 사고가 필요하다.

(3) 회복력을 고려한 생태복원

예전에는 생태계의 변화가 천이라는 과정을 통해서 어떤 극상의 상태로 변해간다고 하였다. 극상이라는 이상적인 목표가 있었기 때문에 극상으로 가는 과정을 시간이나 효율성 측면에서 검토한 것도 사실이다.

그러나 자연 생태계는 천이 과정에서도 끊임없이 교란이나 변화가 생기기 때문에 하나의 극상은 존재하지 않고 다양한 상태로 변화될 수 있다. 결국 자연은 스스로 자기 조직화[58]를 하면서 훼손이나 교란이 일어난 그 곳이 가지고 있는 현재의 상태에 기반을 두고 새로운 균형점을 찾아가게 된다. 이때 이러한 균형점은 훼손되기 이전의 상태와 같은 단 하나의 균형점만 있는 것은 아니고 여러 개가 존재할 수 있다.

자연생태계는 복잡한 것이기 때문에 복원 프로젝트가 언제나 원하는 방향대로 가는 것도 아니고, 또한 그 과정과 시간도 예측하기 어렵다. 따라서 극상이라는 표현 보다는 다양한 균형점을 찾아간다는 표현이 더 적합하다. 우리가 생태복원을 계획할 때에도 하나의 생태계를 조성하는 것이 아니라 아주 미세한 상태의 균형점을 찾아 가는, 즉 복원 목표의 다양성을 추구하는 것이 좋다.

환경의 변화에는 여러 가지 인자들이 관여하고 있기 때문에 이들의 관계도 함께 생각해봐야 한다. 앞으로는 생태복원 프로젝트에 회복력이라는 관점이 포함되면서 목표 달성에 좀 더 접근할 수 있게 될 것이다. 생태복원과 회복력의 관계에 대해 다음과 같은 고민을 같이 해 보자.

(1) 어느 정도의 변화가 생태계의 지속가능성에 영향을 미치게 될 것이며, 빠르게 변화하는 자연환경에서 적합한 모델인가?

생태복원에 적용하는 모델은 특정 범위(적은 면적이나 특정 동식물종)로 한정한다면 예측 가능하겠지만, 이러한 변화는 해당 생태계에 적합할 수도 있고 반대로 적합하지 않을 수도 있다. 따라서 이러한 차이점이나 다양성을 해결하기 위해 회복력의 개념을 적용하는 것이 필요하다. 이것은 단순히 훼손된 생태계의 복원뿐만 아니라 우리를 둘러싸고 있는 지구환경 차원에서도 중요한 내용이다.

---

58) 자기 조직화(self-organizing)란 필요한 모든 요소가 존재하고 생태계의 속성이 외부 지원 없이 적절한 생태계 구조로 계속 발전할 수 있는 상태임. 쉽게 말하면 동물과 식물이 스스로 성장하고 번식할 수 있는 상태를 나타냄.

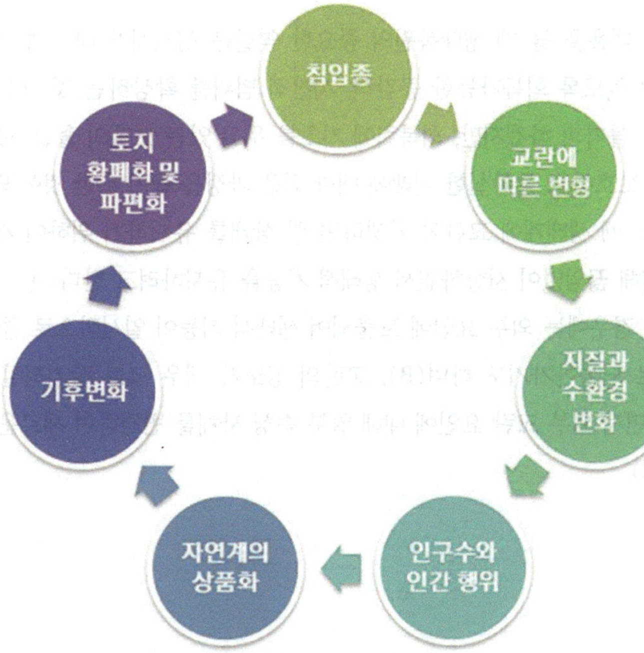

[그림 33] 환경의 변화에 영향을 주는 다양한 인자들

(2) 우리의 지식 수준에서 생태복원 프로세스를 이해할 수 있을까?

생태계가 훼손된 곳에서는 우선 자연 스스로 변화에 대해 저항하는 작용이 일어나고, 저항을 통해 새로운 균형을 찾아가면서 자기 조직화가 된다. 그러나 생태계의 변화는 너무 광범위하게 일어나며, 또한 인간의 생애 주기를 벗어나서 장기간에 걸쳐 일어나기 때문에 예측하기가 쉽지 않다. 또한 생태복원을 하려고 해도 생태계가 원하는 요구 조건에 맞는 실행을 과연 인간이 할 수 있을 것인지에 대한 우려도 있다. 따라서 회복력은 측정되지 않은 잠재력(포텐셜)의 이론으로 남아있을 수 있다.

(3) 생태복원의 목표나 범위를 어떻게 설정해야 할까?

기준에 대해 엄격한 척도를 적용하여 회복력을 측정한다고 해도 이것은 인간의 관점에서 측정할 수 있는 범위까지만 다루는 것이며, 자연이 정말 원하는 수준까지는 도달하지 못할 가능성이 많다. 결국 훼손된 곳에서 동식물종을 현 상태로 유지하기 위해 노력할 것인지, 아니면 미래를 고려하여 더 좋은 생태계를 유지하도록 노력할 것인지를 선택하여야 한다. 단일한 종이나 단일 서식지 복원까지는 어느 정도 이해할 수 있지만, 대상 범위가 넓어지고 기간이 길어지게 된다면 이는 지구 규모의 회복력 차원에서 접근해야 하는 것으로 패러다임이 너무 거창하게 변하게 된다.

위에서 언급한 내용을 볼 때 생태복원의 중요한 역할은 생태계가 빠르게 변화하고 어려운 환경에 적응할 수 있도록 회복가능한 공간적, 시간적 범위를 확장하는 것이다. 일부 지역에서는 심각한 변화가 불가피 하겠지만, 회복력에 기초를 두고 있는 모델의 출발점은 가능한 한 어디에서나 자연을 보호하고 불확실한 미래에 대한 적응 과정을 돕기 위한 것이 되어야 한다.

아래 그림을 볼 때 생태계에 교란이 발생하면 현 상태를 유지하기 위하여 자체의 능력으로 외부의 요인에 대해 끊임없이 저항하면서 생태적 기능을 유지하려고 한다(A). 교란이 일정 수준으로 나타나는 경우에는 외부 요인에 노출되어 생태적 기능이 일시적으로 줄어든 이후에 그 전 상태로 스스로 되돌아가기도 하며(B), 교란의 정도가 매우 크고 장기적일 경우 필수적인 특성만을 유지하면서 외부 교란 요인에 대해 일부 속성 자체를 변경하여 새로운 생태적 기능에 적응하게 된다(C).

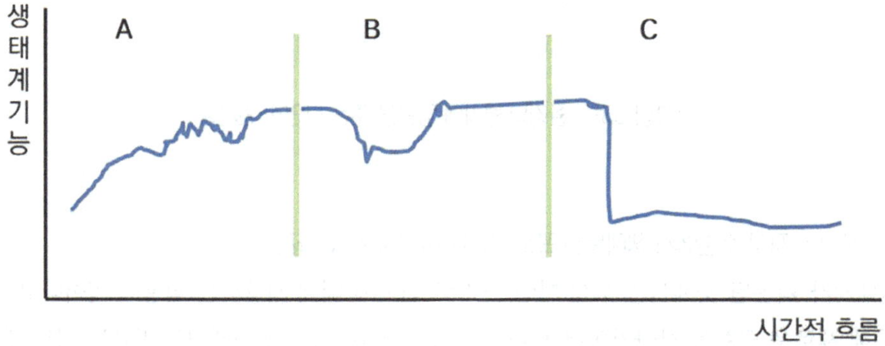

[그림 34] 외부 교란에 대한 생태계의 반응 및 기능의 회복

외부적 교란은 생태를 구성하는 요소(인구, 지역 사회 및 생태계)의 구조와 기능에 영향을 미치고 심지어 결정하는 힘이 되기도 한다. 그림에서 (A)와 (B)와 같이 어떤 교란이 있는 경우 현 상태로 유지하기 위한 변화는 저항이라는 용어로 설명할 수 있는 반면, (C)와 같이 불가역적으로 교란이 가해진 경우에는 새로운 상태로 탄력적으로 변하게 된다.

생태복원의 주요 목표는 훼손되기 이전의 상태로 돌아갈 수 있는 회복력을 높이는 것으로서 일단 교란된 상태에서는 저항과 새로운 상태로의 변화를 도모하는 것이다. 그러나 우리는 교란의 원인 및 현상에 대한 해석 능력도 부족하며, 이전 상태로 되돌리기 위한 인위적인 개입에 대해서도 지식과 기술이 부족하기 때문에 어려움이 생긴다. 도대체 자연이 가지고 있는 회복력을 어떻게 평가할 수 있는지는 또 다른 숙제로 남아 있다.

[표 3] 회복력에 기반을 두고 떡갈나무 위주의 숲 생태계를 복원하기 위한 프로젝트 계획수립 사례

범위	주요내용
환경	• 과거와 현재의 토양 유형을 평가하고 토양 유실 및 답압에 의해 현장의 조건이 어떻게 변형되었는지를 평가 • 뿌리가 깊고 넓게 발달하면서 토양물리성을 개선해줄 수 있도록 떡갈나무(목표종)가 자랄 수 있는 토양기반 유지 • 주변에 일정 규모의 참나무 군집을 보전함으로서 지역적으로 적응된 유전자형(지리학적 맥락, 생물적 유산)의 공급원으로서 역할을 수행하도록 함
범위	• 식물이 물을 안정적으로 이용할 수 있도록 토양 수분 상황을 고려한 떡갈나무 군집 배치(건기 동안 관수가 꼭 필요한 장소는 피함) • 비생물적-생물적 과정이 자연적으로 순환될 수 있도록 넓은 범위 설정
연결성	• 떡갈나무 숲을 이용하는 야생동물의 활동범위를 고려한 군락 조성 • 떡갈나무 군집이 일정 거리(예, 군집 면적의 50% 이하) 이내로 연결될 수 있도록 중간지역에 수림 조성 • 각 군집별로 야생동물이 이동할 수 있는 생태이동통로 조성(구조 및 기능 연결, 공간적 배치)
다양성/복잡성	• 목표종인 떡갈나무(교목층) 외에 계절마다 꽃이 피고 야생동물의 먹이원이 될 수 있도록 관목층에 여러 가지 식물을 추가하여 층위 구조 및 서식지 복잡성을 추가 • 기존의 수목 외에 다양한 야생동물의 서식에 도움이 되는 식물을 혼합 • 병해충 발생에 의한 집단적인 피해를 줄이도록 다양성 확보 • 계절적 요인을 고려하여 가뭄에 대한 내성을 높이기 위하여 인근지역의 유전자형을 적절히 혼합(서식지 내 이질성, 유전자형의 다양성)
규모	• 산림과 인근 도시생태계와의 연계성을 고려하여 생물다양성을 높일 수 있는 규모를 고려
참여	• 공공 및 토지 소유자 등과 같은 이해관계자가 참여할 수 있는 방안 고려 • 떡갈나무 식재 및 종자(도토리)를 활용하는 환경생태 프로그램을 계획하고 운영방안에 통합

교란에 대한 회복력은 교란이 중단된 후의 상태에서 결정이 된다. 그리고 현재 진행 중인 교란의 경우 회복력을 판단하기가 더 어려울 수도 있다. 교란은 주요 유기체의 소멸 또는 활력 상실을 통해 기능이 저하되거나 상실되는 생태계 프로세스의 혼란이다. 생태계는 유기체와 그 환경 사이에서 살아남기 위해서 끊임없이 노력하며, 생태학적 시간으로 볼 때 주기적인 자연 교란에 적응한다. 자연적 교란은 궁극적으로 자연 스스로 복원력을 강화하는 생태계 기능을 지원하는 중요한 프로세스라고 할 수 있다. 그래서 어떻게든 새로운 상태로 변화 또는 회복이 진행된다.

반면 인위적인 교란은 생태계가 경험해보지 못한 강도 및 시간으로 나타나며, 종종 생태계가 버틸 수 있는 수준 이상으로 나타나기 때문에 회복이 되더라도 생태적 기능이 낮은 상태로 변화된다. 이에 따라 생태계가 회복할 수 있는 가능성인 회복력도 줄어들게 된다.

우리는 [그림 34]의 (A)와 (B)와 같이 생태계가 저항하고 다시 되돌아가는 단계에서는 그리 심각하게 받아들이지 않는다. 그리고 (C)단계와 같이 이제 불가역적으로 훼손되거나 변형이 된 상태에서 생태복원을 고려하게 된다. 그러나 넓은 관점에서 본다면 교란 행위를 없애거나 줄여주는 것이 좋으며, 교란으로 자체의 회복 능력이 악화되기 전에 처방을 하는 것이 가장 바람직하다. 따라서 (B)의 시점에서 부터 생태복원을 준비하는 것이 좋다.

회복력은 시간이 지남에 따라 과거의 좋았던 상태나 새로운 균형점으로 되돌아 갈 수 있는 능력이기 때문에, 과거의 상태로 되돌아가는데 방해가 되는 요소를 제어하는 것에서 생태복원이 출발하게 된다. 이러한 개념조차도 계속 변화하는 시스템 내에서는 적용하기가 어려울 수 있지만, 그렇더라도 회복력을 모니터링하고 관리하기 위해 노력해야 한다. 생태복원 프로젝트에서는 모든 행위에서 의미를 찾아야 하며, 목표와 규모를 고려해야 한다. 이 구조를 가장 잘 사용하려면 적절한 속성을 선택하는 것이 중요하며, 이러한 과정은 모든 규모에 적용할 수 있는 체크리스트가 아니라 출발점이 될 것이다.

[표 4] 도시내 생태숲과 산림습원 조성에 있어서 회복력을 기반으로 한 목표설정 사례

구분	생태숲	산림습원
사례	 익산 자연마당 생태숲 복원지	 대관령 산림습원 복원지
내용	• 활엽수림 복원	• 습지식물 다양성 및 양서파충류 서식지 보전
회복력	• 온도, 가뭄, 도시 연결성에 대한 회복력 증진	• 수량, 생태계 연결성에 대한 회복력 증진
목표	• 도시 생태계 연결성이 강화되도록 토양 및 지하수위를 조절	• 양서파충류가 다시 서식할 수 있도록 주변 등산로의 영향을 저감 • 습지의 유입수와 유출수의 기준 유지
고려할 점	• 다양한 모델의 단풍나무 혼효림 식재 • 큰 나무 주위에 다양한 하층 식생 도입	• 다양한 형태와 수의 생태이동통로 조성 • 습지를 이용하는 야생동물의 산란처 및 은신처 조성 • 산림과 습지의 범위 설정
수행	• 지역의 비영리단체 등이 식재에 참여 • 숲 훼손을 방지하고 생물종 변화에 대한 모니터링에 참여	• 지역 이해관계자들을 대상으로 하는 생태관광, 제초제 및 농약 살포 억제 교육

다양성이나 연결성과 같은 생태학적 속성은 광범위한 종이나 생태계에 탄력성을 부여하기 때문에 프로젝트의 대상으로 선택되는 경우가 많지만, 현실적으로 적용하기 위해서 더 유용한 지표를 찾는 노력이 필요하다. 이와 같은 작업은 우리가 관리 할 수 있는 것, 모니터링 할 수 있는 것, 그리고 무엇보다도 이러한 속성이 시스템에 대해 알려주는 것을 이해하는데 도움이 된다.

#5

생태계는 우리에게 어떤 서비스를 주고 있는가

(1) 생태계서비스 개요

생태계서비스는 자연 환경과 건강한 생태계가 인간에게 제공하는 다양한 혜택이며, 여기에는 농업 생태계, 산림 생태계, 초원 생태계 및 수생 생태계 등과 같이 우리가 알고 있는 거의 모든 생태계 유형이 포함된다. 건강하게 기능을 하는 생태계는 깨끗한 공기와 물, 변동이 심한 날씨의 조절, 농작물의 자연적인 수분 및 결실, 인간의 정신적 및 육체적 건강과 같은 이익을 제공한다. 이러한 혜택은 '생태계서비스'로 불리고 있으며, 서비스를 제공받는 관점에서도 볼 때 깨끗한 식수 공급, 폐기물 분해, 식량 생태계의 탄력성 및 생산성 같은 요소는 인간 생활에 없어서는 안 될 요소이다.

생태계서비스라는 용어는 1960년대 후반부터 사용되기 시작하였으며, 1990년대 이후에 관련 연구가 급증하였다. 생태계서비스는 인간이 생태계로부터 얻는 편익을 말하며, 자연 생태계와 이를 구성하는 종들이 인간의 삶을 지탱하고 충족시켜주기 위한 조건임과 동시에 결과이다. 이와 같은 표현은 인간이 생태계로부터 무엇을 꼭 얻어야 한다는 느낌이 들기 때문에 생태계가 인간에게 제공해주는 고마운 서비스라고 생각하는 것이 적절하다.

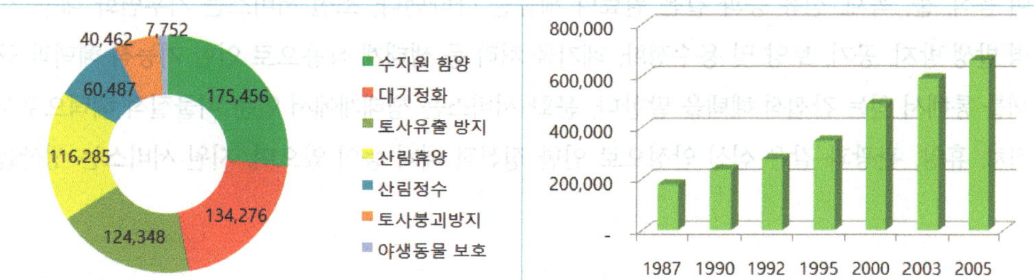

[그림 35] 산림의 공익적 기능 평가액[59] (단위 : 억원)

* 자료 : 산림청 홈페이지, https://www.forest.go.kr

59) 산림의 공익적 기능을 경제적으로 평가하면 수자원함양은 약 17조원, 대기정화는 약 13조원 등이며, 2005년 기준으로 총 65조원의 가치가 있음. 이는 산림이 주는 생태계서비스 기능이라고 할 수 있음.

산림 생태계의 예를 들면 산림은 생물다양성을 유지하고 목재, 연료, 천연섬유, 의약품, 산업 제품과 그 원료 같은 다양한 생태계 재화[60]를 생산한다. 여기서 말하는 재화와 서비스는 생태계 기능으로부터 인간이 직간접적으로 얻는 이익을 말한다.

그러나 이렇게 중요한 역할을 하는 산림은 인간의 무분별한 이용에 의해 규모가 줄어들고, 그 안에 있는 식물과 동물의 수는 급격히 감소하고 있다. 결국 인간의 이용이 증가함에 따라서 전 세계 산림은 사라지고 파편화 되면서 규모가 작은(1~10ha 수준) 산림 조각(패치[61])의 수와 빈도가 높아지고 있다.

단순히 산림의 크기를 기준으로 할 때 규모가 작아짐에 따라서 숲의 생물다양성과 생태계 서비스 공급의 잠재력이 저하된다는 것에 대해서는 아직까지 논란이 많다. 그러나 생물다양성이 높으면 생태계 기능이 향상되고 여러 가지 생태계서비스가 제공될 수 있기 때문에, 소규모의 고립된 산림은 더 많고 다양한 생물종이 살 수 있는 큰 규모의 산림보다는 상대적으로 생태계 서비스를 제공하는 양이나 기회가 줄어들 것으로 생각된다. 한편 농업 환경으로 변화된 곳에서는 그 전에 산림이 제공하였던 생태계서비스는 없어지지만, 식량의 제공과 함께 초지나 습지와 같은 새로운 형태의 생태계서비스를 제공하는 유형으로 바뀌기도 한다. 이에 대해서는 새로운 가치 평가가 필요하다.

생태계서비스는 생물다양성이 유지됨으로 인해 그것이 인류에게 제공하는 경제·문화·환경적 혜택을 의미한다. 생물다양성이 생물에게 초점을 둔 개념이라면 생태계서비스는 생물다양성이 인간과 자연에 미치는 영향에 초점을 두고 있다.

생태계는 인류의 생존에 꼭 필요한 식량을 제공한다는 것과 같이 단편적인 서비스만을 주는 것은 아니다. UN의 "Millennium Ecosystem Assessment(2005)" 보고서에 따르면 생태계는 여러 가지 혜택을 제공하고 있는데, 여기에서는 공급(provisioning service), 조절(regulating services), 문화(cultural service), 지원(supporting services) 서비스로 구분하고 있다.

생태계서비스를 유형별로 분류해보면 공급 서비스는 생태계에서 직접 얻은 상품에 해당하며 음식, 물, 목재, 섬유 등과 같은 원료나 제품을 나타낸다. 조절 서비스는 기후변화 대응, 질병 발생 방지, 공기, 토양 및 용수정화, 폐기물 처리 등 생태계 작용으로 인한 기능적 혜택과 규제를 통해서 얻는 간접적 혜택을 말한다. 문화 서비스는 생태계에서 얻는 비물질적 혜택으로서 경치, 휴양, 관광과 같은 심신 안정으로 인한 정신적 혜택 등이 있으며, 지원 서비스는 생산을

60) 재화(goods)는 인간이 바라는 바를 충족시켜 주는 모든 물건으로서, 인간에 도움이 되는 효용을 가지고 있는 모든 물체와 물질 재화는 인간의 욕구에 대해 희소성을 가지고 있느냐의 여부에 따라 구분됨.

61) 패치(patch)는 서식지의 조각을 의미하며, 비교적 같은 환경조건을 가진 차별화된 공간을 나타냄. 주로 경관생태학에서 다루고 있으며 이와 연관되어 회랑(corridor, 코리더; 연결성이 강조된 선적인 경관요소)이라는 용어가 있음.

위한 기반을 제공하며 토양 형성, 광합성, 영양소 순환 등 혜택을 유지하기 위한 자연의 순환 기능, 서식지 제공과 같은 것을 포함한다.

다음은 산림, 하천, 도시 등과 같이 생태계의 유형을 7가지로 분류했을 때 각각이 제공할 수 있는 생태계서비스를 간략하게 정리한 것이다. 대표적으로 산림 생태계는 임산물 공급, 토양 보전이나 침식 조절을 하며, 생태관광이나 여가 활동과 같은 문화 서비스와 영양소 순환과 같은 지원 서비스를 제공하고 있다. 하천이나 도시생태계도 각각의 생태계 특성에 맞는 서비스를 제공한다.

[표 5] 생태계 유형에 따른 생태계서비스의 종류[62]

생태계 유형	생태계서비스			
	공급	조절	문화	지원
산림	임산물, 목재, 담수	토양 보전, 침식 조절, 기후 조절, 탄소 저장[62] 및 흡수	여가 활동, 생태관광, 미학적 가치, 정신적 가치, 문화유산, 교육	생물다양성 영양소 순환
하천 (습지)	담수	홍수 조절, 수질 정화, 기후 조절, 토양유실 방지, 질병관리	여가 활동, 생태관광, 미학적 가치, 문화유산, 교육	생물다양성
도시		미기상 조절, 소음 조절, 공기 및 수질 정화, 홍수 조절	문화유산, 교육, 여가활동, 건강	생물다양성
농경지	식량, 의약품 재료, 담수	전염병 조절, 수질 조절, 오염 조절	정신적 가치, 문화유산, 교육, 미학적 가치	생물다양성 영양소 순환
초지	목초 생산, 담수, 유전자원	기후 조절, 침식 조절	여가활동, 미학적 가치, 정신적 가치, 문화유산	생물다양성 서식지 제공
해안	어패류	해안선 보호, 수질 정화, 기후 조절	여가활동, 생태관광, 미학적 가치, 정신적 가치, 문화유산, 교육,	생물다양성 영양소 순환
해양	어패류, 의약품 재료	기후 조절, 정화 기능	여가활동, 생태관광, 교육, 미학적 가치, 문화유산	생물다양성 영양소 순환

제천 유아숲 체험원 | 청주 자연마당 생태놀이터

[그림 36] 생태복원 프로젝트에서 나타나는 문화 서비스의 사례

62) 탄소 저장(carbon storage)은 대기 중 이산화탄소의 포집과 장기적 저장(일반적으로 광합성과 식물 성장에 의한 바이오매스의 축적)을 말하며, 이것은 자연적으로 발생하거나 기후 변화의 영향을 줄이기 위한 행동의 결과일 수 있음.

(2) 생물다양성과 생태계서비스

생물다양성은 생태계가 제공해주는 핵심적인 서비스다. Millennium Ecosystem Assessment(UN) 에서는 생태계 시스템 작동에 생물다양성이 바탕이 되며 생물다양성이 훼손될 경우 생태계가 제공하는 혜택 역시 심각한 위기에 처할 것이라는 사실을 인지하였다. 또한 인류사회와 지구 생태계에 대해 종합적인 평가를 시도하였고, 생물다양성은 지구상에 존재하는 생명체를 유지하는 기본 시스템이며, 인류 또한 유전자, 생물종 그리고 생태계 형태로 존재하는 생물다양성에 직접적으로 의존하고 있다는 사실을 재확인하였다.

생태계는 인간의 복지, 건강, 생계 및 생존에 근본적으로 중요한 여러 가지 서비스를 제공하고 있다. 생태계서비스는 좀 추상적인 개념이기는 하지만 최근에는 이를 효과적으로 정의할 수 있는 방법이 개발되고 있다.

생태계는 인간에게 서비스를 어떻게 제공하는 것일까? 생태계는 살아있으며 실체가 분명히 있기는 하지만 한편으로는 우리의 생각 속에서만 존재하고 있는 것이기 때문에 물건을 주고받는 것과 같이 서비스를 인간에게 직접 전달해주지는 못한다. 그렇기 때문에 인간이 생태계 서비스를 받기 위한, 즉 생태계가 서비스를 제공해 줄 수 있도록 하는 매개체가 필요하다.

생태계는 사람(인적 자본), 지역 사회(사회 자본) 및 건설 환경(건설 자본) 등과 같이 중간에서 역할을 해주는 매개체가 없으면 사람들에게 혜택을 직접 제공해줄 수 없다. 아니 인간은 이런 서비스를 받을 수 없다. 따라서 생태계서비스는 자연이 인간 복지에 기여하는 것으로 인식되어야 하며, 이는 인간, 사회 및 건설 자본과의 상호 작용에 의해서만 형성될 수 있다.

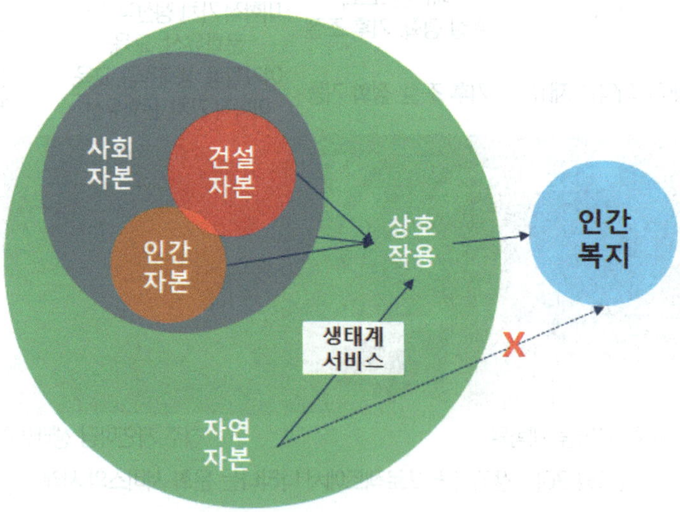

[그림 37] 다양한 자본의 상호작용이 인간의 복지에 영향을 주는 형태

생태계가 서비스를 제공하는 능력은 생태계 특징(구조 및 프로세스)에 직접적으로 의존한다. 인간이 생태계에 대한 압력을 높이거나 토지 사용 형태를 변경하는 것은 이전 생태계에 근본적으로 영향을 미치거나 파괴하는 것이며, 사람들은 생태계서비스 공급 또는 다른 서비스 간의 상호 작용에 영향을 미치고 있다. 예를 들어, 습지에 있는 물을 빼고 흙을 채움으로서 사람들은 경작지를 만들고 이를 통해 귀중한 식료품을 얻을 수 있게 되지만, 동시에 홍수 방지, 자연적인 서식지 및 생물다양성, 생태 관광 등과 같은 서비스를 잃게 된다. 단순히 농업 분야의 경제적인 논리로만 본다면 습지를 경작지로 전환하는 것이 이득이 되겠지만, 자연환경이 가지는 다양한 가치를 종합적으로 평가하게 되면 습지의 가치는 경작지의 가치보다 훨씬 높을 수도 있다.

생물다양성은 생태계서비스 공급에 필수적인 역할을 하지만, 이러한 관계를 규명하는 것이 간단한 것은 아니다. 다양성이 생태계 생산성, 바이오매스 생산, 영양소 순환 등과 직접적으로 연관된 관계를 찾는 것은 쉽지 않지만, 그래도 '지원 또는 복합적인 서비스'와 어떻게든 연관이 되어 있는 것을 알 수 있다. 예를 들어, 높은 수준의 식물 다양성을 유지하면서도 목초지에서 생산성을 높일 수 있다. 여기서 말하는 생산성은 다양한 생태계서비스(예 : 바이오매스 생산, 토양 형성 및 토양침식 저감)를 지원하는 생태계 기능이다. 그러나 생태계서비스 공급을 지원하는 것은 생물종의 다양성뿐만 아니라 다른 생태계 속성과도 복잡한 관계를 형성하면서 영향을 미친다.

생태계는 고유한 기능이나 특징을 갖는 종 또는 종이 조합된 형태로 존재한다. 영양분을 저장하는 식물의 능력은 특정 기능을 가진 종의 존재와 생태계 내의 영양물질 수준에 따라서 달라질 수 있다. 이러한 종의 특징은 기능적 특성이라고 한다. 지역 사회에서 유형, 범위 및 기능적 특성이 풍부한 상태에서 형성된 기능적 다양성은 생태계 프로세스에 중요한 영향을 미칠 수 있다. 어떤 외부 환경의 압력에 대해 서로 다른 반응을 보이는 생태학적으로 유사한 종이나 유사한 기능을 가진 종이 같이 어우러져 있는 생태계는 압력에 견딜 수 있는 내성이 강하기 때문에 인간에게 필요한 서비스를 계속 제공할 수 있다.

경제적 관점에서 생태복원 기회를 차별화하려면 복원에 소요되는 비용과 이에 따른 이익을 같이 비교해야 한다. 복원 비용에는 기회 비용(예 : 목재 수확 및 임산물에 의한 수익), 자본 비용(예 : 조림 또는 수로 조성), 관리 비용(예 : 모니터링) 및 거래 비용(예 : 계약 및 조직 프로그램)이 포함된다. 생태복원에 소요되는 비용은 프로젝트의 목표, 토지 사용 형태 및 소유권에 따라 다르기 때문에 그 비용을 산출하기 위해서는 훼손의 정도, 필요한 복원 방법 및 시간 척도에 대한 정보가 필요하다.

복원이나 복구에 필요한 비용을 일반화한 사례가 몇 가지 있는데, 산지 전용지나 토석채취지 등을 대상으로 단위 면적당 소요되는 복구비를 예치하도록 하는 제도이다. 이 제도에서는 산지의 조건(경사도)에 따라 복구에 필요한 비용을 미리 산정하여 그만큼의 비용을 예치하도록 함으로써 무분별한 개발을 방지하고 효과적인 복구가 되도록 유도하고 있다. 여기에서는 산지의 경사도를 기준으로 구분한 것으로서, 복구나 복원의 목표나 방법에 따라서도 차이가 있기 때문에 사업 예산은 특정한 조건에 따라서 달라진다는 것을 알 수 있다.

[표 6] 2020년도 산림복구비[63] 예치 기준(1ha, 1만㎡ 기준)

구분	산지전용(일시사용) 허가·신고지	토석채취(매각)지 및 광물채굴지	비고
경사도 10도 미만	66,483천원	175,801천원	
경사도 10도 이상 20도 미만	195,762천원	338,779천원	
경사도 20도 이상 30도 미만	258,057천원	441,947천원	
경사도 30도 이상	336,469천원	540,867천원	

* 자료 : 2020년도 1만 ㎡당 복구비 산정기준 금액 [산림청고시 제2020-15호]

복원 프로젝트가 제공하는 잠재적인 이점은 생태계(제공하는 생태계서비스의 유형, 수량 및 품질에 따라), 공간(생태계서비스 수혜자의 위치에 따라), 시간에 따라 달라진다. 복원 프로젝트를 통해서 생태적 기능과 생태계서비스 제공 능력을 훼손되기 이전으로 완전히 회복시키는 데는 수십년 또는 그 이상이 걸릴 수도 있다. 예를 들어, 습지가 초지로 변경된 경우에는 변경 이전보다 식물종의 다양성과 탄소고정 능력이 1/4 수준으로 감소한다는 연구사례가 있다[64]. 일반적으로 습지는 단위면적당 생물종 다양성이 가장 높으며, 습지의 기질(토양층)에는 탄소가 고정되기 때문에 공기 중으로 배출하는 탄소의 양을 줄일 수 있다.

생태복원 프로젝트는 복원 대상이 처해 있는 상황에 따라 효과가 다르게 나타난다. 만약 초지로 변경한지 얼마 되지 않은 시기에 그 곳을 다시 습지로 복원하는 경우나 주위에 습지가 남아 있고 물의 공급이 원활한 곳에서는 빠른 기간 안에 원래의 습지 상태로 회복시킬 수 있으며 생태계서비스도 빨리 나타나게 할 수 있다. 그러나 습지를 농경지나 초지로 바꾸고 이곳에서 오랜 기간 동안 경작활동을 한 곳에서는 다시 습지로 되돌리는데 복원의 가능성도 낮을뿐더러 생태계기능의 회복 시간도 상대적으로 오래 걸릴 것이다. 초지로 바뀌어서 시간이 오래 지난 경우에는 그 지역은 습지에 대한 기억을 잃어버리고 초지의 상태에 적응되어 있을 것이기 때문이다.

복원을 통해 제공되는 생태계서비스의 가치는 수혜자의 밀도와 수에 따라서도 크게 좌우된다. 따라서 생태계서비스 제공 및 소비의 공간적 및 시간적 변동성을 이해하는 것이 복원의 비용 효율성을 평가하는데 중요하다. 또한 서로 다른 생태계서비스 또는 정책 사이에서도 절충

63) 산림청에서는 산지관리법에 의거하여 매년 산지훼손지 등에 대한 복구예치금을 고시하고 있음.

64) Loreau M. 2012, Structural and Functional Loss in Restored Wetland Ecosystems.

안을 찾으려는 노력이 필요하다.

(3) 생태복원과 생태계서비스

UN 보고서는 "2030년까지 3.5억ha의 훼손된 육상 및 수생 생태계를 복원하게 된다면 9조 달러(US)의 생태계서비스를 창출할 수 있으며, 최근 문제가 되고 있는 기후변화에 대응하여 13~26기가톤의 온실가스를 제거할 수도 있다. 이렇게 인간의 적극적인 노력으로 얻은 경제적 이익은 투자비용의 10배를 초과하는 반면, 복원을 하지 않고 그대로 이용하거나 방치하는 경우는 생태복원에 들어가는 비용 보다 최소 3배 이상의 비싼 대가를 치러야 할 것이다"라고 경고하고 있다[65].

크고 작은 생태계를 복원하게 되면 그 생태계에 의존하고 있는 사람들의 생계를 보호하고 개선할 수 있으며, 질병을 조절하고 자연 재해의 위험을 줄이는 데 도움을 줄 수 있다. 사실 생태복원은 지속 가능한 개발 목표를 달성하는 데 필요하다. 자연은 생태계 기능이 작동할 수 있도록 하며, 인간에게 서비스와 혜택을 제공하는 생태계 프로세스를 지원하고 있다. 마찬가지로 생태계 기능이 손상되면 서비스 제공, 생태적 무결성[66] 및 사회적 탄력성이 지속가능하게 유지될 것이라고 기대하기가 어려워진다. 결국 이와 같은 문제는 자연이 가지고 있는 지역이나 경관[67] 차원의 복잡한 역학 관계를 고려하지 않고 단순히 이용의 측면에서 자연을 훼손하거나 변형할 때 나타난다. 특히 자연을 미래 세대에 남겨주는 것이 아니라 현세대가 이용하려는 욕구가 강할 때 빈번해진다.

생태복원은 생태계가 가지고 있는 서비스의 흐름을 복원하거나 향상시키는 것을 목표로 한다. 반면 생태계서비스의 개념은 보전 및 복원, 지속가능한 이용을 위해 필요한 법이나 합의체계 구축에 기여하고 있으며, 이를 추진하도록 하는 실용적인 도구나 접근 방식을 제공한다.

다음 그림은 인간의 복지가 적절하고 재생 가능한 수준으로 이용되고 있는 자연 자본에 어떻게 의존하는지 보여준다. 이 피라미드와 같은 구조로 생태계가 작동한다면 생태적, 사회경제

---

65) UN 보고서; https://www.decadeonrestoration.org/

66) 무결성(integrity)은 사전적으로는 고결, 성실, 정직, 청렴, 완전한 상태, 본래의 모습 등으로 해석되며, 생태적 무결성은 생태계가 생태적 과정과 다양한 유기체의 공동체를 지원하고 유지하는 능력을 의미함. 이는 다양한 생물이나 집단이 유지되는 정도로 측정되며, 주요 기능을 유지하면서 교란 요인에 대응할 수 있는 생태계의 능력으로 생태적 회복력의 개념으로 사용됨.

67) 경관(landscape)은 일정 지역 고유의 외관을 말하며, 숲·가옥·농지·도로·하천·수로 등 개개의 요소단위가 아니라 이것들이 결합되어 일체성이 있는 외관을 의미함. 경관생태학에서는 조경, 토지관리 및 계획, 사회학의 결합과 함께 인문지리와 생태학 분야를 총체적으로 접근하고 있음.

적 지속가능성이 유지될 수 있다. 재생 가능한 자연 자본은 잘 작동되고 있는 생태계와 그 살아있는 부분, 즉 생물다양성을 의미한다. 활용된 자연 자본이란 전통적인 농업생태학 지식뿐만 아니라 경작 및 목축을 의미한다. 그림의 내부 피라미드와 같이 인간의 복지 증가는 시스템 내에서 긍정적으로 작용하며, 아래 단계인 더 큰 규모로 갈수록 비중이 작아진다는 것을 보여준다. 결국 바람직한 방법으로 제공되는 생태계서비스는 인간의 복지를 증진시켜주며, 이렇게 복지가 증진된 인간은 생태계에 주는 영향을 점점 더 줄여나갈 수 있다는 것을 의미한다. 결국 사회는 생물다양성과 생태계서비스와 같은 자연 자본을 유지하는데 적극적으로 참여할 수 있도록 해야 하며, 복원된 생태계의 고유한 가치뿐만 아니라 향상된 생태계서비스의 전체 스펙트럼으로부터 혜택을 받을 수 있도록 해야 한다.

그러나 자연을 보전하는 것과 마찬가지로 생태복원에서도 생물다양성이나 생태적 연결성과 같은 고유한 가치가 간과될 위험이 있다. 특히 경제적 가치 평가만으로 의사 결정을 할 경우 자연이 상품화될 위험이 있다. 이러한 문제 때문에 개인 투자자 및 의사 결정권자와 효과적으로 의사소통이 이루어져야 한다는 것을 보여준다. 사회에서 공통적인 가치나 목표를 찾지

[그림 38] 생태계서비스와 생태복원의 관계[68]

68) Alexander et al. 2016. The Relationship between Ecological Restoration and the Ecosystem Services Concept. (저자 일부 수정)

못하면 생태계가 빠르게 훼손되거나 악화된다. 결국 적극적으로 생태복원에 참여하지 않는 것에 대한 생태적, 경제적인 위험성은 자연을 상품화 하는 것보다 사회에 훨씬 더 큰 비용을 요구하게 될 것이다. 아마도 생태복원은 훼손된 상태가 되돌아올 수 없는 임계점을 지나거나, 생물종이 멸종되거나, 종자와 토양과 같은 자원이 모두 사라진 상황에서는 우리에게 남아 있는 유일한 해결책일지도 모른다.

생태복원은 본질적으로 지역 및 현장에 따라 다르지만 주어진 생태계 유형(습지, 강, 초원 등)에서 프로젝트의 계획, 실행 및 모니터링을 위한 원칙과 도구를 일반화 할 수 있어야 한다. 이는 생태복원이 생태계서비스 구조에 부분적으로 의존하고 있기 때문이다. 많은 생태복원 프로젝트에서는 예전 상태대로 원래의 모든 종을 복원하는 것이 어려울 수 있으며(종자의 활력저하 및 토양의 유실 등으로 인해), 또 많은 경우에 어떤 대상이나 수준까지를 목표로 해야 할지를 선택해야 한다. 그러나 대부분의 경우 생태계 기능을 회복하기 위해 유전적으로 다양한 종과 형태적으로 다양한 종을 도입하는 것이 필요할 때가 많다. 따라서 생태복원 프로젝트에서는 생태학적, 기후적, 사회경제적 조건과 역학 관계에 따라 원하는 생태계서비스를 제공할 수 있도록 하기 위해 종의 속성과 군집에 관한 선택이 필요하다.

일부 생태계서비스는 토양침식 방지 및 수원 공급과 같이 복원 프로젝트를 적용한 이후에 빠르게 회복될 수 있는 반면, 또 다른 서비스는 혜택이 발생하기까지 많은 시간이 필요한 경우도 있다. 토양유실 방지와 같은 서비스는 즉각적으로 결과가 나타나지만 상대적으로 깨끗한 물의 공급이나 자생식물에게 적합한 서식지의 개선과 같은 서비스는 시간이 오래 걸린다.

시간적인 측면 외에도 규모의 문제가 있다. 일부 생태계서비스는 단순히 네트워크의 연결이나 서식지 파편화를 막기 위해서 큰 규모로 시행되는 프로젝트 보다는 전략적으로 중요한 위치에서 효율적으로 수행될 때 서비스가 개선되거나 다시 생성될 가능성이 높다.

다음은 산림이 잠재적으로 제공할 수 있는 생태계서비스의 예와 이러한 서비스를 제공하는데 필요한 산림복원의 유형을 나타낸 것이다.

[표 7] 생태계서비스와 산림복원의 관계를 보여주는 사례

생태계서비스 목표	필요한 산림복원 유형	설명
생계 유지, 거래, 현금 수입을 위한 식량, 연료, 목재 및 비 목재 임산물 제공	원하는 재화를 공급할 수 있는 식물종(자생종 또는 외래종)이 있는 산림	여러 가지 종이 있는 산림은 보다 다양한 재화를 제공 할 수 있을 뿐만 아니라 향상된 수준의 생태적·경제적 복원력을 가질 수 있음
농업 및 도시 지역에서 토양 침식 방지, 물 공급 조절 및 여과	깊은 뿌리층과 조밀한 하층구조를 갖고 있으며, 종다양성이 풍부한 다층구조의 숲	상부 임관은 하층부의 생육을 유지할 수 있을 만큼 열려 있어야 함. 특히 경사지, 습지의 숲과 하천변 지역에 적합함
탄소 고정 및 저장과 식물의 수분 및 결실	자기 조직화가 가능하도록 생장속도가 다르며, 식물 종수 및 개체수가 많은 산림(이령림, 다층구조림)	산불, 홍수 또는 가뭄과 같은 교란 후에도 스스로 재생 될 수 있어야 함. 어떤 식물은 매년 개화 및 결실이 되지 않는 것도 있기 때문에 종이 다양하고 개체수가 많은 것이 좋음
동식물종이나 서식지의 다양성	식물 개체군의 공급원이 될 수 있도록 다양한 자생식물종으로 구성되어 있으며, 개화 및 결실 주기가 있는 다층구조의 산림	야생 동식물은 서식지 요건이 다르기 때문에 생물종의 구조 및 다양성이 중요함
휴양, 미적, 교육적, 사회적, 문화적, 정신적 혜택	비교적 넓고 광활한 지역이 있으며, 생물종이 풍부한 산림	사냥, 벌목 및 기타 형태의 휴양 목적의 이용에 따른 이견이 발생할 가능성이 있음

생태복원과 생태계서비스의 제공은 항상 연관되어 있기 때문에 비용 대비 효용을 비교해보아야 한다. 그림에서와 같이 생태적 복원을 시행하는 경우는 비용이 많이 들기는 하지만 생물다양성 보전, 지원서비스 등의 무형의 이익이 많이 발생한다. 반면 숲을 개간하여 농작물을 키우는 경우에는 생물다양성을 유지하는 효과는 낮지만 농경지에서 경제적 이익은 많이 발생하게 된다. 한편 훼손지나 경작지를 다시 숲으로 되돌리는 것은 대부분의 생태계서비스에서 투입하는 비용 대비 높은 효과가 나온다는 것을 알 수 있다. 이와 같이 생태복원의 전후를 비교해보면 "+"와 "-"의 효과는 항상 공존하고 있는 것을 알 수 있다.

생태계 기능은 종 개체군, 생물 군집 및 비생물적 환경 사이에서 나타나는 복잡한 상호 작용의 산물이며, 이는 차례로 인간 사회로 유입되는 생태계서비스의 양과 질을 결정하게 된다. 사회·생태 시스템에서 그것은 또한 지역 주민들의 행동, 그들이 직면한 자연 자본의 조건에 달려 있다. 생태복원과 생태계서비스 개념 사이에는 밀접한 관계가 있으며, 후자는 생태복원을 계획하고 실행하는 방법에 대한 지침을 제공해 준다. 생태복원은 복원된 생태계가 훼손되거나 변형된 생태계보다 더 생산적이고 탄력적일 수 있다는 사실에 따라 참여 여부가 결정될 수 있다. 산림을 농경지로 바꾼 곳에서는 식량생산이라는 경제적 이득이 분명히 나오지만 그로 인하여 사

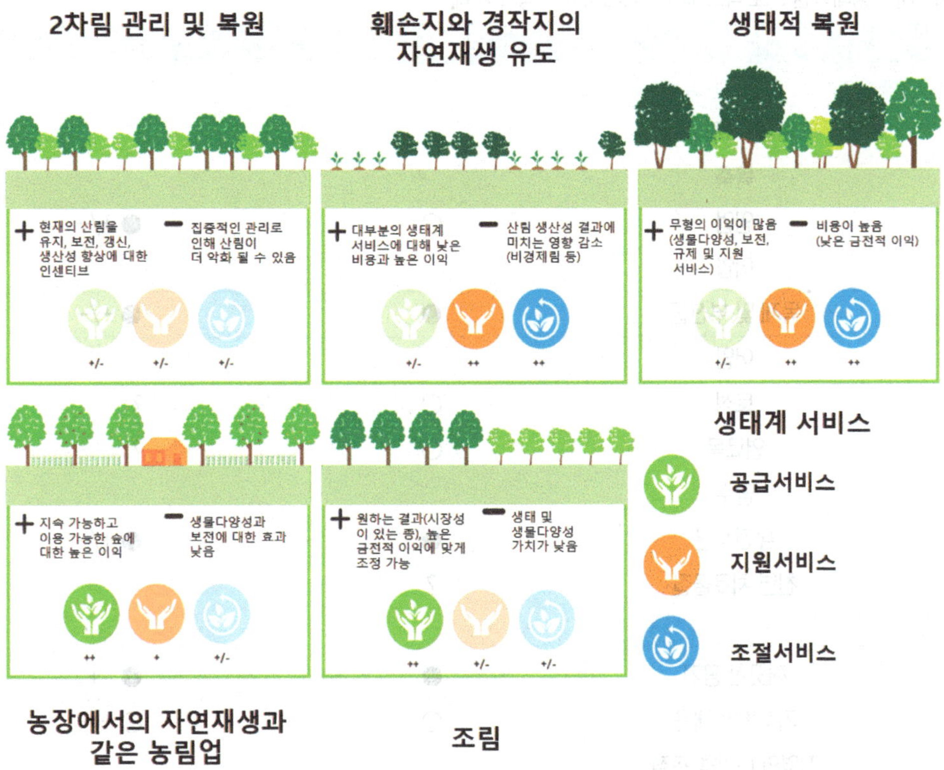

[그림 39] 산림복원과 생태계서비스 제공의 관계 모식도[69)]

라진 생태계서비스의 가치가 있을 것이다. 이와 함께 기후변화 측면에서 농경지 및 농업 부문에서 나오는 온실가스가 전체의 약 25%를 차지하고 있다는 점도 간과해서는 안 된다.

인류 공동체와 생태계 모두에 변화와 재구성을 야기하는 세계적인 문제(기후변화 등)를 감안할 때 자연 자본의 복원은 다음과 같은 사항을 중점적으로 검토하고 실행 가능한 접근 방식을 제공해주어야 한다.

생태복원 프로젝트에서는 이러한 과정을 통해 언제, 누구에게 도움을 줄 수 있는지와 필요한 생태계서비스의 수준을 결정하여야 한다. 그러나 특정한 장소나 상황에서 이해관계자가 원하는 생태계서비스는 다를 수 있다. 특히 대규모로 자연 자본을 이용하는 프로젝트에서는 대상지의 특성에 꼭 맞는 선행 사례가 없기 때문에 상황을 통제하면서 적용하도록 하는 실험적 접근 방식이 필요할 수 있다. 그리고 생태복원 프로젝트가 진행되는 동안에도 주위를 둘러싼 사회·경제적 상황이 변할 수도 있다. 따라서 바람직한 접근 방식을 채택하기 위해서는 정책과 제도의 변화를 실시간으로 파악해야 한다.

69) www.tropenbos.org의 자료를 토대로 수정함

[표 8] 생태복원 프로젝트에서 생태계서비스 평가 사례

생태계서비스	상호의존성	영향 평가
공급서비스		
경작지		
목축		
임업	○	● +/-
어업		
목재 및 부산물	●	● +/-
어업		
토석	○	?
연료목	○	?
담수		
유전자원	●	● +/-
천연 치료물질	?	
조절서비스		
깨끗한 공기	●	● +
기후변화 대응	○	○ +/-
지역의 미기후 조절		
홍수유출 조절	●	● +
토양침식 방지	●	● +
수질 정화		● +/-
병충해 방제		
작물 수분	?	
자연재해 저감	○	● +/-
문화서비스		
휴양림	●	● +
생태관광	●	● +
심미적 안정		
생태교육	○	● +
지원서비스		
서식지	○	● +/-
토양 양분 유지	○	○ +

* 표기 방법 : ● 높음 / ○ 낮음 / + 긍정적 영향 / - 부정적 영향 / ? 잘 모르겠음

생태복원은 생태계서비스 제공을 늘리고 생물다양성의 손실을 막는 주요한 전략이다. 생태복원 프로젝트가 두 가지 모두를 향상시키는 데 효과적일 수 있지만 어떤 특정한 생태계서비스 만을 목적으로 하는 경우에 이해충돌이 발생할 수 있다. 또한 생물다양성과 서비스의 회복은 느리고 불완전 할 수도 있다는 점도 이해해야 한다. 이러한 불확실성에도 불구하고, 새로운 생태계서비스를 평가해보면 비용 대비 이익이 훨씬 크다는 것을 알 수 있다. 최근 정부에서 검토하고 있는 생태계서비스 지불제를 통해서 생태복원 프로젝트에 다양한 인센티브를 제공할 수 있게 되었다. 그러나 아직 초기 단계이므로 생물다양성과 여러 서비스가 향상되고 다른 이해관계자의 요구가 충족되도록 많은 연구가 필요하다.

또한 진행하는 생태복원 프로젝트가 생태계서비스의 항목에서 어떤 관계가 있으며, 각각의 항목에서 긍정적 또는 부정적인 영향을 미치는지에 대한 사전 검토가 필요하다. [표 8]은 생태복원 프로젝트의 효과를 생태계서비스가 제공하는 항목별로 예측한 자료이다. 각 항목은 상호의존성과 그로 인한 영향을 평가하는데, 개별 항목은 단독으로 영향을 미치기도 하고 다른 항목들과 복합적으로 작용하기도 한다. 우리는 생태복원 프로젝트에서 이와 같은 영향정도를 파악함으로서 생태계서비스 기능 향상에 어떻게 기여할 수 있는지를 예측할 필요가 있다.

(4) 생태계서비스의 가치 평가

사회-생태 시스템의 복원은 생태계서비스를 제공하도록 하는 단순한 일이 아니다. 설계를 할 때에는 여러 가지 목표를 수립하도록 하는데, 이것은 절충과 균형을 의미한다. 예를 들어, 생물자원만을 생각해서 생태적 기능만을 강조하게 되면 생물자원의 가치가 가장 높은 곳을 복원해야 한다. 그러나 사회경제적인 측면을 같이 고려하게 된다면 생태적 측면에서 가장 시급한 곳에서만 복원을 하는 것이 아니라 사회경제적 혜택이 최상의 조합을 제공해줄 수 있는 곳이 필요하다.

다음 표에서와 같이 생태적인 관점에서만 본다면 프로젝트의 목적은 주로 공급과 조절기능에 초점이 맞추어지며 토양침식 방지, 수질 관리, 서식지 및 희귀식물 보전 등을 목표로 추진하게 된다. 그러나 이것을 사회경제학적 관점에서 본다면 문화적, 휴양적 기회 제공과 지역사회의 발전과 경제적 가치의 발전이라는 내용을 같이 고려하게 될 것이다. 이와 같이 생태계서비스의 차원에서 본다면 자연자원에 대한 복원과 사회경제적인 관점을 복합적으로 검토해야 한다는 뜻이다.

[표 9] 프로젝트의 목적을 생태학적 관점과 사회경제학적 관점에서 비교한 내용

구분	생태학적 관점	사회경제학적 관점
내용	토양침식 방지 수질 관리 서식지 보전 희귀식물 보전 수리적 기능 증대 등	지역사회의 회복 문화적 가치 경제적 발전 휴양적 기회 수질 관리 등

따라서 생태계서비스의 개념을 고려하여 생태복원 프로젝트를 진행할 경우에는 우선 프로젝트가 어떤 것인지를 구별하고, 이를 정량화하여 종합적으로 가치를 평가하는 순서로 진행하는 것이 좋다.

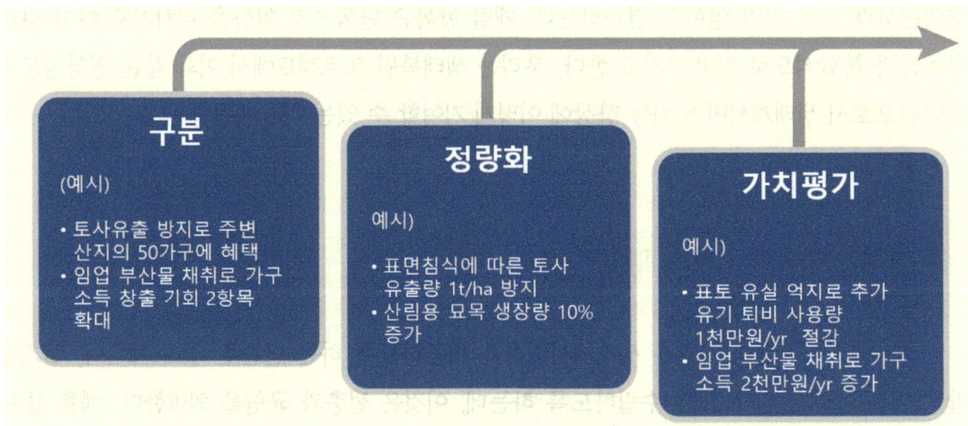

[그림 40] 프로젝트 수행에 따른 생태계서비스의 구분, 정량화 및 가치평가 예시

• 구분

생태계서비스에서 구분은 정성적으로 분석하는 단계이며, 이는 서비스 제공이 숫자가 아닌 단어로 설명 될 수 있음을 의미한다. 여기에서는 단순히 서비스를 구분하는 것으로 충분하며 이를 정량화할 필요가 없는 경우가 있다. 예를 들어, 복원 프로젝트의 부지 선택이 목적이라면 산지에서 홍수예방 서비스를 제공하는 곳이 지리적, 공간적으로 어디에 있는지 확인하는 것으로 충분할 수 있다. 또한 습지를 대상으로 할 때 습지 근처에 집이나 기반 시설이 없다면 습지를 조성함에 따라서 홍수조절 서비스 기능이 개선되는 것이 인간 복지에 직접적인 혜택을 주지는 못할 것이다. 따라서 홍수조절 서비스를 제공할 수 있는 습지를 구분하는 경우에는 주거지 또는 기타 인프라와 주어진 습지와의 거리를 고려하는 것이 좋다.

- **정량화**

복원 프로젝트를 생태계서비스 생산의 변화와 연결하려는 경우 생태계서비스의 정량화가 중요하다(복원 프로젝트가 없는 유사한 사이트와 비교). 홍수조절 서비스의 정량화는 경제적 변화를 보여주지는 않지만 관련이 있는 사람이나 구조물에 혜택을 주는 변화를 보여줄 것이다. 복원 목표가 주로 생태적 기능의 개선이고 사람들에 대한 혜택을 정량화하는 것이 부차적인 목표라면 서비스를 통해 수익을 창출하지 않고도 서비스를 정량화 하는 것만으로 충분할 수 있다. 예를 들어, 복원 프로젝트가 산지에서의 토사유출을 방지하여 ha당 1t/yr 이하로 표토 유실을 방지하게 된다면 하부 유역에 있는 주변 50가구에 긍정적인 영향을 미치게 된다는 것을 입증 할 수 있다. 이러한 분석은 금전적인 가치를 계산할 필요 없이 프로젝트가 주변 지역에 혜택을 제공하고 있음을 보여주는 데 유용하다.

- **가치평가**

가치평가는 세 번째 단계이다. 인간의 복지를 평가하는데 있어서 꼭 경제적인 논리로 제시할 필요는 없지만 화폐 단위로 가치를 표현하는 것이 일반적이고 이해가 쉽다. 프로젝트의 이점을 화폐 단위로 계산하는 것은 다른 유사한 프로젝트와 비교하는 데 유리할 수 있다. 이러한 이유로 비용 편익 분석에 편익이 사용되는 경우 금전적인 계산이 필요하며, 사람들에게 주는 혜택을 보다 정확하게 반영할 수 있다. 산지에서 나무를 키우는 산주를 생각할 때, 강우로 인한 비옥한 표토의 유실을 줄임으로서 이곳에 매년 사용해야만 하는 유기퇴비의 사용량을 줄일 수 있다면 산주에게 돌아가는 실질적인 혜택에 대한 비용 산출이 가능해 진다.

화폐 단위로만 생태계서비스를 평가하는 것은 해당 자원의 "진정한" 가치를 정확하게 표현하지 못할 수도 있다는 점을 알아야 한다. 또한 어떤 프로젝트에서 제공하는 모든 서비스를 복합적으로 평가하지 않고 단지 서식지에서 제공하는 특정한 생태계서비스만을 중요하게 생각하는 경우가 있는데, 이렇게 되면 자연자원의 경제적 가치를 과소평가하는 오류를 범하게 된다.

생태계서비스 가치에 대한 평가는 아직 완벽하지는 않지만, 프로젝트의 혜택을 정량화하여 의사 결정을 하는데 필요한 밑그림을 제공할 수 있다. 생태계서비스 가치평가가 항상 필요한 것은 아니지만 복원 프로젝트가 제공하는 이익을 이해관계자가 공감하도록 하는 기회를 제공할 수 있기 때문에 필요하다.

우리 사회는 지금 선택의 기로와 와 있다. 우리는 인간과 다른 생물종의 미래에 미치게 될 생태계의 변화에 대한 영향을 별로 생각하지 않으면서 계속해서 지구 생태계를 이용할 수도 있다. 또한 한정된 자원을 회복이 불가능한 정도로 이용함으로서 생물종의 멸종과 지구온난화라는 불편한 유산을 미래 세대에 남겨줄 수도 있다.

반대로 우리가 무분별한 이용으로 이미 나타났거나 나타날 것으로 예상되는 결과의 참혹함과 중요성을 인식한다면, 그 결과에 대한 책임을 지기 위하여 미래 세대가 식량, 깨끗한 물, 산림, 쉼터 및 기타 생태계서비스에 쉽게 접근할 수 있도록 바람직한 결정을 내려야 한다.

그리고 생태복원은 생태계서비스의 기능을 유지하고 향상시키는 것으로 통합될 필요가 있다. 생태복원의 목표는 명확하고 달성 가능해야 하며 생태계에 대한 다양한 견해, 사회적 기대 및 생태계의 동적 특성을 고려해야 한다. 외래종, 기후 변화 및 유례없는 토지의 변형이 이전에는 볼 수 없었던 새로운 생태계와 종의 조합을 만들어낼 것이라는 점을 알아야 하기 때문에 생태복원은 과거 지향적이 아니고 새로운 시스템을 향해 가도록 해야 할 수도 있다.

생태복원은 목표를 달성하기 위해 과학적 지성과 함께 창의성이 필요한 하나의 과학이다. 생태계서비스를 복원에 통합하려면 독창성 및 창의성이 필요하다. 이러한 분야가 성장하고 확장됨에 따라 현재 불가능해 보이는 영역까지 복원의 경계를 계속해서 확장해야 할 것이다.

생물다양성과 생태계서비스는 실용주의적 접근 방식에 따라 평가될 수 있다. 사용 가치는 인간에게 구체적으로 효용이 있는 서비스에 할당되어 직접 또는 간접적인 혜택을 주며, 개인 또는 미래 세대를 위한 잠재적인 효용을 제공한다. 존재 가치는 종이나 생태계가 존재한다는 사실을 알고 만족하는 것 외에는 이익을 얻지 못하더라도 사람들이 종이나 생태계에 부여하는 가치이다. 예를 들어, 서울에 있는 사람들이 다른 지역인 제주도의 구상나무림 보전 프로그램에 기여할 수 있다. 그 이유는 종의 생존을 보장하는 데 자선적 관심이 있기 때문이며, 자연은 이와 같이 실용적인 가치와는 별도로 생물다양성과 생태계는 독특한 가치를 가지고 있다는 점을 알아야 한다.

우리는 지구에서 거의 모든 생태계를 손상시키고 있지만 손상을 복구하고 생태계를 복원하며 생태계가 생존을 위해 우리 모두가 의존하는 서비스를 계속 제공하도록 개선할 수 있는 능력이 있다. 이를 위해서는 생태복원 복원분야에 대규모 투자, 과학 연구, 자연과의 관계에 대한 인식의 변화가 필요하다.

생태계서비스의 복원은 이러한 변화를 통해 우리가 얼마나 많은 것을 얻을 수 있는지 사회에 보여줄 수 있다. 생태계서비스 평가를 통해 생태복원을 정당화하는 것은 사람들을 자연과 다시 연결하고 보다 지속 가능한 선택을 하도록 하는 한 가지 방법 일뿐이다. 자연과 균형을 이루며 사는 것이 우리의 도덕적 의무임을 인류에게 확신시켜야 하는 시간은 이미 지났다. 지금은 선택된 몇몇의 사람이 아닌 모든 인류가 생태복원을 이행해야 하는 의무를 가지고 있는 것이다.

2부

어떻게?

#6

자연은 다양한 것이 좋은 것인가?

(1) 생물다양성의 훼손

생태복원 기술에 의하여 만들어지거나 유지되는 시스템은 생물다양성의 보전을 목적으로 한 것이 많다. 생물다양성은 1988년에 Wilson과 Peter[70]에 의해 처음으로 사용된 개념으로서 지구상에 있는 생물의 다양하고 이상적인 상태를 나타내며, 이를 생물다양성이라고 부르고 있다.

다양성이 뜻하는 용어의 의미대로 종류나 수가 많은 것을 긍정적인 측면에서 보는 것이다. 생태계의 지속가능성 측면에서 볼 때 만약 생물의 종류나 수가 적은 것이 유리하다면 생물다양성이 아니라 생물획일성이나 생물희소성 이라는 용어가 사용되었을 것이다.

생물다양성의 손실은 여러 가지 원인이 있지만, 가장 큰 것은 인구의 폭발적인 증가와 인간의 지속 불가능한 소비를 위하여 나타나고 있는 서식지 파괴와 생물종의 과도한 이용이라고 볼 수 있다. 생물다양성의 손실에 직접적인 영향을 주는 몇 가지 인자를 정리하면 다음과 같다.

- **서식지 파괴**

더 많은 사람들이 더 많은 공간을 필요로 하게 되었다. 인간의 활동이 확산됨에 따라서 자연환경이 계속 훼손되고, 여기에서 사는 수많은 생물종의 서식지가 파괴되고 있다. 인구가 증가함에 따라 도시와 산업 지역은 서로 성장하고 병합되어 남아 있는 서식지를 조각내고 고립된 섬과 같이 자연 개체군이 생존하기에는 너무 적은 수와 규모로 변하게 되었다. 우리나라의 수도권을 보면 과거에는 서울과 인근의 도심이 떨어져 있었지만 지금은 도로와 건물로 연결이 되어 구분이 안되고 있으며, 중간에 그린벨트로 조금씩 남겨져 있는 녹지는 개발논리로 사라질 위기에 있다. 한편 IPBES(Intergovernmental Science-Policy Platform on Biodiversity and Ecosystem Services; 생물다양성 및 생태계서비스에 관한 정부 간 과학-정책 플랫폼)에 따

70) Wilson E.D. and F.M. Peter. 1988. Biodiversity. National Academy Press.

르면, 전 지구상에서 육지의 1/4과 바다의 1/3만이 인간 활동에 의해 상대적으로 피해를 받지 않고 있는 상태라고 한다[71].

- **과잉 착취**

더 많은 사람들이 더 많은 것을 필요로 하게 되었다. 목재, 석유 및 광물과 같은 천연 자원에 대한 인류의 끊임없는 소비는 전 세계적으로 생물의 서식지를 계속 파괴하고 있다. 개발도상국에서는 지하자원 채취와 산림 개발이 이루어지고 있으며, 해양에서는 대규모 산업적 어업에 의해 야생 생물종이 큰 위협을 받고 있다. 우리나라에서 명태가 사라진 이유는 지구온난화로 동해안의 수온이 급격히 상승하였기 때문이기도 하고, 정설은 아니지만 술안주로 명태의 새끼인 노가리를 많이 먹었기 때문이라고도 한다. 만약 노가리를 많이 먹었기 때문인 것은 과잉 착취로 인한 직접적인 원인이 되는 것이고, 기후변화에 의한 서식공간의 이동은 지구상에서 벌어지고 있는 수많은 행위들에 의한 간접적인 원인이 되는 것이다. 관계부처에서는 명태 자원 회복을 위하여 오래전부터 명태 치어 방류 사업을 하고 있다.

- **농업적 집중**

더 많은 사람들이 더 많은 음식을 필요로 하게 되었다. 인류는 선진국의 지속 불가능한 소비 패턴을 충족시키고 오늘날 지구상에 사는 엄청난 수의 인구들에게 필요한 식량을 공급하기 위해 단일 문화, 화학 비료 및 살충제에 의존하는 농업 시스템을 발전시켜 나가고 있다. 광범위한 농약 사용으로 인해 곤충 개체군이 무차별적으로 파괴되고 있으며, 단일한 방식의 경작은 병해충에 점점 더 취약해지는 결과를 초래하였다. 또한 식량 공급에 대한 압박이 커짐에 따라 자연지역이 농지로 바뀌고, 그 농지에서는 2~3모작을 하면서 비수기나 휴경 기간이 줄어들게 되었다. 대량 생산 시스템으로 바뀐 목축업은 전체 차량 운송에 의한 것보다 더 많은 온실가스를 배출하고 있으며, 산림을 벌채하게 만드는 가장 큰 원인을 제공하고 있다. 또한 분산되어 있던 농업지역이 생산성 증대를 위하여 집중되면서 지역적으로 수질 오염의 문제가 발생하고, 연안에서는 해조류의 생존을 저해해거나 어족 자원의 감소를 야기하고 있다.

- **기후 변화**

더 많은 사람들이 더 많은 온실가스를 배출하게 되었다. 지구는 이산화탄소와 메탄을 포함한 온실가스의 끝없는 생산으로 인해 기후위기에 직면해 있다. 이미 전 세계적으로 온도가 상승하여 북극권의 빙하가 감소하고 해수면이 상승하고 있으며, 생물종이 감소되는 안타까운 현실을 보고 있다. 이동할 수 있는 동물종은 살 수 있는 다른 지역으로 옮겨갈 수밖에 없는 상황

---

71) https://www.ipbes.net

이 되었으며, 해양에서는 산호와 같은 온도에 민감한 유기체가 대규모로 죽어 가고 있다. 산호초는 해양생물들의 서식처로 이용되며, 해안으로 밀려드는 파도의 에너지를 감소시킴으로써 해안이 침식되는 것을 15% 정도 막아주는 자연적인 장벽 역할도 하고 있다. 이와 같은 환경변화에 민감한 종과 이들의 서식지가 사라지면 그들이 기초를 유지하고 있는 풍부하고 복잡한 생태계도 붕괴되고 만다.

• 오염

더 많은 사람들이 더 많은 폐기물과 오염을 만들어내고 있다. 인구가 증가함에 따라 폐기물, 특히 유해 폐기물의 처리가 점점 더 심각한 문제가 되고 있다. 소음, 빛, 화학 오염은 인간의 삶에 영향을 줄뿐만 아니라 야생동물의 생존을 방해할 수 있다. 인간 활동의 영역과 시간이 늘어나면서 일부 동물은 빛으로 인해 먹이를 잡기가 더 어려워지며, 소음 공해는 사냥 및 짝짓기 신호를 방해하고 있다. 밤하늘에 반짝이는 작은 불빛은 반딧불이가 내는 생명의 신호이다. 그러나 가로등과 광고 조명 외에도 도시 주변의 하늘에 까지 확산하는 이런 빛 때문에 반딧불이는 신호체계가 교란되고 짝짓기를 하지 못해 개체수가 급격히 줄어들고 있다. 이런 추세라면 우리 후손들은 반딧불이를 자연 상태에서는 찾지 못하고 전시회나 인공 사육장에서나 겨우 볼 수 있게 될지도 모른다.

[그림 41] 반딧불이 인공 사육시설(일본 이다바시)

• 외래종 침입

더 많은 사람들이 더 빠르고 멀리 이동을 하고 있다. 전 세계적으로 인간의 이동에 따른 탄소 발자국[72]이 크게 증가하고 있으며, 이에 따라 우발적이거나 의도적인 종의 침입 및 확산이 나타나고 있다. 자연환경의 보고라고 하는 DMZ 일원도 여러 가지 이유로 사람의 출입이 늘

72) 탄소 발자국(carbon footprint)은 개인 또는 단체가 직간접적으로 발생시키는 온실 기체의 총량을 의미하며, 이들이 일상생활에서 사용하는 연료, 전기, 용품 등이 모두 포함됨.

어나면서 외래종이 확산되고 있다. 또한 블루길과 베스와 같은 외래 어종의 유입으로 인하여 우리나라의 수생태계는 고유종이 사라지고 있으며, 생태계 교란식물의 침입으로 인하여 고유 산림생태계는 생태적 기능이 악화되고 있다. 최근의 코로나 사태도 인간의 이동 능력 때문에 전파속도가 예측할 수 없을 정도로 빨라진 것이라고도 볼 수 있겠다.

생물다양성은 인간의 안녕과 밀접한 관련이 있으며 생태계가 주는 서비스(혜택)의 기본이 된다. 공기, 물, 비옥한 토양, 생산적인 땅, 풍성한 바다에서는 무수히 많은 동물과 식물, 미생물 집단이 활동을 하고 있으며, 인간을 포함하여 하나의 환경 시스템으로 물리적, 화학적으로 통합되어 있다. 그러나 수백 수천만의 생물종 중에서 인간의 수는 상대적으로 아주 적지만 생태계에 엄청난 영향을 미치고 있으며, 특히 생물다양성의 저하에 치명적인 역할을 하고 있다.

생물다양성은 아주 다양한 차원에서 보아야 한다. 그것은 모든 생물권이 분류학적, 생태학적, 유전적 다양성으로 특징지어지며, 공간과 시간에 따라 다양성의 차원이 변하는 방식이 생물다양성의 주요 특징이라는 것을 나타낸다. 따라서 생물다양성을 다양한 차원에서 평가하는 것이 생물다양성과 생태계 기능[73] 및 서비스의 변화를 제대로 알아볼 수 있도록 할 것이다.

한편 생물다양성은 관리되거나 또는 관리되지 않고 있는 모든 생태계를 포함한다. 간혹 생물다양성은 국립공원이나 자연보호구역 등과 같이 자연성이 남아 있는 곳에서만 의미가 있다는 주장이 있는데 이것은 올바르지 않다. 자연성이 파괴되거나 변형된 곳(광산, 농경지, 양식장, 도시 공원 및 도시 생태계 등)에도 종류나 수는 다르겠지만 자체적으로 생물다양성이 존재한다.

생물다양성을 단지 양적인 측면에서 보면서 농경지는 생물다양성이 낮아서 문제가 된다는 시각도 적합하지 않다. 변형된 토지에서 나타나는 생물다양성은 훼손되기 이전의 상태와는 달라지기 때문에 평가가 어렵다. 숲을 초지로 변경하였을 때 숲이 가지고 있는 다양성과 초지가 가지게 될 다양성은 양이나 수에서 차이가 날 수 밖에 없다. 우리가 훼손된 곳에서 없어진 생물다양성의 가치를 명확하게 정량화하는 것이 어렵기 때문인 것도 있다. 어쨌든 농경지가 지구 육지 표면적의 1/4 이상을 차지한다는 점을 감안할 때, 이러한 자연적이지 않은 곳에서 생물다양성과 생태계서비스를 유지하도록 하는 것도 매우 중요하다.

---

73) 생태계 기능(functions of an ecosystem)은 생물과 비생물적 요소 사이의 상호작용과 관계 속에서 발생하는 일. 이것은 제1차 생산량, 분해, 영양물질 순환, 증산작용과 같은 생태계 과정(프로세스), 경쟁과 탄력성과 같은 새로운 속성을 포함하고 있음. 기능은 생태계가 재화와 서비스를 인간들에게 전달할 수 있는 잠재력을 나타냄.

(2) 생물다양성의 개념

생물다양성은 통계학적인 종의 다양성보다도 넓은 개념이며, 다양성에 가치를 둔 생태 경관을 형성하고, 생물다양성 조약이나 국가전략 수립 등의 정책 분야에도 이용되고 있다. 생물다양성은 생태학적인 위계를 고려할 때 종내의 유전적 다양성, 생태계에 있어서의 생물종의 다양성, 경관 차원에서 생태계의 다양성 그리고 국토에 있어서의 경관의 다양성이라고 하는 계층성을 가지고 있다.

생물다양성은 총량이 항상 그대로 유지가 되는 것은 아니라 계속 변화가 된다. 생물다양성을 숫자로 표현한다면 그 수가 줄어들기도 하고 늘어나기도 하는 것이다. 산림 지역에서는 수목의 벌채를 통해서 생물다양성이 감소되기도 하고, 이미 훼손된 생태계에서는 복원의 과정을 통하여 생물다양성을 다시 증가시킬 수도 있다. 다음 그림은 자연 상태와 변형된 생태계 내에서 복구, 복원, 훼손이 어떻게 연관되어 있는지를 나타낸 개념도이다.

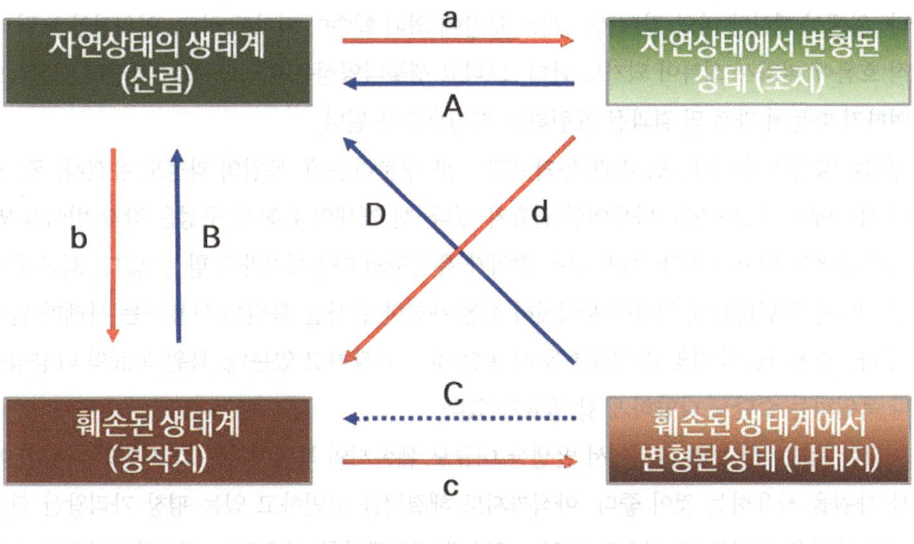

[그림 42] 생태계 내에서 나타나는 훼손, 변형, 복구, 복원의 상호 관계[74)]

생태계에서는 지금 이 순간에도 생물다양성, 생태계 기능 또는 서비스의 손실, 토지피복 등

74) Convention on Biological Diversity. 2019. Considerations on Ecosystem Restoration for the Post-2020 Global Biodiversity Framework, Including on a Possible Successor to AICHI BIODIVERSITY TARGET 15. (저자 일부 수정)

급 또는 용도 변경 등의 문제가 나타나고 있다. 자연 상태의 생태계는 산림에서 경작지와 같은 유형으로 크게 훼손이 되거나(b), 초지와 같은 곳으로 식물이나 서식지의 유형이 변형되기도 한다(a). 이렇게 유형이 바뀐 곳에서는 식량 생산과 같은 경제적인 이익이 있을 수 있지만 생물다양성이 낮아지고 일부 생태계기능 및 서비스의 감소가 나타나게 된다. 또한 훼손되거나 변형된 생태계에서는 토지 사용과 관련된 새로운 사회적 요구가 더 심해지면서 생태적 기능이 다시 바뀔 수도 있는데, 또 다른 생태계로 변형되거나(c), 변형된 상태에서 다시 훼손되는 상황도 발생한다(d).

반면 변형되거나 훼손된 생태계에서는 완전히 또는 부분적으로 나지가 자연 상태로 복원될 수도 있다(D). 훼손된 생태계는 의도적으로 변형된 생태계로 복구될 수도 있으며, 훼손되고 기능이 저하된 토지는 여러 가지 과정을 통해서 원래의 자연 상태로 복구 또는 복원될 수 있다(A, B, C). 또한 생태적 기능이 회복되면서 생물다양성이나 생태계서비스도 다시 개선될 수 있다.

우리가 생물다양성을 강조하는 것은 저하된 생태계의 기능이 회복되는데 다양성이 아주 중요한 역할을 하고 있기 때문이다. 따라서 생물다양성은 생태복원의 목적이면서 수단이 되기도 한다. 위에서 제시한 바와 같이 생태계는 교란에 의해 훼손이 되기도 하고, 인위적인 노력과 시간적 흐름에 따라서 회복이 되기도 한다. 그리고 생물다양성은 이러한 복원 과정에 직접적으로 관여하기 때문에 과정 및 결과를 표현하는 핵심요소가 된다.

생물다양성은 유전자, 종, 경관 등의 측면으로 구분하는데, 복원의 과정도 유전자, 종, 경관 등의 차원에서 차별적으로 다루어질 필요가 있다. 한 개체의 유전자 구성은 각각 변이가 있고, 개체군 간에도 변이가 있다. 이와 같은 변이가 유전자의 다양성이라고 할 수 있다. 최근에는 훼손된 지역을 복원하는데 있어서 지역에서 직접 채취한 종자를 복원에 사용하는 사례가 많아지고 있다. 이때 가급적 다양한 식물종을 사용할 것을 권장하고 있는데, 복원 목표의 다양성만큼이나 복원하는 수단도 다양하게 할 필요가 있다.

이러한 측면에서 보면 산지에서 발생한 대규모 훼손지의 복원에서는 그 지역의 다양한 자생식물 자원을 사용하는 것이 좋다. 아직까지도 해결책을 고민하고 있는 평창 가리왕산 활강경기장의 복원을 고려할 때 기술적으로는 표토내 매토종자를 사용하는 생태복원기술의 적용과 현지에서 산림의 훼손 전에 채취한 종자를 사용하여 묘목을 육성하고, 이를 복원공사에 사용하는 것이 가장 바람직한 방법이라고 하겠다.

한편 지구상에는 여러 가지 생물종이 살고 있고, 그 형태나 생활방식은 다양하다. 이것을 종의 다양성이라고 한다. 종은 먹고 먹히는 관계에 의해 다른 종과 복잡한 관련성을 가지고 있으며, 그 모든 종과 그들의 관계 속에서 생물 집단을 형성하고 있다. 산림의 예를 든다면 생물은 토양이나 물 등의 비생물적 환경이 하나가 되어 산림 생태계를 구성한다. 이때 숲에는 어느 한 종류의 나무만 있는 것 보다는 다양한 종류의 나무와 풀, 그리고 이곳에서 사는 야생동물이 어우러지는 것이 좋기 때문에 종의 다양성이 중요하다.

생태복원 프로젝트는 훼손된 곳의 토양과 물, 그리고 동식물종을 회복시켜주는 것이므로 이를 통해 생물다양성의 유지에 크게 기여할 수 있다. 이곳에서 생태계를 조기에 회복시켜 주는 것은 개발로 인해 다양성이 줄어드는 것을 막을 수 있는 대안이 될 수 있다. 많은 생태계가 모여서 만들어진 복합적인 생태계도 규모 차원에서 경관이나 지역으로서 파악되고, 그곳에서는 생태계의 다양성이 역시 중시된다. 또 국토 차원에서 볼 때 경관의 다양성은 지역의 다양성과 동의어로서, 복원 목표를 설정하는데 지역의 생물다양성이 중요한 역할을 한다.

이 개념은 다양하다는 것 자체에 가치가 있으며, 각각의 계층에서 다양하다는 것이 지구전체의 생물다양성 유지에 있어 중요하다는 것이다. 종의 다양성은 생물다양성의 중심에 위치한 것으로 종의 소멸을 막는 것은 더욱 중요한 과제다. 유전자의 다양성은 개체군 내부에서의 유전자 구성 다양성과 개체군 사이의 다양성인 지리적인 변이로 나누어 생각할 수 있다.

경관의 다양성은 생태계에 적응한 종의 존속을 가능하게 하고 있다. 생태복원 기술에서 더욱 중요한 것은 지구 전체의 생물다양성을 보전하는 것이다. 그것은 특정한 지역의 생물다양성을 최대로 하는 것만으로 해결되지는 않는다. 어떤 식물종의 침입으로 대상지의 종 다양성이 높아졌다고 하더라도 그 때문에 재래종, 특히 고유종이 감소하면 지구 전체의 생물다양성은 감소하는 것이 되기 때문이다. 생물다양성은 너무 복잡하고 어려운 개념이기는 하지만, 그래도 중요하다는 것은 누구나 인식하고 있다.

(3) 생물다양성 협약(CBD : Convention on Biological Diversity)과 아이치타겟

생물다양성 협약은 생물다양성의 보전, 생물자원의 지속가능한 이용, 생물자원을 이용하여 얻어지는 이익을 공정하고 공평하게 공유할 것을 목적으로 1992년 6월 리우회의에서 158개국 대표가 서명함으로써 공식적으로 채택되었으며, 특정 생물종이나 서식지 보전을 목적으로 하는 협약에서 더 나아가 생물다양성 자체의 보전에 중점을 두고 있다.

생물다양성 협약의 의무로는 생물다양성의 보전과 지속가능한 이용을 위한 국가전략의 수립, 생물다양성 구성요소의 조사 및 감시, 보호지역의 설정 등 현지 내(in situ) 보전과 종자은행 설립 등 현지 외(ex situ) 보전조치의 시행, 생물다양성 보전을 고려한 환경영향평가 수행 등이 있다. 참고로 우리나라에는 경상북도 봉화군에 위치한 국립백두대간수목원에 종자저장고인 시드볼트[75]가 있으며, 이곳에서 중요한 식물자원을 보전하고 있다.

---

75) 시드볼트(seed vault)는 종자(seed)와 금고(vault)를 합친 단어로, '종자를 저장하는 금고'라는 의미임. 종자은행(seed bank)과는 달리 저장고의 개념으로는 스웨덴의 스발바르(Svalbard) 시드볼트와 함께 백두대간 시드볼트가 유일함. 국가보안시설로서 야생식물 위주로 현재 203과 1,242속 4,046종 61,941점이 저장되어 있음 (자료 : 국립백두대간수목원 https://www.bdna.or.kr/).

협약문에서는 지방정부의 역할과 중요성을 강조하고 있으며, 지방정부 차원에서의 생물다양성 관리전략 및 실행계획 등의 노력을 통해 아이치타겟의 목표 달성과 필요성에 대해 기술하고 있다. 생물다양성 협약과 향후 10년간의 목표를 달성하기 위해 수립된 '2011~2020 생물다양성 전략계획(Aichi Target)'에서 나타난 공통된 이슈에는 유전자원에 대한 접근 및 이익공유, 원주민의 전통지식, 토착지역 사회의 혁신과 활동, 생물다양성과 생태관광, 기후변화와 생물다양성, 경제, 무역 그리고 유인 조치, 생태학적 접근, 식물보전을 위한 국제전략, 환경영향평가, 침입외래종, 책임과 복구, 보호지역, 의사교환, 교육 및 공공인식, 생물다양성의 지속가능한 이용, 기술이전 및 협력 등이 있다.

여기서 말하는 생물다양성(biological diversity; biodiversity)이란 "육상, 해상 및 그 밖의 수생태계와 이들이 부분을 이루는 복합생태계 등 모든 분야에서 생물체간의 변이성을 말하며, 이는 종내의 다양성, 종간의 다양성과 생태계의 다양성을 포함한다"고 정의하고 있다. 다시 말하면 생물다양성이란 지구상 생물종(species)의 다양성, 생물이 서식하는 생태계(ecosystem)의 다양성, 생물이 지닌 유전자(gene)의 다양성을 총체적으로 지칭하는 말이다.

[표 10] CBD 생물다양성협약 2011-2020 전략 및 목표

전략 및 목표(2011-2020)	주요 이슈
• 전략 1. 생물다양성을 정부와 사회전반에서 주류화 하여 생물다양성 손실의 근본원인에 대응한다.	
• 목표 1 : 늦어도 2020년까지, 시민들은 생물다양성의 가치와 지속가능한 보전 및 사용을 위한 다양한 조치를 인식하고 있어야 한다.	인식 증진
• 목표 2 : 늦어도 2020년까지, 생물다양성의 가치를 국가 및 지역 발전, 빈곤 퇴치 전략 및 계획수립 프로세스에 통합시키고, 필요에 따라 국가회계 및 보고 시스템에 편입시킨다.	국가/지역 계획 반영
• 목표 3 : 늦어도 2020년까지, 부정적인 영향을 최소화하거나 없애기 위하여 생물다양성에 악영향을 미치는 보조금 등과 같은 인센티브를 없애고, 줄이거나 개혁하고, 생물다양성의 보전과 지속가능한 이용을 위한 긍정적인 인센티브를 국가의 사회경제적 조건을 고려하여 협약 및 다른 관련 국제 규범에 맞게 개발하고 적용한다.	인센티브 제도
• 목표 4 : 늦어도 2020년까지, 정부, 기업 및 이해관계자는 모든 차원에서 조치를 시행하여 지속가능한 생산 및 소비를 위한 계획을 달성하거나 이행한다. 또한 자원 사용이 미치는 영향을 생태적으로 안전한 범위내로 제한한다.	지속가능한 생산/소비
• 전략 2. 생물다양성 보전과 지속가능 이용 촉진에 대한 직접적 압력을 저감한다.	
• 목표 5 : 2020년까지, 숲을 포함한 자연서식지의 손실비율을 최소한 절반으로 줄이고, 실현 가능한 지역에서는 "0"의 수준까지 낮추며, 서식지 붕괴 및 토지의 파편화를 현격히 감소시킨다.	훼손/파편화 저감

전략 및 목표(2011-2020)	주요 이슈
• 목표 6 : 2020년까지, 어류남획을 피하고 고갈된 종을 위한 복원계획 및 조치를 시행하기 위해 물고기, 무척추동물 및 수생식물 등을 지속가능하고 합법적으로 채취하도록 하고 생태계 기반의 접근방안을 적용하여 관리한다. 이를 통해 어업은 멸종 위기에 처한 종과 취약한 생태계에 심각한 악영향을 미치지 않으며, 어업이 생명체, 종 및 생태계에 미치는 영향이 생태계 내에서 안전한 수준이 되도록 한다.	생태계 접근법 (어업)
• 목표 7 : 2020년까지, 농업, 양식업 및 임업 지역의 생물다양성 보전을 보장하며 지속가능하게 관리한다.	농업/양식업/임업
• 목표 8 : 2020년까지, 과도한 영양을 포함한 오염이 생태계와 생물다양성에 치명적이지 않는 수준까지 도달하게 한다.	오염 저감
• 목표 9 : 2020년까지, 외래종과 유입경로를 우선적으로 파악하고, 위협적인 외래종에 대해서 관리하거나 제거 조치를 실시하여 외래종의 유입과 정착을 막을 수 있는 방안을 시행한다.	외래종 관리 강화
• 목표10 : 2015년까지, 기후변화 또는 해양 산성화에 의해 영향을 받는 산호초 및 기타 취약한 생태계에 대한 다양한 인위적 압력을 최소화하여 본래의 모습과 기능을 유지하도록 한다.	산호초 관리 강화
• 전략 3. 생태계 종 및 유전적다양성을 보호하여 생물다양성의 상태를 개선시킨다.	
• 목표11 : 2020년까지, 최소한 17%의 육상 및 내수면, 10%의 해안 및 해양 지역, 특히 생물다양성과 생태계서비스를 위해 특별히 중요한 지역이 효과적이고 공정하게 관리되고, 보호지역과 다른 효과적인 지역 기반 보전 조치와 생태적으로 잘 연결되며, 더 광범위한 육상 및 해상 경관에 통합되도록 한다.	보호지역 확대
• 목표12 : 2020년까지, 알려진 멸종위기종의 멸종을 막고, 특히 가장 취약한 종의 보전 상태를 개선하고 유지한다.	멸종위기종 관리
• 목표13 : 2020년까지, 문화적으로 가치 있는 종뿐만 아니라 사회경제적으로 가치가 있는 다른 종을 포함한 농작물, 가축, 그리고 야생 상태에서 유사종의 유전적 다양성이 유지되고, 유전적 손실을 최소화하기 위한 전략을 개발하고 이행한다.	농작물/가축의 유전 다양성
• 전략 4. 모든 시민들에게 제공되는 생물다양성 및 생태계서비스의 혜택을 늘린다.	
• 목표14 : 2020년까지, 여성, 토착지역과 지역사회 및 가난한 사람들과 취약계층의 요구를 고려하여 물과 관련된 필수 서비스를 제공하고 건강, 생활 및 복지에 기여하는 생태계를 보호하고 복원한다.	생태계 서비스 보호/복원
• 목표15 : 2020년까지, 황폐화된 생태계의 최소 15% 회복을 포함한, 보전과 복원을 통하여 생태계의 회복력과 탄소 저장에 대한 생물다양성의 기여를 향상시키며, 기후변화 완화와 적응 및 사막화 방지에 기여한다.	훼손지 복원
• 목표16 : 2015년까지, 유전 자원으로의 접근과 활용으로부터 발생하는 이익과 관련하여 이를 정당하고 공정하게 공유하기 위한 나고야 의정서가 유효하며, 국가 법률과 일치하여 작용하도록 한다.	정책

전략 및 목표(2011-2020)	주요 이슈
• 전략 5. 참여적 계획수립, 지식관리, 역량강화로 수행능력을 높인다.	
• 목표17 : 2015년까지, 각 당사국은 효과적이고 참여적이며 개선된 국가생물다양성 전략 및 행동계획을 개발하고, 정책 도구로 채택하며, 이행하기 시작한다.	참여형 생물다양성 전략 및 이행계획
• 목표18 : 2020년까지, 생물다양성의 보전과 지속가능한 사용, 그리고 생물 자원의 관습적 사용 등과 관련한 토착지역 및 지역사회의 전통지식, 혁신, 관행이 해당국가의 법규와 국제 의무사항에 영향을 주게 되고, 관련 토착민들과 지역사회의 적극적인 참여가 협약 이행에 전면적으로 통합된다.	지역사회, 전통지식
• 목표19 : 2020년까지, 생물다양성과 생물다양성의 가치, 기능, 상태 및 경향, 그리고 생물다양성 상실의 결과와 관련한 지식, 과학 기술이 개선되어 널리 공유되고, 이전되며, 적용된다.	과학지식 개선 및 공유
• 목표20 : 늦어도 2020년까지, 2011~2020 생물다양성 전략 계획의 효과적인 이행을 위한 모든 재원으로부터의 자원 동원 전략에서 통합 및 합의된 과정에 따라 현재의 수준보다 충분히 증가시켜야 한다. 이 목표는 당사국이 제시하는 필요 자원에 대한 평가에 따라 변경될 수 있다.	재정 확보

* 출처 : CBD (https://www.cbd.int/)

2010년 일본 나고야 COP10(제 10차 세계생물다양성총회)에서 채택된 "2011~2020 생물다양성 전략계획"에는 이러한 생물다양성의 저하를 예방하고 훼손된 생태계를 복원시키기 위한 전략이 제시되어 있다. 여기에서는 생물다양성 정책의 주류화, 생태계 생물다양성 손실의 직접적 원인 감소, 생태계 현황 개선, 자연으로부터 오는 혜택 증진, 이행수단 증진의 5가지 전략과 20가지 목표를 설정하였다. 이 중 외래종 관리 강화(목표 9), 육상, 연안 및 해양까지 보호지역 확대(목표 11), 생태계서비스의 이용 증진(목표 14), 복원 면적의 확대(목표 15)는 생태복원 분야와 직접적으로 관련되는 분야이다.

이 협약이 발효된 10여 년 전에는 생물다양성 및 생태분야가 제대로 된 방향으로 나아갈 것으로 기대를 하였지만 이미 약속된 시간이 지나가고 있다. 여기서 제시한 전략과 목표를 보면 지금 과연 어느 수준까지 약속을 이행했는지에 대한 반성이 앞선다. 시간은 이미 2020년을 지났지만 그래도 이 협약에서 제시한 목표들이 정상적으로 달성될 수 있기를 희망한다.

(4) 생물다양성과 복원

지구상에는 인간의 영향을 받지 않은 생태계가 거의 없다. 인간은 생물종을 제거하고 자연적인 천이 과정을 방해하여 지역과 자연이 연결되어 있는 생태네트워크를 파괴하고 있다. 생태복원은 훼손되거나 악화된 생태계를 회복하는데 도움을 주는 과정이다. 자연 상태에서 자기조직화된 상태로 시스템이 작동하기 까지 많은 시간이 필요한 것은 당연하다. 생물다양성의 측면에서 복원 프로젝트 대상지를 훼손되지 않은 이전의 상태와 동일하게 만들 수는 없다. 그러나 생물다양성을 보전·증진하기 위해 생태복원을 하는 것은 목적이자 수단으로서 매우 중요한 부분이다.

복원 프로젝트에서는 모니터링하고 결과를 평가하는 여러 가지 방법이 있다. 여기에서 중요한 점은 종, 군집, 생태계 과정, 교란 특성, 회복력 또는 환경의 궤도[76]에 중점을 두고 있다. 그러나 생태계 기능이 훼손된 원인이나 현상을 파악하고 복원되는 과정을 중간에서 평가하기에는 우리의 지식이 너무 적고 자연의 변화를 기다리기에는 인간의 인내심이 많이 부족하다. 그렇지만 복원과 관련된 사항을 평가하기 위해 노력할 필요는 있다.

프로젝트에서는 비교 대상이 있어야 하는데 자연에서 얻을 수 있는 비교 대상은 바로 참조생태계이다. 참조생태계에서는 훼손되기 이전의 상태에 대한 정보를 얻을 수 있기 때문에 이를 활용하는 것이 좋다. 그 중에서도 단순히 주변에 있는 식생군락이 아니라 그 지역에 훼손이 되지 않았고 자연적으로 조성되어 안정화된 상태를 보이는 곳이 참조생태계가 될 수 있다. 참조생태계는 특히 자연 상태가 유지되고 있는 곳에서 다양성이 풍부한 곳을 선정하게 되는데, 여기에는 유전자와 종의 다양성외에 입지와 경관의 다양성도 포함된다.

일반적으로 훼손된 생태계 중에서 종, 군집 또는 최상위 포식자와 같이 복합적인 시스템이 온전히 갖추어진 구조가 그대로 남아 있는 곳은 많지 않다. 생물종을 개체 단위로 다시 복원 대상지에 도입하는 것은 음식을 만드는 재료를 식탁위에 올려놓고 음식이 조리되기를 기다리는 것과 같다. 음식은 각각의 조리 방법에 따라서 여러 가지 재료가 혼합되어 만들어지는 것이다. 즉, 복원 현장에는 음식 재료가 조리되는 것과 같이 생물종과 이들이 혼합되어 나타나는 먹이사슬, 영양 순환, 서식지 등과 같이 복잡하게 얽혀진 네트워크가 있어야 한다.

복원 프로젝트에서는 예산이나 토지 소유권 등의 한계로 규모가 작고 고립된 상태로 조성하는 경향이 있는데, 어렵더라도 유전적 다양성과 경관차원에서 통합적으로 접근하는 것이 필요하다. 복원에 사용하는 생물종은 유전적 다양성을 보장하기 위해서 가능한 넓은 유전자풀[77]에서 추출해서 도입하는 것이 좋다. 만약 적은 유전자풀에서 선택하여 도입하는 경우 유전적 다양성이 떨어지게 되므로, 경관 차원에서 유전자가 자연스럽게 교환될 수 있는 여건을 고려하여야 한다. 실제로 온전히 고립된 섬과 같은 지역과 복원이 되거나 자연 상태가 유지되고 있는 생태계 사이에 서식지의 통로를 만들면 연결성이 복원될 수 있다.

---

76) 환경의 궤도(ecological trajectory)란 시간 경과에 따른 생태계의 변화 과정 또는 경로임. 이것은 퇴화, 정체, 환경적 조건의 변화에 대한 순응 또는 생태복원(상실된 것의 보전 및 이상적인 회복)에 대한 대응으로 나타날 수 있음.

77) 유전자풀(gene pool)은 어떠한 생물 종이나 개체 속에 있는 고유한 대립형질의 총량을 말함(집단유전학). 커다란 유전자풀은 유전적 다양성이 높거나 많을 수 있으며, 이는 치열한 선택 속에서 살아남을 수 있는 건강한 개체수와도 관련이 있음.

우리 주변에 있는 생태계는 생물학적 다양성이 악화된 곳이 많다. 복원 프로젝트에서 흔히 범하는 오류는 일부 중요한 지역만을 보호하게 되면 전체적으로 생물다양성을 보존하고 높일 수 있다는 잘못된 인식을 가지고 있는 것이다.

생태계는 인간의 삶과 연관이 되어 있기 때문에 유전적 다양성뿐만 아니라 인간의 활동도 같이 고려하여야 한다. 만약 인간의 삶을 고려하지 않고 유전적 다양성만 강조한 복원 프로젝트는 향후 사회적 요구가 변함에 따라서 다시 훼손되거나 변형될 가능성이 남게 된다. 따라서 생태복원 프로젝트에서는 자연뿐만 아니라 인간에 대한 요소를 같이 생각하여야 한다.

자연과 인간을 고려하는 비율을 단순히 숫자로 제시하기는 곤란하다. 모든 훼손지는 그 자체의 특성이 있고 이를 둘러싸고 있는 인간의 생활 형태도 각양각색이기 때문이다. 특히 도심 속에 고립된 상태로 있는 산림과 같이 이해관계자가 많은 도시 생태계에서는 더욱 그렇다. 따라서 복합적인 개념으로 생태복원을 시도할 때에는 다음과 같은 4가지 요소를 함께 고민하여야 한다. 이러한 요소는 성공적인 생태계 관리에 매우 중요하다.

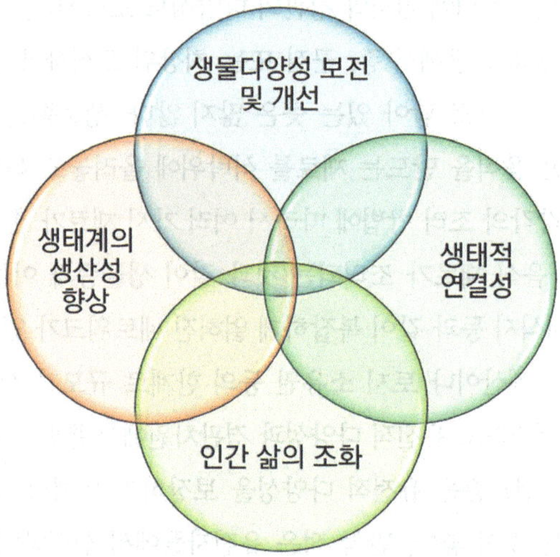

[그림 43] 성공적인 생태계 관리를 위한 4가지 요소

생태복원은 전 세계 자연환경의 보존 및 지속가능한 개발 프로그램의 주요 구성 요소가 될 수 있음을 의미한다. 생태복원은 피해를 복구 할뿐만 아니라 인간의 삶을 개선할 수 있는 기회를 제공하는 고유한 능력을 가지고 있다. 생태복원의 효과는 분명하다. 그러나 효과를 정량화할 수 없더라도 생태복원이 새로운 경제 기회를 제공하고, 지역 사회의 열망을 다시 집중시킬 수 있다는 점에서 반드시 필요한 것이다.

지금까지 수십 년에 걸쳐 진행하였던 여러 생태복원 프로젝트에서 얻은 교훈을 바탕으로 바람직한 생태복원을 수행하기 위한 몇 가지 원칙을 항목별로 정리하면 다음과 같다. 이 원칙과 속성들은 생태계 접근법에 대한 생물다양성 협약의 범위와 의도와도 일치한다.

- 생물학적, 환경적 공간 변화를 설계에 통합하여 더 큰 환경에서 연결되도록 함
- 훼손의 결과보다는 원인을 해결함
- 구조적 교체보다 프로세스의 회복을 강조함
- 자기 조직화 프로세스가 다시 시작될 수 있도록 충분한 시간을 고려함
- 순응적 관리를 위해 모니터링 프로토콜[78]이 포함되도록 함
- 모든 이해관계자가 가능한 모든 대안을 충분히 인식하도록 함
- 모든 이해관계자(특히 분산된 자원의 사용자에게 부여된 권한)가 참여하도록 함
- 복원으로 제공되는 기회, 비용 및 혜택을 고려함
- 원주민을 포함한 모든 형태의 과거 및 현재의 정보를 과학적 근거로 활용함
- 장기적으로 진행하는 프로젝트에 대하여 단기적으로 제공할 수 있는 혜택을 고려함
- 생태계 재화 및 서비스의 제공을 모색함

자연을 관리, 보호, 복원하는 데에는 자원이 제한되어 있다. 따라서 가용한 예산과 인적 자원을 최적화하고 가장 긴급한 문제를 해결하며 생물다양성의 보호 및 복원에 기여하기 위해 우선순위를 정하는 것이 필요하다. 다른 분야에서도 마찬가지겠지만 가용한 자원이 제한적이므로 우선순위를 결정하는 것이 중요하다. 생태계 복원 및 관리와 관련된 분야에서는 아직까지 우선순위를 정하는 방법에 대하여 객관적으로 검증된 표준은 없다. 그러나 생물다양성의 장기적인 보호를 위해 자원을 현명하게 사용하기 위해서는 좋은 모델과 전략을 수립하여야 한다.

우선순위를 고려할 때에는 비용과 대비하여 효율적인 해결책을 만들어야 하고, 프로젝트가 빠른 속도로 진행되는 경우 가급적 대규모로 계획을 확장할 필요가 있다. 우선순위 선정에서는 경제성 분석 외에도 이론적인 지식과 현장에서의 기회를 같이 고려하는 것이 좋다. 이러한 계획 수립에서 가장 중요한 것은 생물다양성 증진이며, 모든 계획은 생물다양성을 고려하여 검토할 필요가 있다.

SER에서는 생태복원의 성공을 위하여 3가지 기본 원칙을 제시하고 있다. "성공적인 생태복원 활동을 위해서는 효과적이고 효율적이며 적극적이어야 한다. 효과적인 생태복원은 생태계의 가치를 확립하고 유지한다. 효율적인 생태복원은 시간, 자원 및 노력의 비용을 최소화하면

---

78) 프로토콜(protocol)은 컴퓨터와 컴퓨터 사이 또는 한 장치와 다른 장치 사이에서 데이터를 원활히 주고받기 위하여 약속한 여러 가지 규약임. 모니터링을 예를 든다면 모니터링 시기, 방법, 평가 및 분석기준 등과 같이 미리 정한 규칙이나 기준이라고 할 수 있음.

서 유익한 결과를 극대화한다." 여기에서 제시한 원칙을 볼 때 생태복원의 실행은 훼손되거나 변형된 생태계를 수정하고 보완하여 생물다양성의 수준을 높이기 위한 주요한 과정이다. 이를 위해서 생물(생물 및 비 생물), 경관(패치의 구조 및 상호 연결성 등) 및 역사(종의 유입 순서 및 토지 사용 기록 등) 조건을 기반으로 생물다양성 복원을 위한 모델을 구성하여야 한다.

지금까지의 육상에서 진행되었던 복원 프로젝트는 주로 식물의 다양성을 높이는 방법에 중점을 두었다. 경관이나 역사적 요인이 복원과 어떻게 상호 작용하는지, 복원이 생물다양성의 기능적 및 유전적 구성 요소에 어떻게 영향을 미치는지 또는 연구가 충분히 이루어지지 않은 분류군이 제대로 복원 될 수 있는지에 대해서는 상대적으로 거의 관심을 기울이지 않았다.

생물다양성을 복원하는 모델과의 연계를 위해서는 여러 대상지에서 오랜 시간 동안 걸쳐 신중하게 수행하였던 다양한 경험이 필요하다. 생태복원에는 공간과 시간이라는 변수가 큰 영향을 미치고 있으므로, 이들이 결과에 어떻게 영향을 미치는지 고려함으로써 실행 가능한 복원 전략을 제공할 수 있어야 한다.

다음 그림은 생태복원에서 생물다양성이 중요하다는 것을 보여주고 있다. 생태적 기능이 훼손된 곳에서 시간의 흐름에 따라서 복원이 이루어지고 있는데, 생물다양성이 높은 곳에서는 생태적 기능이 빠르게 개선될 수 있다. 생물다양성이 낮은 곳에서는 복원이 되는 데에도 시간이 많이 소요된다. 한편 중간 과정에서 또 다른 교란이 발생하는 경우도 복원의 속도를 늦추게 된다.

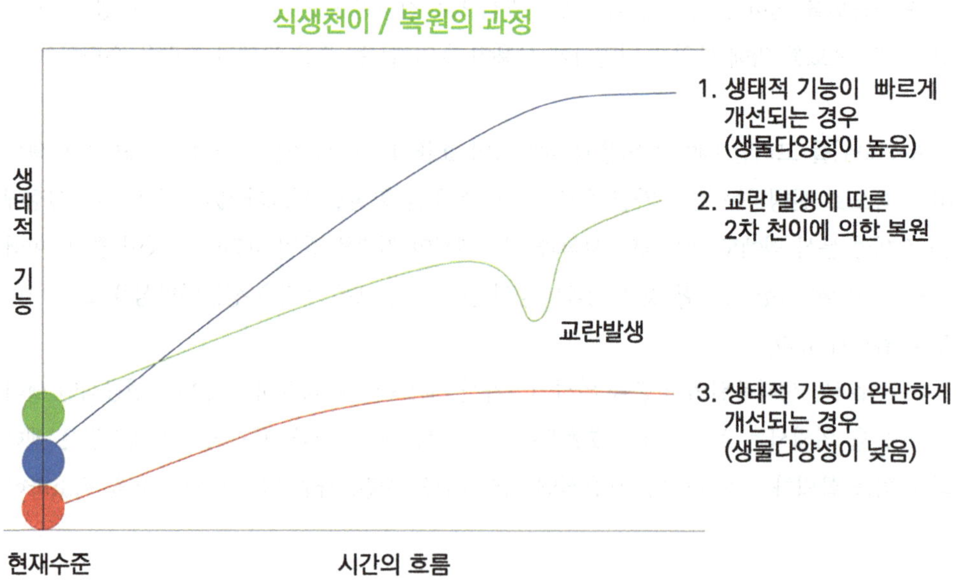

[그림 44] 생물다양성의 수준에 따른 생태적 기능의 회복 과정 모식도

자연식생의 일부를 인위적으로 변형시켜 천이 초기단계의 식물군락으로 바꾸는 것은 그 장소만으로 볼 때 생태계의 다양성을 높이는 것이 될 수 있다. 그러나 오랜 시간 동안 그 환경 속에서 형성된 독창성이 높은 식물군락을 독창성이 낮은 식물군락으로 바꾸는 행동이기 때문에, 지구 전체로 볼 때는 생물다양성을 저하시키는 결과가 되기도 한다. 이러한 점에서 보면 대규모 훼손지를 단순하게 외래종으로 녹화하는 것은 매우 바람직하지 못하다는 것을 알 수 있다. 생물다양성의 유지를 위해서는 가급적 지역의 자생종을 활용하는 것이 좋다.

1992년 리우 지구정상회의를 계기로 이전까지 간헐적으로 이루어져 오던 환경문제를 보다 체계화하기 위한 다양한 노력들이 시도되고 있다. 그에 대한 대응방안의 하나로서 도시지역의 서식지 보전과 복원, 창출에 대한 연구와 실험적인 프로젝트들이 추진되고 있다. 우리나라에서는 최근 들어 생물다양성을 보전하기 위하여 국내 유전자원에 대한 조사 및 연구가 활발하게 진행되고 있다.

아울러 국내외적으로는 환경에 미치는 영향이 큰 사업에 대해서는 미리 복구비를 예치하도록 의무화하고 있다. 이를 통해 생태계가 잘 보존되어 있는 곳에서 이루어지는 사업에 환경복원 비용으로 많은 대가를 지불하도록 함으로써 무분별한 개발사업의 추진을 규제하는 방안이 강구되고 있다. 국내의 경우 최근 국토계획과 환경계획을 잘 연계시켜 무분별한 국토개발을 방지하고 합리적인 이용을 도모하고자 제도 개선에 노력을 기울이고 있다. 또한 백두대간 보호를 위한 관련 법령의 정비와 야생동식물의 무분별한 훼손을 방지하는 방안 모색과, 환경친화적인 건설을 위한 지침이나 요령, 설계기준의 보완이 대대적으로 이루어지고 있다.

이러한 다양한 노력에도 불구하고 아직 생물다양성을 고려하는 구체적인 복원방법이 적용되고 있지 못한 실정이다. 2009년에 작성된 "도로비탈면 녹화공사의 설계 및 시공 지침(국토해양부)"에서 생태자연도 1등급 지역이나 국토환경성평가 1등급 지역에는 생물다양성 복원을 훼손지 복원 목표로 설정하도록 유도하고 있다. 백두대간 등 중요한 지역에는 외래종의 사용을 제한하도록 하여 건설공사에서 생물종의 무분별한 사용을 방지하도록 규정하고 있다. 이러한 규정은 생물다양성을 고려한 복원의 필요성을 강조하는 것이며, 앞으로는 건설공사시 훼손된 생태계의 생물다양성을 조기에 회복하는 방안을 염두에 두고 현장에서 적용이 가능한 복원방법을 검토하여야 할 것이다.

평가와 관련해서도 생태복원 프로젝트가 적용된 곳에서 생물다양성과 관련하여 원하는 방향대로 진행이 되고 있다는 것을 증명하기 위한 다양한 지표가 사용되고 있다. 이 지표들이 의도된 생태계 조건에 부합되도록 하기 위해서는 다음과 같은 내용을 포함하여 적절한 변화 과정을 보여줄 필요가 있다.

- 생태계는 참조 모델에서 발생하는 종의 특징적인 조합을 포함하고 있음
- 생태계는 적절한 군집 구조를 제공하고 있음

- 생태계는 환경에 적응되어 있는 자생종을 포함하고 있음
- 생태계의 지속가능성 유지에 필요한 모든 기능이 제시되어야 함
- 생태계의 물리적 환경은 원하는 과정을 따라 지속적인 안정성 확보 또는 생물종의 번식에 필요한 개체군을 유지할 수 있어야 함
- 생태계는 생태학적 발달 단계에서 정상적으로 작동하며 기능 장애의 징후가 없어야 함
- 작은 생태계는 더 큰 생태계에 통합되어 있으며, 비 생물학적 및 생물학적 흐름 및 교환을 통해 상호 작용하고 있음
- 주변 환경에서 생태계의 건강과 무결성에 대한 잠재적인 위협이 최대한 제거되거나 감소되어야 함
- 생태계는 지역 환경에서 정상적으로 나타나는 주기적인 교란을 견딜 수 있을 정도로 탄력적임
- 생태계는 자립적임. 정기적 또는 간헐적으로 발생하는 교란에 의해 변동될 수 있겠지만, 생물다양성, 구조 및 기능은 정상적인 생태계의 일부로 환원될 것이며, 온전한 생태계와 마찬가지로 환경 조건이 변함에 따라 종 구성과 복원된 생태계의 다른 속성이 진화 할 수 있음

#7

우리 땅에서 난 식물은 소중한 것이다

(1) 자생식물 활용의 중요성

우리 시대의 주요 환경 문제인 기후 변화, 생물다양성 상실 및 사막화에 대처하기 위한 전략의 일환으로 전 세계적으로 생태복원에 대한 논의가 많아지고 있다. 이와 같은 새로운 관심은 2020년까지 훼손된 생태계의 최소 15%를 복원하는 것을 목표로 하는 "2011-2020년 UN 생물다양성협약(CBD)"에서 전략을 채택함으로써 공식화되었다(Aichi Target 15). 여기에서는 약 20억ha의 토지가 생태복원의 혜택을 받을 가능성이 있는 것으로 추정되므로 이 목표를 달성하면 이 기간 동안 3억ha가 복원될 수 있을 것으로 전망한 바가 있다.

국제생태복원학회(International Society of Ecological Restoration)에서 말하고 있는 중요한 생태복원 목표 중의 하나는 "종 개체군이 변화하는 조건에 적응하도록 하며, 기능적이고 탄력적인 군집으로 자기 조직화가 될 수 있도록 하는 회복 과정을 도와주는 동시에 중요한 생태계서비스를 제공"하는 것이다. 자기 조직화[79]된 생태계 복원의 목표를 달성하는 데 있어 중요하게 고려해야할 사항은 단기 및 장기적인 복원의 성공 여부에 영향을 미치는 식물의 유전적 구성이다. 유전자 흐름의 범위는 생태계와 수목 개체군의 성공적인 복원에 있어서 매우 중요하다.

생태복원은 대상에 따라서 목적과 방법을 다르게 적용한다. 식물을 대상으로 한 복원은 주로 식생 군락이나 특정 식물종 복원으로 구분할 수 있다. 서식지 복원 프로젝트는 훼손된 지역의 식생군락과 이를 이용한 동물종의 서식지를 복원하기 위하여 수행하고 있다. 종 복원에는 멸종위기종[80], 법정보호종, 희귀종 등을 대상으로 하는 프로젝트가 있다.

서식지 복원에 있어서는 훼손된 생태계의 유형에 따라서 습지, 산림, 초지 생태계 등으로 구분하여 각각의 특성에 맞게 적용하는 사례들이 많이 있다. 또한 훼손된 원인 등에 따라서 자연적

79) 자기 조직화(self-organizing)는 확인된 참조생태계의 특성과 관련이 있으며, 필요한 모든 요소가 존재하고 생태계의 속성이 외부의 지원 없이 계속 발전할 수 있는 상태를 말함. 자기 조직화는 참조생태계의 속성과 관련하여 성장, 번식, 생산자, 초식동물 및 육식동물간의 생태적 지위로 표현될 수 있음.

인 훼손과 인위적인 훼손으로 구분하는 방법도 있다. 특히 산지를 개간하여 목초지로 활용하는 경우가 있는데, 이렇게 변형된 상태가 수십년 이상 지속되면서 새로운 초지 생태계로 오래 동안 자리를 잡고 있는 것과 같은 문화적 생태계[81]도 별도로 고려할 필요가 있다.

생태복원은 훼손된 자연환경을 되살리는 것으로서 외래종 보다는 자생식물을 사용하는 것이 바람직하다. 이를 위하여 복원할 목표종을 설정하고 이에 적합한 환경을 조성하기 위해 생태기반환경을 비롯한 주변 영향 요인들을 최우선으로 고려하여야 한다. 생태복원은 살아있는 유기체를 이용하는 것이기 때문에 안정적인 식생 활착 및 구성을 위해서는 무엇보다 자생종의 활용이 효과적이다.

자생식물을 이용한 생태복원을 수행하기 위해서는 종자 및 묘목과 같은 식물소재를 확보하는 것이 중요하다. 그러나 현장에서는 자생식물을 사용하고자 하여도 현실적으로는 국내에서 이들의 확보 및 공급이 곤란하기 때문에 수입한 종자나 이를 이용해서 만든 묘목을 사용하는 경우가 대부분이다. 이 경우 원산지를 알 수 없는 식물종이 국내 토종 생태계로 확산되어 갈 수 있다는 위험성을 내포하고 있다.

또한 국내에서 자생하고 있는 식물종이라도 생태복원 대상지로부터 지리적으로 멀리 떨어진 곳에서 가져온 식물은 적용 대상지와의 환경적 차이 때문에 잘 적응하지 못할 수도 있다. 결국 대상지 주변에서 확보한 식물을 사용하는 것이 가장 바람직하며, 불가피하게 외부에서 가져와야 하는 식물은 종자의 채취 장소와 같은 출처에 대한 검증이 반드시 필요하다.

자생식물은 그 지역의 환경조건에 적응되어 있으며(일반적으로 지역의 자생종인 아닌 식물보다 유지관리가 적게 필요함), 식생군락이 오래 유지될 수 있다. 자생식물을 잘 활용하면 별도의 노력을 투입하지 않아도 스스로 유지하고 번식할 수 있는 잠재력을 가진 식물군락을 조성할 수 있다. 또한 생태적으로 건강하게 자리 잡은 자생식물 군집은 침입성이 강하고 위해성이 있는 잡초들을 장기적으로 방제할 수 있는 최고의 선택이 되며, 경제적으로는 식생관리를 위한 유지관리 비용을 줄일 수 있다. 이와 함께 경관을 고려할 때 주변 환경과 자연스럽게 조화될 수 있다.

---

80) 멸종위기종(endangered species)은 개체수가 적어 멸종할 위험이 높은 종을 말함. 멸종위기 야생동·식물1급은 "자연적 또는 인위적 위협요인으로 개체수가 현저하게 감소되어 멸종위기에 처한 야생동·식물", 멸종위기 야생동·식물2급은 "자연적 또는 인위적 위협요인으로 개체수가 현저하게 감소되고 있어 현재의 위협요인이 제거되거나 완화되지 아니할 경우 가까운 장래에 멸종위기에 처할 우려가 있는 야생동·식물"로서 관계 중앙행정기관의 장과 협의하여 환경부령에서 정하는 종이라고 정의하고 있음(야생동·식물보호법).

81) 문화적 생태계(cultural ecosystems)는 인간이 이용하기에 유용한 구조, 구성 및 기능을 제공하기 위해 자연 과정과 인간의 개발 행위 등에 의해 새롭게 형성된 생태계를 말함. 생태계의 자연적 변동 범위(예 : 산업화 시대 이전의 사람들이 전통적으로 경작하고 관리하는 초지 등) 내에서 잘 유지되고 있는 경우 새로운 생태계로 고려할 수 있음.

자생식물을 이용하는 방법은 이와 같은 장점이 많은 반면에 종자나 묘목 같은 식물재료의 확보가 어렵고, 외래종에 비해 상대적으로 가격이 높은 것이 기술 확산의 장애가 되고 있다. 또한 채취된 종자도 훼손지와 같은 악조건에서 잘 발아하고 생장할 수 있도록 현장에 적용하는 기술도 아직은 부족하다. 그럼에도 불구하고 자생식물을 사용해야만 하는 이유는 환경적, 경관적 측면에서 분명하게 제기되고 있으므로, 자생식물을 활용한 생태복원 기술은 앞으로 선택이 아닌 필수가 될 것이다.

한편 자생식물을 이용한 생태복원은 분명한 목표를 가지고 있어야 한다. 생태복원의 목표를 수립할 때 식물의 종류 및 배합 기준에 따른 설정[82]도 있지만, 복원의 과정에 따른 시나리오별로 복원의 방향성을 결정할 수도 있다. 시나리오[83] 1 계통에서는 초기 복원속도는 늦지만 장기적으로 안정화되도록 하는 것이고, 시나리오 2 계통에서는 초기 단계에서 많은 것을 투입하여 복원 효과를 높여주는 방식이 있다. 복원이 되는 과정은 다양한 변수가 영향을 미치기 때문에 현장 여건을 고려한 식생복원 모델 수립과 함께 녹화의 목표와 시기를 고려하는 것이 필요하다.

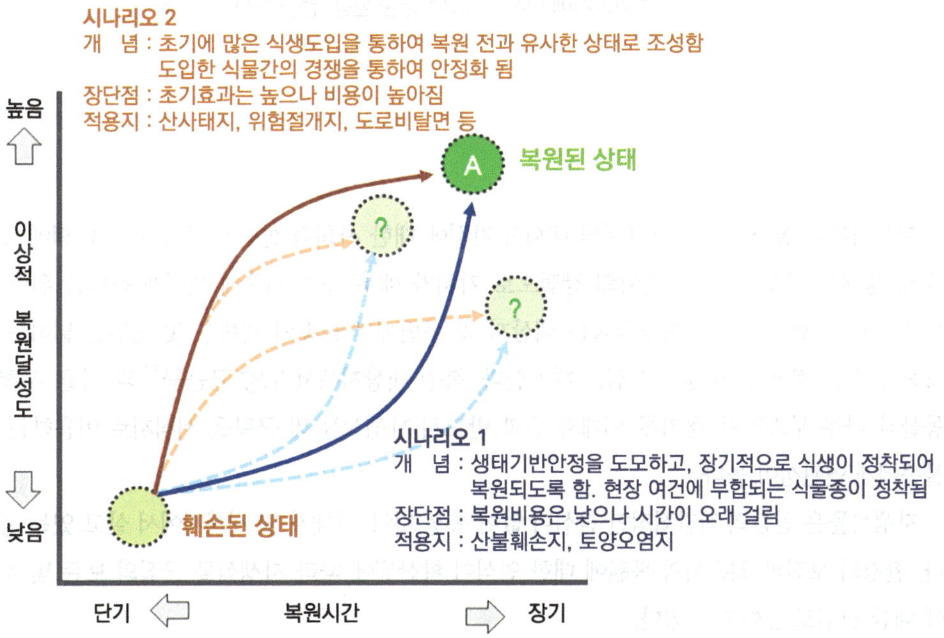

[그림 45]　다양한 생태복원 프로세스의 검토

82) 국토해양부(2009)의 "비탈면 녹화공사의 설계 및 시공 지침"에서는 녹화공사에 적용하는 식생배합을 차별화하면서, 종자의 종류 및 배합비율에 따라 "초본위주형", "초본관목혼합형", "목본위주형"을 제시하고 있음.

83) 많은 자료에는 '궤적'이라는 용어를 사용하고 있음. 궤적은 생태계가 변화되면서 나타난 길을 따라간다는 수동적 느낌이 있기 때문에, 이 책에서는 생태복원 프로젝트를 수행할 때 어떤 의도나 방향성을 제시하기 위하여 '시나리오'라는 용어를 사용함.

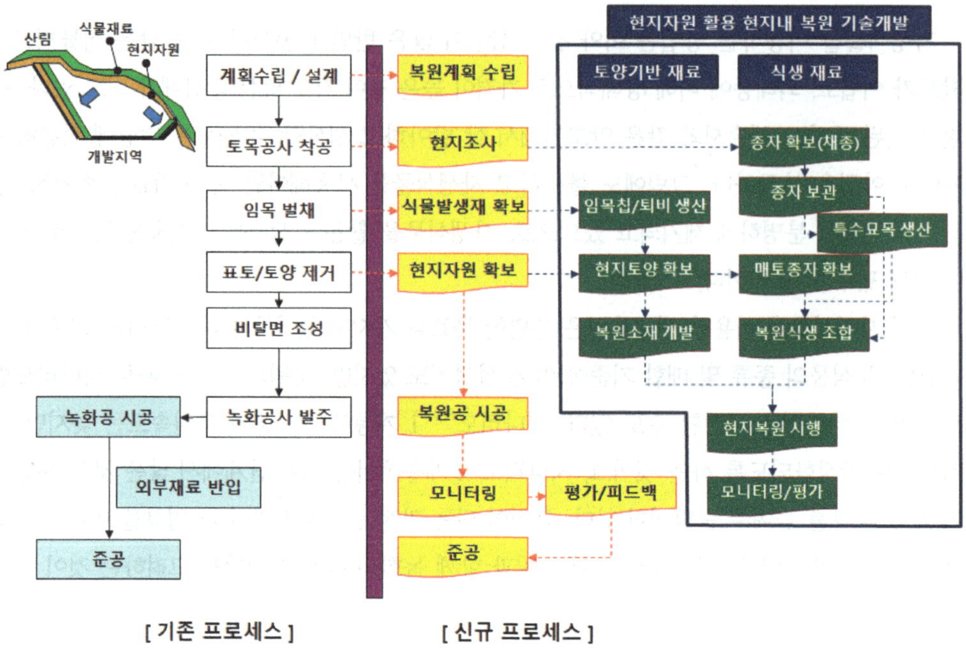

[그림 46]　녹화공사에 현지의 자생식물을 활용하는 프로세스 분석

(2) 자생식물을 이용한 생태복원

자생식물은 살아있는 종으로서의 내재적 가치에 대한 사회적 신념이 증가하는 것 외에도 경제적, 생태적, 유전적, 미적 분야의 강점으로 가치가 매우 높기 때문에 생태계 복원을 위한 핵심 도구라고 할 수 있다. 자생식물은 대상지 및 주변에 식물종의 개체수 및 군집을 넓히는 데 도움을 주는 것과 같이 많은 이점을 제공한다. 복원 대상지에서 토양 균근균[84]과 식물, 무척추동물과 나무 부스러기, 꽃가루 매개자 등과 반드시 자생식물 및 군락을 서식지로 이용하는 동물종에게 연관성이 높다.

자생식물은 인간의 직간접적인 간섭이 없이 특정 지역, 생태계 및 서식지에서 살고 있는 종이다. 환경의 보전과 훼손지의 복원에 대한 인식이 확산됨에 따라 자생식물 군집의 보존 및 복원에 대한 관심도 높아지고 있다.

84) 최근 국립산림과학원의 연구결과(2021)에 의하면 멸종위기에 있는 구상나무 복원을 위해 어린 묘목에 토종 균근균을 접종 처리한 결과 생존율이 평균 97%로 나타났으며, 이는 처리하지 않은 나무보다 1.5배 증진된 생존율로 구상나무 보전·복원 작업에 큰 도움이 될 것으로 기대하고 있음.

자생식물 이용의 장점

인간의 활동이나 자연적인 교란에 의하여 환경이 크게 바뀌었다면 자생식물에게 더 적합한 환경을 만들기 위한 노력이 필요하다. 그러나 일반적으로 자생식물은 유지관리가 많이 필요하지 않기 때문에 현장에 정착이 되면 자체적으로 식물군집을 형성할 수 있다. 그들은 그 지역에 적응되어 있기 때문에 외부에서 도입한 식물종 보다는 상대적으로 여러 가지 환경조건(동결, 가뭄, 일반적인 질병 및 초식 동물로 인한 피해 등)에 견디는 힘이 강하기 때문이다.

자생식물을 이용하는 것은 다음과 같은 장점을 가지고 있다.

- 고유 유전자원을 보전함
- 경관적인 아름다움을 제공하고 주변과 조화로운 식생군락을 조성함
- 야생동물의 서식지 및 먹이를 제공함
- 미래 식량 작물 또는 기타 식물에서 유래한 제품을 위한 중요한 유전자원을 공급함
- 경관 및 식생을 유지하기 위한 유지관리(관수, 시비 등)가 적게 필요함
- 토양을 고정할 수 있는 근계 구조가 우수함
- 토양 침식을 억제하고 홍수와 가뭄을 완화하여 수질을 보호함

자생식물을 이용하는 복원 프로젝트 계획

생태복원 프로젝트에서 자생식물을 활용하기로 결정한 후에는 고려해야 할 것들이 있다. 프로젝트의 성공을 위해서는 식물을 현장에 반입하기 오래 전부터 계획 수립 과정에서 이러한 요소를 조사해야 한다.

프로젝트를 실행하는 데 걸리는 시간을 신중하게 고려하는 것이 매우 중요하다. 프로젝트에서 식물을 확보, 증식하고 현장에 도입하는 등의 실행 단계는 지역적인 차이는 있겠지만 연중 특정 기간에만 수행할 수 있기 때문에 자생식물을 이용하는 작업은 특별한 조건이 필요하다. 만약 작업 시기를 적절히 정하지 못하면 프로젝트의 결과는 예측하기가 곤란해질 것이다.

따라서 첫 번째 단계에서는 프로젝트의 효과를 높이기 위해 적절한 시간계획을 수립하여야 한다. 또한 계획을 시작할 때 프로젝트의 목표와 이에 대한 명확한 개념을 도출하는 것이 도움이 된다. 목표를 설정 한 후에는 대상지 평가를 시행하여야 하며, 이 부분에도 철저한 분석과 계획수립이 필요하다. 마지막으로, 어떤 자생식물을 활용할 것인지, 어디서 또는 어떻게 획득할 것인지에 대하여 신중한 결정을 하여야 한다.

[그림 47] 자생식물을 이용한 산림복원 사례 (향로봉)[85]

현실적인 시간계획 설정

자생식물을 이용한 복원 프로젝트는 사전에 잘 계획되어야 한다. 프로젝트가 계획되고 실제로 식물이 땅으로 옮겨지는 단계 사이에는 많은 일이 필요하다. 충분한 시간을 할애하여 대상지를 철저히 평가하고 신중한 부지 준비 및 도입(파종 및 식재) 계획을 수립하는 것은 성공적인 프로젝트를 이끌기 위한 첫 번째 단계이다. 이를 위해서는 시간에 따라 대상지가 어떻게 변하는지 파악하는 것이 중요한데, 우리나라와 같이 4계절의 변화가 있는 곳에서는 통상적으로 다른 계절의 상황 및 변화 단계를 알아보기 위하여 1년 이상의 시간이 필요하다. 또한 주변의 참조생태계를 광범위하게 파악하여 관련 정보를 추가할 수 있다.

이러한 사전 준비는 어렵게 확보한 자생식물을 살지도 못할 곳에 심어서 결국은 죽게 만드는 값 비싼 실수를 방지하는 데 도움이 된다. 복원 프로젝트에서 자생식물을 사용하는 경우에 종종 지역에 적응된 식물 재료 또는 상업적으로 재배된 식물을 구입하여야 할 때도 있다. 외부에서 식물을 구입하는 경우에는 필요로 하는 시기와 수량, 품질 수준이 맞지 않을 경우가 많다. 이 경우 필요한 식물 재료를 확보할 수 있는 충분한 시간이 남아 있는지 확인하고 공급 업체와 계약을 미리 체결해야할 필요도 있다. 만약 필요한 자생식물에 대한 상업적인 수요가 많아서 공급업체에서 다행히 많은 수량을 준비하고 있는 경우에는 이를 이용하면 된다. 그러나 이름만 같은 자생식물을 사용하는 것은 옳지 않고, 복원 대상지 인근이나 그 환경조건과 유사한 곳에서 확보한 식물종을 사용하는 것이 바람직하다.

어떤 식물은 종자가 결실되어 채취할 수 있는 기간이 짧은 경우가 있다. 자생식물의 종자를 채취하는 경우 시기에 따른 종자의 품질 변화를 고려하여 일정 기간을 두고 지속적으로 채취하는 노력을 해야 한다. 종자를 채취 한 후 일부는 발아하기 전에 몇 달 동안 저온처리 또는

85) DMZ 일원인 향로봉 산림복원 현장. 현지에서 자생식물을 채취하여 증식하고 이를 다시 복원현장에 적용하고 있는 우수한 사례임.

후숙[86] 과정이 필요한 경우도 있다.

삽수 및 뿌리를 채취하는 것과 같이 식물의 영양체를 이용하는 경우에는 채취된 식물이 묘상에서 충분히 성장할 수 있도록 6개월~1년 정도의 시간이 필요한 경우도 있다. 물론 봄철에 물이 오른 버드나무 삽수를 채취하여 현장에 즉시 삽목을 하는 경우는 시간에 따른 부담이 줄어들 수는 있다. 이와 같이 사용하는 식물의 크기나 형태에 따라서 자생식물을 준비하는 기간은 차이가 나게 된다.

생태복원 분야는 단순히 식물을 이용한 시공분야 뿐만 아니라 토양학, 생물학 등과 같은 다양한 분야의 협력이 필요하다. 복원 프로젝트의 계획 수립 과정에 현지 전문가를 참여 시키려면 사전 협의과정이 있어야 하며, 여기에는 수문학, 지질학, 토양학, 원예학, 생물학 및 습지 생태학과 같은 해당 분야의 전문가 도움이 필요할 수 있다.

많은 사람들이 참여하는 프로젝트로 진행하기 위해서는 항상 처음에 예상했던 것보다 더 많은 시간을 필요로 하는 경우가 대부분이다. 프로젝트의 기간을 설정하는데 있어서 단순히 짧은 일정으로 계획하는 것은 경제적으로 보일 수 있지만 결과가 좋지 않은 경우가 많다. 중장기적으로 프로젝트를 성공시키기 위해서는 대상지를 평가하고 프로젝트에 필요한 모든 식물 또는 종자를 확보할 수 있도록 사전에 많은 시간을 들이는 것이 좋다.

프로젝트 목표 결정

자생식물을 이용한 생태복원 프로젝트를 시작할 때에는 목표를 명확하게 하는 것이 중요하다.

• 문제 정의

가장 우선적으로 해결해야 하는 고민은 "대상지에 어떤 문제가 있는가?" 이다. 복원 프로젝트는 대부분 생태적 기능이 저하되거나 훼손된 곳을 대상으로 하는 것이며, 문제가 있기 때문에 시행하는 것이다. 따라서 식생의 소실로 인한 토양의 표면 침식 문제, 1~2종의 외래식물이 우점하는 현상 등으로 인하여 낮아진 식물의 다양성, 표면수나 지하수의 흐름 변화, 토양 영양분의 유실 또는 답압이나 이들 원인으로 인한 식생구조의 변화 등에 대해서 스스로 질문하고 그 해답을 찾는 것이 좋다.

86) 후숙 과정은 종자가 성숙하여 휴면을 거쳐 발아할 수 있게 되기까지의 일련의 생리적인 변화이며, 성숙하지 못한 종자가 수확한 이후에 완전히 익어서(숙성되어) 발아할 수 있는 준비가 되는 것을 말함. 푸르스름한 상태로 수확한 바나나가 시간이 지나면서 노란색으로 서서히 익어가는 과정도 후숙이라고 함.

- 목적 및 목표 설정

대상지에서의 현안 문제가 확인되면 목표를 더 명확하게 설정할 수 있다. 목적은 중요하고 궁극적인 개념이고, 목표는 실행을 위한 구체적인 개념이다. 명확한 목적과 목표를 설정하면 프로젝트를 진행하는 과정에서 올바른 결정을 내리는 데 도움이 된다. 명확한 목적과 목표는 프로젝트의 성공 여부를 정량적으로 평가할 모니터링 계획을 정의하는 데에도 필수적이다. 각각의 목적과 목표는 몇 가지 측정 가능한 기준과 연관되어 수립하여야 한다. 목적과 목표 및 평가 기준의 몇 가지 예는 다음과 같다.

- 사례 1

목적 : 야생동물이 이용할 수 있는 서식지 증가

목표 : 지역의 야생동물에게 먹이를 제공 할 수 있는 자생식물 군락 조성

평가 : 야생동물에게 먹이를 제공할 수 있는 자생식물종이 지역의 50% 이상을 피복하도록 함

- 사례 2

목적 : 수질 개선

목표 : 외래식물 보다 비료와 살충제를 적게 요구하는 자생식물을 심어 지역 하천으로의 화학적 유출을 줄임

평가 : 현장에서 사용되는 상업용 비료의 양을 90 % 절감

- 사례 3

목적 : 토양 침식 감소

목표 : 토양 침식을 방지하고 토양을 고정시키기 위해 뿌리층이 넓고 깊게 발달하는 자생식물을 식재하고 정착시킴

평가 : 토양 유실을 연간 5t/ha 미만으로 감소

- 사례 4

목표 : 뿌리의 탄소 고정

목표 : 식물 뿌리가 단시간 내에 넓고 깊게 자라면서 탄소를 고정시킬 수 있는 자생식물 군락 조성

평가 : 뿌리층의 바이오매스를 50t/ha 이상으로 유지

- 사례 5

목표 : 습지의 탄소 축적

목표 : 물이끼가 자라서 생태기반환경인 토양 내에 탄소를 축적할 수 있는 고산지대의 이탄습지 조성

평가 : 토양탄소 고정량을 500g/㎡/yr 이상으로 유지

위에서 제시한 사례와 같이 구체적인 계획 수립을 통해 목표에 접근할 수 있다. 또한 단일한 목표만을 수립하는 것 보다는 여러 가지 문제를 복합적으로 해결할 수 있도록 하는 종합적인 접근 방식을 택하는 것이 좋다.

대상지 평가

대상지의 상태는 생태복원 프로젝트의 성공에 중요한 요소이다. 대상지의 생육 조건에 적합하지 않은 식물종은 그곳에 생존하기가 어렵다. 따라서 상세한 복원 계획을 세우기 전에 먼저 대상지의 상태를 제대로 파악해야 한다. 또한 대상지는 계절에 따라서 다르게 보일 수 있으므로 연중 평가를 실시하던가, 아니면 참조할 수 있는 인근의 대상지에서 어떻게 변화 되는지를 파악하면 된다. 대상지 평가에서 중요하게 고려할 사항으로는 토양, 농약 사용 이력, 지형, 수리·수문 특성, 기존의 생물 군집, 외래종 및 환경위해종의 유무, 자생식물종의 서식 상태, 교란 요소, 기후와 미기후, 시공 적기와 부적기 등이 있다. 또한 주요 항목에서는 토양 또는 수리·수문 분야 전문가의 도움을 받아서 이러한 특성 중 일부를 평가하고, 과학적으로 판단하는 것이 유리하다.

• 토양

토양은 현장에서 식물의 생존에 영향을 미칠 수 있는 가장 중요한 요소 중의 하나이다. 토양의 몇 가지 주요 특성과 이들이 식물의 건강과 생존에 어떻게 영향을 미칠 수 있는지에 대한 자료는 다음과 같다.

- *토질 – 수분 특성 및 영양소 교환에 영향*
- *토양 산도(pH) – 적응하는 식물과 식물이 영양분을 흡수하는 능력에 영향*
- *유기물 – 영양소 및 수분 가용성에 영향*
- *답압[87] – 식물 뿌리가 토양에 침투하는 것을 어렵게 하며, 영양염류 순환[88] 및 유익한 유기체에 영향*
- *잔류 제초제 또는 살충제 – 식물 및 관련 곤충에 영향*

---

87) 답압(compaction)이란 인간, 가축, 중장비 등에 의해 가해진 압력으로 토양이 다져지는 현상을 말하며, 답압이 된 토양에서는 식물의 뿌리가 생장하는데 제약을 받음.

88) 순환(cycling)은 물, 탄소, 질소 및 모든 생태계 기능의 근본이 되는 기타 요소와 같은 자원들이 생태계 내부에서 이동하는 것.

현장에서 토양을 조사하는 첫 번째 단계는 토양 샘플을 수집하는 것이다. 토양 샘플 수집 방법은 분석 결과에 영향을 미칠 수 있으므로 해당 부서의 기준을 따라야 한다. 토양 샘플의 위치도 중요한데, 복원 프로젝트의 유형에 따라 다르며, 채취 위치도 신중하게 고려해야 한다. 샘플 토양을 분석할 때에는 토성, 산도, 전기전도도, 유기물함량, 토양 물리성 등과 같은 프로젝트에서 필요한 항목에 대하여 분석을 한다.

• 지형

대상지의 지형도 복원 설계에서 중요한 요소이다. 예를 들어, 급한 경사면은 산사태나 토양 침식이 발생할 가능성이 더 높고 저지대는 장마 기간 동안 물에 침수될 가능성이 높다. 지형은 육안 검사, 측량 장비 사용, 항공사진 등과 같이 다양한 방법으로 평가할 수 있다. 습지를 복원 할 때에는 특별히 주의를 기울여야 한다. 많은 습지 식물은 특정 범위의 수위에서만 견딜 수 있기 때문에 적용하는 위치를 미세하게 결정해 주어야 한다. 만약 식재 위치 선정에 실패를 하면 많은 양의 자생식물을 잃게 될 것이다. 또한 산지로 이루어져서 경사가 있는 경우 표면 침식을 방지할 수 있는 흙막이를 설치하거나 짚 또는 네트를 설치할 수 있으며, 이때에는 해당 전문가의 의견을 반영하는 것이 좋다.

• 수리·수문

위에서 언급했듯이 식물은 생육에 필요한 각기 다른 수준의 수분 조건을 요구한다. 대상지의 수리·수문은 계절별로 차이가 있기 때문에 연중 모니터링 결과를 파악해야 한다. 결과적으로 자생식물의 선택과 식재 장소는 현장의 수리·수문 특성에 크게 영향을 받게 된다.

• 기존 식생 군집 구조 및 식물상

대상지 및 인근 지역에 이미 정착하여 있는 식물을 조사한다면 자생식물 도입에서 성공할 수 있는 식물종과 도입하기 전에 해결해야 할 잠재적인 문제를 예측하는 데 도움이 된다. 이를 위해서는 대상지뿐만 아니라 주변의 자생식물 군집을 나타낼 수 있는 참조생태계를 파악하는 것이 필요하다.

• 교란요소

교란은 경관에서 나타나는 생태군집을 형성하는데 매우 중요한 역할을 한다. 일부 식생군집은 특정 유형의 교란으로 인한 피해를 입으며 어떤 식생군집은 교란이 발생되어야 생존이 유지되는 경우도 있다. 교란으로 인한 피해를 입은 식생군집의 경우 교란의 압력을 견딜 수 있는 식물을 도입하거나 교란 요인에 민감하지 않은 식물종을 선택하는 방법이 있다. 교란으로 인한 문제는 식물에 대한 것 외에도 토양침식 가속화, 토양의 유실, 영양물질 순환 체계의 감소 또는 손실, 수리·수문적 특성 변화 등이 포함된다. 자생식물 군집의 생태적 기능이 저하된 곳에서는 최대한 생육에 영향을 주는 교란 요인을 제거해주는 것이다. 결과적으로 식물군집에 영향을 미쳤을 수 있는 과거의 교란 내용과 미래에 생태균형에 영향을 미칠 수 있는 영향 등을 파악하고, 원하는 복원 목표를 달성하기 위하여 교란을 어떤 수준으로 관리할 것인지를 이해하는 것이 중요하다. 교란의 유형에는 화학적 오염, 산불, 홍수, 도로, 방목, 태풍, 외래종 침입, 산사태, 기계적 장애, 농업, 도시화, 바람 등이 있다.

- **기후와 미기후**

해당 지역의 일반적인 기후와 복원 장소의 특정 미기후도 고려해야 할 요소이다. 기후는 물 순환, 햇빛의 양, 각 식물이 경험할 최대 및 최소 온도에 영향을 미치게 된다. 이러한 것들은 각 식물의 성장 및 생존 능력에 영향을 주는 요소이다. 고려해야 할 몇 가지 기후 요인에는 최고 및 최저 기온(매일, 월간, 연간), 서리 없는 일수, 강수량의 계절성(건조한 겨울, 습한 여름), 연간 총 평균 강수량 등이 있다. 또한 복원 장소의 특정 미기후적인 요소에는 대상지의 방향(북향 또는 남향), 지형의 범위(경사 및 구릉지와 같은 고도의 작은 변화), 그늘, 불투수성 표면적(지역 온도와 지표수 유출량을 증가시킬 수 있음) 등이 있다.

적절한 식물 종 선택

프로젝트에 대한 명확한 목적과 목표가 설정되고 철저한 현장 평가가 수행된 이후에는 대상지에 적합한 자생식물을 선택해야 한다. 이때 식물의 생장에 중요한 세 가지 인자인 물, 빛, 영양분을 염두에 두고 대상지의 조건에 맞는 자생식물을 선정한다. 예를 들어, 대상지의 토양이 모래 성분이 많고 배수가 잘되고, 햇빛을 많이 받는 경우에는 습하고 그늘진 조건을 필요로 하는 식물을 심는 것은 좋지 않다. 이것은 아주 일반적인 내용이지만 상당히 많은 프로젝트에서 이와 같은 실수가 반복되고 있다.

복원에 활용할 식물 목록을 작성할 때 대부분의 식물은 일반적으로 식물 군집이라고 하는 특정 그룹에서 함께 발견된다는 점을 기억해야 한다. 이러한 연관성으로 복원 프로젝트에 적용할 수 있는 다른 식물 종을 찾을 수 있게 된다. 이를 기반으로 여러 가지 식물을 같이 적용하는 것은 동일한 부지 조건에서 상호 보완적인 역할을 할 수 있기 때문에 바람직한 시도라고 볼 수 있다.

연관성이 있는 식물들은 서로가 어떤 식으로든 도와주는 공생관계인 경우가 많다. 일부 종은 특정한 다른 식물종의 존재에 전적으로 의존할 수도 있다. 프로젝트의 목표 중 하나가 스스로 생육할 수 있는 자생식물 군집을 복원하는 것이라면 전문가와 상의하여 식물 목록을 만들고, 단일종을 선택하는 것보다 다양한 식물을 선택하는 것이 성공가능성을 높일 수 있다.

[그림 48] 묘포에서 생산중인 용기묘와 노지묘(일본 북해도 임업시험장)

또한 복원 대상지에 조성해야할 식물이나 군집의 목표종이 시공 초기에 식재하거나 파종하기 어려운 식물일 경우도 있다. 만약 복원의 목표가 수목이 없어진 부지에 자생 관목층을 조성하는 것이라면 음지 식물과 같이 햇볕이 강한 조건에서 견디지 못하는 초본이나 관목류를 도입하는 것은 적절하지 않을 수도 있다. 이 경우 수목이 자라서 그늘진 환경이 조성 될 때까지 그 지하부에 도입된 식물은 생존하지 못하게 되기 때문에 노력과 예산이 낭비 될 수도 있는 것이다.

생태복원에 이용할 자생식물을 선택하는 데에는 다양한 자원을 활용하는 것이 유리하며, 이미 그 지역에 있는 토착종을 토대로 참조생태계를 파악하고, 관련 전문가의 의견이나 부지의 역사적인 기록 등을 확인하는 것이 도움이 된다.

또한 자생식물 일부가 복원대상지나 주변에 남아 있다면 이들 식물은 그 환경조건에 이미 정착한 식물일 수 있다. 그러나 산불이나 다른 요인으로 훼손이 되어 부지의 환경조건이 변경된 이후에 일부 자생종이 정착하고 있는 경우는 원래 존재하는 것이 아닌 다른 조건에 적응된 새로운 자생종일 경우가 있다. 따라서 새로운 조건에서 적응하고 정착된 자생종은 원래의 자생종이 생육하는 것을 방해하는 요인이 될 수도 있다.

복원에 사용할 자생종을 결정하는 또 다른 유용한 방법은 참조생태계를 파악하는 것이다. 참조생태계는 복원 계획에서 목표로 하는 식생과 유사한 형태의 생태군집이다. 그것은 항상 복원 장소와 유사한 환경 조건에 위치하고 있기 때문에 복원에 사용할 식물에 대한 정보를 제공해준다. 그러나 복원 프로젝트 대상지에 존재했던 자생식물이 명확하지 않은 경우 참조생태계는 유사한 환경조건에서 대상지 인근에 위치한 온전한 자생식물 군집이 될 수도 있다.

유전학의 중요성 이해

최근 복원 프로젝트에서 식물 유전학의 중요성에 대한 인식이 높아지고 있다. 식물 종 내의 유전적 변이는 장기적인 생존 및 성장 기회에 영향을 미칠 수 있다. 생태형은 유전적 특징으로 인해 다른 형태(높이, 잎 크기 등), 개화 시기, 질병 및 해충에 대한 내성 또는 지역 환경 조건에 적응된 종 내의 특정 식물 집단이다.

이러한 유형의 유전적 문제는 임업에서 오랫동안 중요하게 검토되어 왔다. Seed Zone은 지역이나 경관 차원에서 유전적 변이에 대한 이해를 바탕으로 특정 식물종을 위해 개발되었다. 종자는 식물의 생존 및 적응 가능성을 높이기 위해 수집된 나무가 살고 있는 곳의 근처나 유사한 환경에 적용하는 것이 좋다.

학자들이 경관 차원에서 초본 또는 목본종의 유전적 변이를 조사하기 시작한 것은 오래되지 않았다. 결과적으로 유전자 풀을 고려할 때 자생식물종을 안전하게 재배치 할 수 있는 적절한 거리 및 구역에 대한 정보가 많이 부족한 실정이다.

경우에 따라서는 특정 종의 유전자원을 수집하는 적절한 장소에 대해 매우 다른 전략이 있을 수 있다. 따라서 식물종의 유전적 변이에 대한 정보가 없는 경우 가능한 그 지역의 식물 재료를 사용하는 것이 대안이 될 수 있다.

활용 가능한 지역을 구분하는데 있어서는 경험적으로 결정할 수밖에 없는데, 이를 위해서는 대상지의 방위, 위치, 고도, 관련 식생, 생태 지역, 서리 날짜, 수리·수문, 강수량, 토양 유형, 기온, 유역 등을 광범위하게 고려하는 것이 좋다.

(3) 자생식물 활용과 관련한 국내외 동향

생태복원사업에서의 식물사용 지침 (2020년)

생태복원사업에서 식물을 도입할 때, 자생종만 사용할 수는 없을 것이다. 자생종이든 외래종이든 식물로 인해 새로운 교란을 초래해서는 안 될 것이며, 이에 대한 근본적인 대안은 사용하는 식물에 대해 보다 많은 정보를 확보하여 교란을 최소화 할 수 있는 적재적소에 적정하게 도입될 수 있도록 하는 노력이 필요하다.

사용하는 식물종 중 외래종(흔히 재배종)의 사용에 있어 사전귀화식물(1876년 개항 이전)로 구분되는 종들은 최초 반입시점을 확인할 수 없고 과거로부터 우리 주변에 들어와 생태계의 일부로 여겨지고 있으며, 귀화식물(1876년 개항 이후)들도 반입시기를 특정할 수 없는 종들이 많아 시간의 흐름에 따라 자생종·외래종을 구분함에 절대적 기준이 없으며 제도적·물리적으로 명확하게 판단할 수 없는 것이 현실이다.

환경부에서는 생태복원 프로젝트에 사용하는 자생식물에 대한 사용지침을 준비하고 있다. 지금까지 생태복원 현장에서는 핵심적인 부분을 차지하는 식물이 사업의 취지와 맞지 않게 사용되면서 대상지 및 인근에서 또 다른 교란을 초래할 수 있다는 문제점이 제기되고 있다. 이 자료에서는 생태복원 프로젝트에서 교란을 최소화하고 타 건설공사와 차별화 되는 전문기술영역 확보를 위하여 기본적으로 알아야 할 식물에 대한 정보와 올바른 활용법, 적용에서의 문제점 등에 대한 정보를 제공해주고 있다(한국생태복원협회).

[그림 49] 생태복원사업에서의 식물사용지침 보고서 소개

산림복원용 자생식물 및 자연재료의 공급 (2020년)

산림청에서는 산림복원의 소재로 자생식물의 사용을 유도하기 위하여 "산림복원용 자생식물 및 자연재료의 공급 등에 관한 고시"를 제정하였다. 여기에서는 산림복원에 사용하기 위한 종자로서 한반도에 자연 상태로 살아가는 자생식물에서 채집한 씨앗, 묘목, 증식용 영양체, 종균, 포자 등의 사용을 적극 유도하고 있다. 또한 복원에 사용하는 묘목도 별도의 기준에 따라서 양묘한 것이 체계적으로 공급될 수 있도록 기반을 구축하고 있다.

[표 11] 산림복원용 자생식물 및 자연재료의 공급 등에 관한 고시
[시행 2020. 9. 7.] [산림청고시 제2020-55호, 2020. 9. 7., 제정]

조항	주요내용
제1조	(목적) 이 고시는 「산림자원의 조성 및 관리에 관한 법률」(이하 '법'이라 한다) 제42조의9 및 같은 법 시행령 제48조의8에 따른 산림복원의 재료로 사용되는 자생식물 및 자연재료의 공급에 관한 세부사항을 규정함을 목적으로 한다.
제2조	(적용범위) 이 고시는 법 제42조의7에 따라 국가 또는 지방자치단체가 시행하는 산림복원사업에 적용한다.
제3조	(정의) 이 고시에서 사용하는 용어의 정의는 다음과 같다. 1. "산림복원용 종자"란 법 제2조 제8호 및 제10호에 따른 산림복원에 사용하기 위한 산림용 종자로서 한반도에 자연 상태로 살아가는 자생식물에서 채집한 씨앗, 묘목, 증식용 영양체, 종균, 포자 등을 말한다. 2. "산림복원사업 시행자"는 산림복원사업을 수행하는 국가 또는 지방자치단체를 말한다.
제4조	(종의 선정) ① 산림복원사업 시행자는 산림복원사업에 국내에서 채집한 산림복원용 종자와 자생식물을 사용하여야 한다. ② 산림청장은 자생식물의 원활한 수급을 위하여 별표 1과 같이 산림복원용 자생식물 종을 선정하여 우선 공급할 수 있다.
제9조	(자생식물의 생산·사용) ① 산림복원용 자생식물을 생산하려는 자는 제7조에 따른 검사기관에서 저장 및 관리하고 있는 산림복원용 종자를 공급받아 사용하고, 종자 또는 묘목의 이력과 품질관리를 하여야 한다. ② 산림복원용 자생식물을 생산하려는 자는 「종묘사업실시요령」 별표 8 조림용묘목규격표에 따라 적합한 묘목을 생산하여야 하며, 규격표에 없는 자생식물 종의 경우에는 식물분류체계상 유사종의 묘목을 준용한다. ③ 산림복원사업 시행자가 제4조제2항에서 우선 공급되지 않는 산림복원용 종자를 사용하고자 하는 경우에는 복원대상지 인근에서 종자를 채집하여 제6조에 따른 검사를 받아 사용하여야 한다. ④ 산림복원사업 시행자는 산림복원대상지의 자생식물을 굴취·이식하여 해당 산림복원사업에 활용할 수 있다.

조항	주요내용
제10조	(자연재료) ① 산림복원사업 시행자는 자연친화적인 복원을 위해 산림복원사업에 흙, 돌, 나무 등 자연재료를 사용하여야 한다. ② 자연재료 수급이 어려운 경우에는 산림복원분야의 연구기관 또는 법 제42조의11제1항에 따른 산림복원지원센터 등 산림복원 전문기관에 자문을 받아 다른 재료로 대체할 수 있다.
제11조	(토양의 관리) ① 산림복원사업 시행자는 산림복원대상지 또는 인근지역의 토양을 사용하고, 외부에서 토양을 반입하는 경우에는 매토된 종자, 뿌리 등이 포함되지 않은 심토를 사용하여야 한다. ② 제1항에 따라 외부에서 토양을 반입하는 경우에는 「토양환경보전법 시행규칙」 제1조의5 별표 3의 토양오염 물질에 대한 분석을 공인된 검사기관에 의뢰하고, 분석 결과에 대해서는 국립산림과학원, 관련 대학 등 토양 전문가의 자문을 받아 사용하여야 한다.
제12조	(자연석의 관리) ① 산림복원사업 시행자는 자연석을 복원사업에 사용할 경우 자연 상태로 사용하고, 산림복원대상지 특성을 고려하여 필요한 경우에만 가공할 수 있다. ② 산림복원사업 시행자가 외부에서 자연석을 반입하는 경우에는 복원대상지와 조화로운 자연석을 사용하고 오염물질 및 외래 종자 등의 유입을 방지하여야 한다.

[별표 1]

산림복원용 자생식물 공급 목록(제4조제2항 관련)

1. 목본류

과 명	종 명
소나무과	구상나무 *Abies koreana* E.H.Wilson 분비나무 *Abies nephrolepis* (Trautv. ex Maxim.) Maxim. 소나무 *Pinus densiflora* Siebold & Zucc. 잣나무 *Pinus koraiensis* Siebold & Zucc. 곰솔 *Pinus thunbergii* Parl.
측백나무과	노간주나무 *Juniperus rigida* Siebold & Zucc.
가래나무과	굴피나무 *Platycarya strobilacea* Siebold & Zucc.
버드나무과	버드나무 *Salix pierotii* Miq.
자작나무과	거제수나무 *Betula costata* Trautv. 박달나무 *Betula schmidtii* Regel 서어나무 *Carpinus laxiflora* (Siebold & Zucc.) Blume 개서어나무 *Carpinus tschonoskii* (Siebold & Zucc.) Maxim. 소사나무 *Carpinus turczaninowii* Hance 난티잎개암나무 *Corylus heterophylla* Fisch. ex Trautv.
참나무과	구실잣밤나무 *Castanopsis sieboldii* (Makino) Hatus. 너도밤나무 *Fagus multinervis* Nakai 붉가시나무 *Quercus acuta* Thunb. 상수리나무 *Quercus acutissima* Carruth. 떡갈나무 *Quercus dentata* Thunb. 신갈나무 *Quercus mongolica Fisch. ex Ledeb.* 졸참나무 *Quercus serrata* Murray 굴참나무 *Quercus variabilis Blume* 종가시나무 *Quercus glauca* Thunb. 참가시나무 *Quercus salicina* Blume
느릅나무과	팽나무 *Celtis sinensis* Pers. 느티나무 *Zelkova serrata* (Thunb.) Makino
목련과	함박꽃나무 *Magnolia sieboldii* K.Koch
녹나무과	생달나무 *Cinnamomum yabunikkei* H.Ohba 비목나무 *Lindera erythrocarpa* Makino 생강나무 *Lindera obtusiloba* Blume 후박나무 *Machilus thunbergii* Siebold & Zucc. ex Meisn. 참식나무 *Neolitsea sericea* (Blume) Koidz.
차나무과	동백나무 *Camellia japonica* L. 사스레피나무 *Eurya japonica* Thunb.
수국과	말발도리 *Deutzia parviflora* Bunge 고광나무 *Philadelphus schrenkii* Rupr.
돈나무과	돈나무 *Pittosporum tobira* (Thunb.) W.T.Aiton

<table>
<tr><th>과 명</th><th>종 명</th></tr>
<tr><td>장미과</td><td>윤노리나무 Photinia villosa (Thunb.) DC.
다정큼나무 Rhaphiolepis indica (L.) Lindl. ex Ker var. umbellata H.Ohashi
병아리꽃나무 Rhodotypos scandens (Thunb.) Makino
찔레꽃 Rosa multiflora Thunb.
팥배나무 Sorbus alnifolia (Siebold & Zucc.) K.Koch
국수나무 Stephanandra incisa (Thunb.) Zabel</td></tr>
<tr><td>콩과</td><td>싸리 Lespedeza bicolor Turcz.
참싸리 Lespedeza cyrtobotrya Miq.
조록싸리 Lespedeza maximowiczii C.K.Schneid.</td></tr>
<tr><td>대극과</td><td>예덕나무 Mallotus japonicus (L.f.) Müll.Arg.</td></tr>
<tr><td>굴거리나무과</td><td>굴거리나무 Daphniphyllum macropodum Miq.</td></tr>
<tr><td>옻나무과</td><td>붉나무 Rhus chinensis Mill.
개옻나무 Toxicodendron trichocarpum (Miq.) Kuntze</td></tr>
<tr><td>단풍나무과</td><td>고로쇠나무 Acer pictum Thunb. var. mono (Maxim.) Maxim. ex Franch.
당단풍나무 Acer pseudosieboldianum (Pax) Kom.</td></tr>
<tr><td>무환자나무과</td><td>모감주나무 Koelreuteria paniculata Laxm.</td></tr>
<tr><td>나도밤나무과</td><td>합다리나무 Meliosma pinnata (Roxb.) Maxim. var. oldhamii Beusekom</td></tr>
<tr><td>감탕나무과</td><td>먼나무 Ilex rotunda Thunb.</td></tr>
<tr><td>노박덩굴과</td><td>사철나무 Euonymus japonicus Thunb.</td></tr>
<tr><td>고추나무과</td><td>말오줌때 Euscaphis japonica (Thunb.) Kanitz</td></tr>
<tr><td rowspan="2">피나무과</td><td>장구밥나무 Grewia biloba G.Don</td></tr>
<tr><td>피나무 Tilia amurensis Rupr.</td></tr>
<tr><td rowspan="2">층층나무과</td><td>층층나무 Cornus controversa Hemsl.</td></tr>
<tr><td>산딸나무 Cornus kousa F.Buerger ex Hance</td></tr>
<tr><td>두릅나무과</td><td>음나무 Kalopanax septemlobus (Thunb.) Koidz.</td></tr>
<tr><td>진달래과</td><td>진달래 Rhododendron mucronulatum Turcz.
산철쭉 Rhododendron yedoense Maxim. f. poukhanense Sugim. ex T.Yamaz.
정금나무 Vaccinium oldhamii Miq.</td></tr>
<tr><td>때죽나무과</td><td>때죽나무 Styrax japonicus Siebold & Zucc.
쪽동백나무 Styrax obassis Siebold & Zucc.</td></tr>
<tr><td>노린재나무과</td><td>노린재나무 Symplocos sawafutagi Nagam.</td></tr>
<tr><td>물푸레나무과</td><td>물푸레나무 Fraxinus rhynchophylla Hance
광나무 Ligustrum japonicum Thunb.</td></tr>
<tr><td>마편초과</td><td>순비기나무 Vitex rotundifolia L.f.</td></tr>
<tr><td>인동과</td><td>덜꿩나무 Viburnum erosum Thunb.
아왜나무 Viburnum odoratissimum Ker Gawl. ex Rümpler var. awabuki Zabel
병꽃나무 Weigela subsessilis (Nakai) L.H.Bailey</td></tr>
</table>

2. 초본류

과 명	종 명
장미과	산오이풀 *Sanguisorba hakusanensis* Makino var. coreana H.Hara
콩과	비수리 *Lespedeza cuneata* (Dum.Cours.) G.Don
메꽃과	갯메꽃 *Calystegia soldanella* (L.) R.Br.
꿀풀과	산박하 *Isodon inflexus* (Thunb.) Kudô
국화과	단풍취 *Ainsliaea acerifolia* Sch.Bip. 해국 *Aster spathulifolius* Maxim. 쑥부쟁이 *Aster yomena* (Kitam.) Honda 산국 *Chrysanthemum boreale (Makino) Makino* 구절초 *Chrysanthemum zawadskii* Herbich var. *latilobum* (Maxim.) Kitam. 엉겅퀴 *Cirsium japonicum* Fisch. ex DC. var. *maackii* (Maxim.) Matsum.
백합과	애기나리 *Disporum smilacinum* A.Gray
벼과	새 *Arundinella hirta (Thunb.) Tanaka var. ciliata (Thunb.) Koidz.* 개솔새 *Cymbopogon goeringii* (Steud.) A.Camus 갯보리 *Elymus dahuricus* Turcz. ex Griseb. 띠 *Imperata cylindrica* (L.) Raeusch. 억새 *Miscanthus sinensis Andersson var. purpurascens (Andersson) Matsum.* 잔디 *Zoysia japonica* Steud.
사초과	가는잎그늘사초 *Carex humilis* Leyss. var. *nana* (H.Lév. & Vaniot) Ohwi 통보리사초 *Carex kobomugi* Ohwi 대사초 *Carex siderosticta* Hance

국립공원관리공단 훼손지 복원 가이드라인 (2016년)

국리공원관리공단에서는 훼손지 복원 중장기 종합계획 내에 "훼손지 복원 가이드라인"을 제시하였는데, 이중 생태환경 복원을 위한 식물 활용방법을 비교적 상세히 설명하고 있다. 그리고 복원대상지 주변의 참조생태계를 고려하여 원식생과 유사하게 복원하고, 사용하는 재료는 자생식물을 사용하는 것을 원칙으로 제시하고 있다.

복원 프로젝트에 현지의 자생식물을 활용하기 위해서는 사업 시행 이전(목본 5년 전, 초본 3년 전)부터 미리 충분한 양을 준비하여야 하며, 확보된 식물은 대량 채종 및 묘목 생산과 예비 실험을 거쳐서 복원현장에 적용하도록 하고 있다.

[표 12] 생태환경 복원 방법에 관한 주요 내용 요약

구 분	주요 내용
원칙	• 생태환경이란 주어진 환경 조건에서 상호 관계를 유지하며 나타나는 동식물상을 말함 • 복원은 식물을 이용하는 것이므로, 시간이 경과함에 따라서 천이에 의해 변화될 양상을 미리 예측하여 계획을 수립하도록 함 • 복원대상지 주변의 참조생태계를 고려하여 원식생과 유사하게 복원하는 것을 원칙으로 함 • 복원에 사용하는 식물은 자생종을 사용하는 것을 원칙으로 하며, 가급적 복원대상지 인근에서 확보한 식물을 활용하도록 함 • 식물은 종자나 묘목(용기묘)의 형태로 사용하는 것이 일반적이며, 경우에 따라서는 현지에서 직접 채취해서 사용할 수 있음 • 식생복원의 목표를 미리 고려하여야 하며, 초기 피복안정을 목표로 하는 것, 생물다양성 증진을 목표로 하는 것, 중장기적으로 주변과 같은 식생구조 조성을 목표로 하는 것과 같이 구분하여 정하도록 함

* 자료 : 국립공원관리공단. 2016. 국립공원 훼손지 복원 중장기 종합계획(2017~2026)

[그림 50] 자생식물 확보, 관리 및 증식 시험연구 사례

해외 사례

□ 사례 : 캐나다 Alberta 지역의 자생식물 복원 가이드라인

항 목	주요 내용
제목	• 캐나다 Alberta 지역의 자생식물 복원 가이드라인
개요	• 자생식물을 이용한 식생복원을 목적으로 하고 있으며, 훼손지 내의 자생식물을 활용하는 방법을 기술하고 있음
시사점	• 가이드라인 적용 기준 - 식생복원용 종자 및 식물재료가 부족할 경우 - 자생식물 종자의 확보 및 이식 비용이 높을 경우 - 사용하고자 하는 자생식물 종자의 생태학적 특성, 생산에 관한 정보가 없을 경우 - 종자의 생산, 수확, 이식 등이 어려울 경우 - 예상치 못한 식물종이 나타날 가능성이 있을 경우 • 적용 프로세스 - 종자원의 소스에 대한 확인 - 복원프로젝트에의 적합성 검토 - 적용하고자 하는 자생식물의 품질 등을 검토하여 복원대상지에 적용함
그림	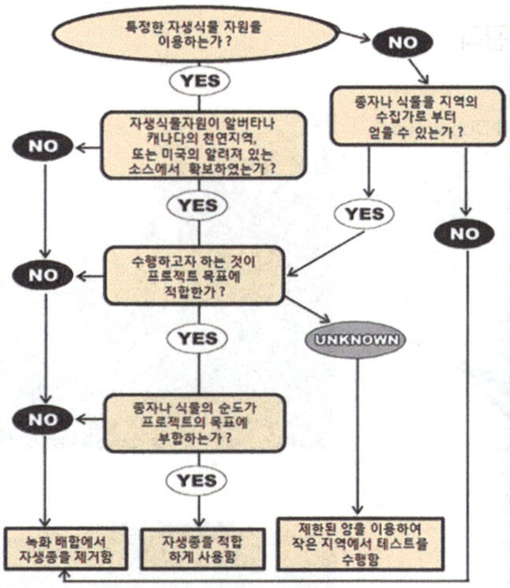 식생복원에 자생식물을 활용할 때의 단계별 검토 프로세스 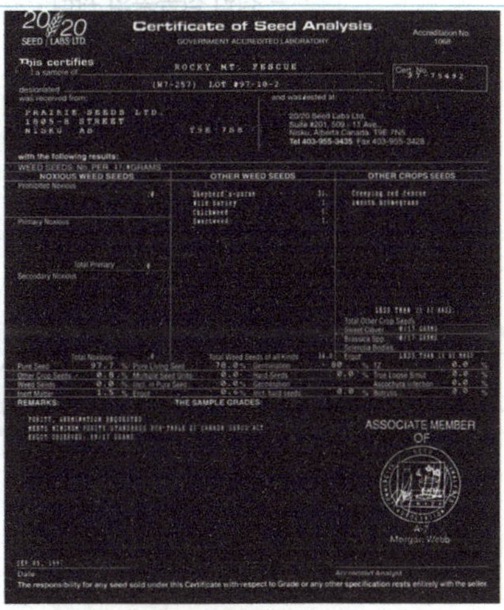 자생식물 종자에 대한 검증 확인서류
출처	• AAFRD. 2001. Native Plant Revegetation Guidelines for Alberta.

□ 사례 : 미국 Minnesota 지역의 자생식물 복원 가이드라인

항 목	주요 내용
제목	• 미국 Minnesota 지역의 자생식물 복원 가이드라인
개요	• 식생관리 정책에 부합하도록, 자생식물을 이용한 훼손지 복원에 관련된 기술적 사항을 제시하고 있음 • 특히 외래식물의 침입을 막고, 정책 및 복원목표에 맞는 식생복원을 도모하고자 함
시사점	• 자연의 복원력 및 기능을 활용하기 위한 12가지 전략 - 복원대상지의 선정 - 다양한 기능(야생동물, 종다양성, 홍수저감, 토양질 개선 등)을 가지도록 설계 - 주변지역과의 경관적 연결성 검토 - 복원대상 지역에 적합한 식물군락 선정 - 복원 및 관리 방법의 다양화 - 생태적으로 적응이 되도록 작업 수행 - 수분 매개 곤충이나 동물에게 필요한 서식처 조성 - 수자원 관리 및 이용 - 토양의 건강성 회복 - 침입 식물종의 관리 - 모니터링을 통한 순응적 관리 - 배운 교훈의 활용
그림	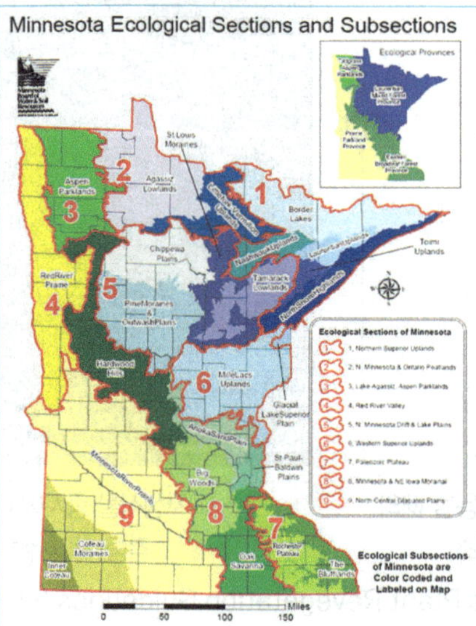 Minnesota 지역의 생태구역도  야생동물에 의한 묘목피해 방지 울타리와 습초지 복원 사례
출처	• Minnesota Board of Water and Soil Resources. 2015. Native Vegetation Establishment and Enhancement Guidelines.

□ 사례 : 미국 National Park Service의 자생식물 이용 프로젝트

<table>
<tr><th>항 목</th><th colspan="2">주요 내용</th></tr>
<tr><td>제목</td><td colspan="2">• 미국 National Park Service의 자생식물 이용 프로젝트</td></tr>
<tr><td>개요</td><td colspan="2">• 자생식물 이용시 식물 선정 및 수집과 관련된 내용을 제시하고 있음</td></tr>
<tr><td rowspan="21">시사점</td><th>식물종자를 수집할 때 고려할 점</th><th>이유</th></tr>
<tr><td>• 가능한 경사, 방위, 수리적 조건, 토양, 동결, 기온, 해발고 등이 일치할 수 있도록 함</td><td>• 유사한 환경 조건에 적응하여 생존하기가 유리함</td></tr>
<tr><td>• 식재 지역에서 지형학적으로 가까운 곳에서 수집 함</td><td>• 지역에 적응된 식물이 생존하기 유리함</td></tr>
<tr><td>• 생태적으로 민감한 지역에서는 수집하지 말 것</td><td>• 민감한 식물군집의 보호</td></tr>
<tr><td>• 희귀식물은 수집하지 말 것</td><td>• 희귀식물의 보호</td></tr>
<tr><td>• 재배하거나 다른 외래종 근처에서는 수집하지 말 것</td><td>• 재배 품종은 복원지역의 환경에 적응하지 못할 수 있음</td></tr>
<tr><td>• 잡초가 섞여 있는 곳에서는 수집하지 않도록 함</td><td>• 잡초를 관리하는데 필요함</td></tr>
<tr><td>• 개인 소유지 또는 공공 토지에서 종자를 수집할 때 사전 허가를 받도록 함</td><td>• 법적뿐만 아니라 일반적으로도 필요함</td></tr>
<tr><td>• 종자가 성숙할 때 수집해야 함</td><td>• 발아력을 높이기 위함</td></tr>
<tr><td>• 종자는 종이봉투나 플라스틱 통으로도 수집할 수 있음</td><td>• 종자의 활력도를 유지하도록 함</td></tr>
<tr><td>• 큰 식물 집단에서 수집</td><td>• 유전적 다양성을 높일 수 있음</td></tr>
<tr><td>• 좁은 지역에서 수집하지 말고, 넓은 지역에서 수집하도록 함</td><td>• 유전적 다양성을 높일 수 있음</td></tr>
<tr><td>• 지역의 다른 미세환경 조건에서 수집할 것</td><td>• 유전적 다양성을 높일 수 있음</td></tr>
<tr><td>• 종자의 생존에 영향을 주는 요인에 대해 사전에 숙지하도록 함</td><td>• 버드나무 등과 같이 수명이 짧은 종자는 수집 즉시 파종하여야 함</td></tr>
<tr><td>• 적은 식물개체에서 많은 종자를 채집하지 말고, 많은 식물개체에서 조금씩 채취하도록 함</td><td>• 유전적 다양성을 높이고, 복원의 성공 확률을 높임</td></tr>
<tr><td>• 다양한 생육 상태(키가 크거나 작거나, 생장이 느리거나 빠르거나)의 개체에서 채취</td><td>• 유전적 다양성을 높이고 성공 확률을 높임</td></tr>
<tr><td>• 동일 식물체에서 종자의 2/3 정도는 남겨두고 채집</td><td>• 자연 상태에서의 개체수 보호</td></tr>
<tr><td>• 종자수집 장소에 대하여 다른 지역의 수집가와 소통할 것</td><td>• 같은 곳에서 너무 많이 채집되지 않도록 함</td></tr>
<tr><td>• 종자 채취 식물에 해가 가지 않도록 함</td><td>• 자연 상태에서의 개체수 유지</td></tr>
<tr><td>• 종자 수집 후 즉시 조치(건조, 온도, 습도 등)를 하도록 함</td><td>• 종자의 활력도 유지</td></tr>
<tr><td>• 필요시까지 저온에서 습도를 맞추어서 보관</td><td>• 종자의 활력도 유지</td></tr>
<tr><td>출처</td><td colspan="2">• National Park Service. Planning a Native Plant Project
(https://www.nps.gov/plants/restore/pubs/intronatplant/planning.htm)</td></tr>
</table>

#8

우리는 무슨 목표를 가지고 생태복원을 준비하는가?

(1) 목적과 목표

사람은 어떤 일을 할 때 목적과 목표를 세운다. 아주 작은 물건을 살 때에도 어떤 물건이 좋은지 인터넷에서 검색하면서 가격과 성능을 비교하며, 그 물건을 어떻게 사용할지에 대해서 고민을 하게 된다. 공장에서 기계장비를 이용해서 무엇을 만드는 일에서는 투입된 자원에 비해서 나오는 결과물이 예측 가능한 경우가 많다. 아니 예측이 가능하도록 해야 한다. 그러나 자연환경을 대상으로 하는 일에는 수많은 변수들이 작용하며 고려해야 할 사항들이 너무 다양하기 때문에 그 결과를 상상하기가 쉽지 않다.

우리는 생태복원 프로젝트를 계획할 때 복원을 해야 하는 대상지의 여러 가지 특성을 면밀히 파악하고, 또 여기에 적용하고자 하는 방법을 다양한 관점에서 고려한다. 생태복원은 변화하는 자연환경 속에서 살아있는 생명체를 대상으로 하는 일이기 때문에 본격적으로 프로젝트를 시작할 때에는 비록 어렵기는 하겠지만 결과에 대해 미리 예측할 필요가 있다. 또한 하고자 하는 일과 비슷한 사례가 있었는지에 대해서 찾아보기도 하고, 그 중 참고가 될 만한 내용들을 알아보는 일도 의미가 있다.

그러나 사람들은 이러한 목표를 명확하게 하지 않고 그냥 하던 방식대로 일을 하는 경우가 많은데, 이렇게 되면 프로젝트 실행 이후 나타나는 결과는 우리가 예상하는 범위를 벗어나는 경우가 많다. 우리가 학교에 다닐 때 하루에 공부를 10시간 하는 것도 중요하지만 공부의 목표를 구체적으로 세우고 어떻게 할 것인지가 중요하다는 말을 참 많이 들었다. 물론 그때에는 그 말이 무엇을 의미하는지 잘 이해하지 못했다. 사실 지금도 잘 모르겠다. 아마 그때는 학생이라면 당연히 공부를 해야 한다는 것으로만 알고 있었고, 그 공부를 왜 해야 하는지에 대한 깊은 고민은 없었던 것 같다.

그와 같은 학창시절을 보낸 우리들이 지금 생태복원을 하는 것도 이와 유사하지 않을까? 생태복원 프로젝트를 진행해야 하니까 공부하는 방식대로, 아니 참고서에서 나와 있듯이 선배들이 해왔던 방식대로 마치 정답이 이미 정해져 있는 것처럼 그냥 따라 하는 것은 아닐까?

[그림 51] 백두대간 육십령 생태축 복원 사례[89]

[그림 52] 백두대간 정령치 생태축 복원 사례[90]

예를 들면, 생태축 복원지역에 지형을 연결하고 나무를 심어서 숲을 조성하는 사업에서는 목표를 "생태숲 조성" 등과 같이 막연하게 정하는 경우가 많다. 그러나 이렇게 숲을 조성하려는 곳이 과연 나무를 심기에 적합한 장소인지에 대한 깊은 고민이 없으며, 어떤 나무를 선택하여 준비하고, 현장에서는 언제, 어떻게(식재 간격이나 밀도 등) 식재하며, 조성 후 몇 년 뒤에 어떤 수준까지 복원한다는 구체적인 계획이 수립되지 않은 경우가 대부분이다. 이렇게 목표가 불명확한 프로젝트에서는 현장 시공 이후 식재된 식물이 죽거나, 수목이 너무 밀생하거나, 외부에서 침입한 식물이 우점하게 되는 현상에 대해 어떤 판단을 하기가 곤란해진다.

따라서 생태복원 프로젝트를 시행할 경우에는 사업의 목적과 목표 등을 명확하게 기술할 필요가 있으며, 정성적인 표현 보다는 가급적 정량적인 방법으로 제시하는 것이 좋다. 우리가 흔

89) 육십령 생태축 복원 사례에서는 상부에 많은 나무가 식재되어 있어서 외부에서 볼 때는 숲이 조성된 것처럼 보이고 있으나 소나무가 너무 밀식되어 있어서 식물 다양성이 떨어지고 있음. 따라서 프로젝트의 목적과 목표를 분명히 하고 이에 적합한 관리방법의 적용이 필요함.

90) 정령치 생태축 복원 사례에서는 구상나무림을 복원하는 것을 목표 중의 하나로 정하고 있음. 그러나 중앙 통로에 등산객의 이용밀도가 높아서 훼손의 우려가 있으며, 같이 식재된 수목이나 초본(억새)에 의해 구상나무가 피압되는 현상이 나타나고 있음.

히 사용하고 있는 목적과 목표라는 용어는 비슷한 것처럼 보이기는 하지만 엄밀히 본다면 큰 차이를 가지고 있다.

목적은 이루려고 하는 일, 실천 의지에 따라 특정한 행위를 수행하여 달성하고자 하는 결과, 행위를 시작하기 전의 단계에서 그 실현을 예정하는 의지나 하고자 하는 일, 나아가는 방향을 나타내는 것이다. 목적은 비교적 장기적이고 추상적인 것이 많으며, 주로 사업을 "왜 하는가?"에 초점이 맞추어져 있다.

한편 목표는 활동을 통하여 이루거나 도달하려는 실제적인 대상을 정하는 것으로서, 어떤 일이나 이루어내려는 시간상의 한계, 그리고 어떤 목적을 달성하고자 하는 실제적 대상으로 삼는 것을 말한다. 따라서 목표는 목적을 달성하기 위하여 구체적으로 실현하고자 하는 일이 "무엇인가?"에 초점이 맞추어져 있다. 그리고 목표는 목적에 비하여 상대적으로 구체적이고 측정가능한 지표로 제시된다.

목적과 목표는 비즈니스 영역에서 많이 사용하는 용어로서 프로젝트를 시작하기 전에 목적과 목표를 구체적으로 세울 것을 요구하고 있다. 다음 그림은 일반적인 사업계획서에 목적과 목표 등을 수립하는데 도움이 될 만한 개념도이다.

[그림 53] 목표를 달성하기 위한 피라미드형 사업계획서 작성 사례

사업 전략수립 단계에서 목적과 목표라는 용어를 사용하지는 않았지만 Value나 Vision 같은 것은 상징적인 의미로 표현하고 있으며, Mission과 Objective는 구체적인 용어로 표현하고 있다. 또한 이 사업을 성공시키기 위한 핵심성과지표(KPI; Key Performance Indicator)를 가장 기본적인 구조로 제시하고 있다.

사업의 목표는 매우 구체적으로 제시되어야 하며, 이를 효과적으로 표현하기 위한 방법으로서 흔히 들어보았던 SMART 척도를 사용하기도 한다. 이와 같은 기준을 적용함으로서 우리는 복원사업의 목표를 보다 명확하게 수립할 수 있게 된다.

SMART 척도는 영어의 앞 글자를 딴 것으로서 사업의 목표는 구체적이고 측정가능하고, 달성가능하고 적절하여야 하며, 이 모든 것들은 기한이 제시되어야 한다는 것을 보여주고 있다.

프로젝트 목표 수립의 SMART 기준

- **S**pecific : 구체적이어야 함
- **M**easurable : 정량적으로 측정할 수 있어야 함
- **A**ttainable : 달성 가능한 목표이어야 함
- **R**elevant/Realistic : 적절하고 현실적이어야 함
- **T**ime-framed : 기한이 있어야 함

생태복원 프로젝트에서도 목표를 수립할 때 SMART 척도를 사용하면 아주 유용하다. 그러나 생태계를 대상으로 하는 경우 측정지표와 목표를 정량화하기가 어렵고, 프로젝트의 결과물이 나오는 데에도 시간이 오래 걸린다는 한계점이 있다. 그렇더라도 목표 설정에 있어서 이와 같은 기준을 적용해보는 것은 목표를 구체화하고 다른 사람과 공유하는 경우에 매우 유용한 방법이 될 수 있을 것이다.

다음은 강원도 석회석광산에서 수행하였던 사업으로서, 광산 복구지에 멸종위기종 1급인 붉은점모시나비[91]의 서식지를 복원하는 사업의 사례를 SMART 척도를 기준으로 재작성한 것이다. 이 사업은 훼손지에 특정 동물종의 서식지를 조성하는 시범사업으로서, 계획서에는 나비가 서식하고 먹이원으로 이용할 수 있는 초본류를 이용하여 초지를 조성하고, 조성 이후 구체적으로 달성하고자 하는 개체수 목표와 향후 활용방안을 제시하고 있다.

91) 붉은점모시나비(Parnassius bremeri)는 호랑나비과의 한 종류임. 애벌레는 기린초를 먹이원으로 한다고 알려져 있음.

[표 13] SMART 기준을 적용한 복원 프로젝트의 목표설정 사례

서식지 복원 프로젝트 계획서

● 목적 :

붉은점모시나비 서식지 복원

● 목표 :

훼손된 산지에 붉은점모시나비가 지속적으로 서식하면서 개체수를 유지할 수 있는 초지 서식지 조성

● 방법 :

- 강원도 산지(해발고 500~550m)에 면적 2,000㎡ 이상의 초지가 유지되도록 함
- 서식지 조성 후 1년 이내에 먹이식물인 쥐오줌풀, 엉겅퀴, 기린초의 식생피복율 합계가 70% 이상 되도록 함
- 나비의 성충 및 유충을 초지가 조성된 이듬해 6월 이전에 100개체씩을 방사하도록 함
- 서식지 조성 후 2년부터 붉은점모시나비 유충(5월)이 10개체/100㎡ 이상 발생되도록 함
- 서식지 조성 후 3년부터 붉은점모시나비 성체(6월)가 5개체/100㎡ 이상 발생되도록 함

● 관리 :

- 외래종 및 환경위해종은 연 2회 이상 제거하도록 함
- 목본류가 침입하는 경우 3본/100㎡ 이하가 되도록 관리함
- 강우에 의한 침수를 대비하여 강우 전후에 배수체계를 수시로 점검함

● 검증 :

- 모니터링을 위하여 동식물 분야의 전문가와 협력체계를 구축하며, 시공 전 부터 연 2회 이상 5년간 합동조사를 수행하도록 함

● 활용 :

- 현장을 설명할 수 있는 생태해설판 2개 이상을 설치함
- 전문가 및 지역 학생들의 생태교육장으로 연 2회 이상 활용하도록 함

(2) 목적과 목표 수립 방법

국제생태복원학회(Society for Ecological Restoration, SER)에서는 복원 프로젝트에서 목적과 목표 수립의 중요성을 강조하고 있다. 생태복원은 자연을 대상으로 하는 일이기 때문에 광범위한 생태계 유형을 고려해볼 때, 목적과 목표를 명확하게 하는 것이 반드시 필요하며, 주어진 프로젝트의 세부 유형을 분류하여 측정이 가능하도록 계획이 수립되어야 한다. 그러므로 복원 대상지의 환경 조건에 기반을 둔 구체적인 특성을 파악하는 등 생태계가 제대로 복원될 수 있도록 프로젝트 기획 단계부터 철저히 준비해야 하며, 이를 위하여 참조생태계를 활용하는 것도 좋은 방법이 된다.

생태복원 프로젝트에서는 생태적, 사회경제적 대상, 목적, 목표가 프로젝트 시행 결과에 적합한지를 고려하면서 구체적이고 정량화할 수 있는 지표를 선정할 필요가 있다. SER의 자료에 의하면 프로젝트의 성공 여부를 평가하기 위해 각각의 복원 목표를 다음과 같이 명확히 기술하는 것이 필수적이다. 생태복원의 목표는 1) 복원 대상지나 대상 생물의 속성, 2) 원하는 결

[표 14] 프로젝트 목표 수립에서 고려해야 할 주요 생태계 속성

생태계 속성	주 요 내 용
방향	• 프로젝트에 적합하도록 구체적 목적 및 목표를 가급적 광범위하게 제시
위협요인	• 과도한 이용에 따른 환경피해 요인 검토 • 오염과 같은 직접적인 위협 요인의 제거 • 침입종의 제거 또는 수량 통제 등
물리적 조건	• 유역 단위의 수리·수문 특성 • 지형의 변화 및 특성 • 토양 상태의 적절한 조건 제공 등
종 구성	• 개선하거나 확대하고자 하는 종(식물 및 동물군) • 악영향을 미칠 수 있는 종의 제거 등
구조적 다양성[92]	• 계층 구조, 먹이 사슬, 공간과 같은 서식지 다양성의 복원 • 생물종의 다양성 유지 및 증진 등
생태계 기능성	• 성장 및 생산성의 적합 여부 • 먹이 순환의 유지 및 복원 • 식물의 상호 연관성 • 생태네트워크의 연결성 • 재생산성 및 생태계 종의 복원 등
외부 교환[93]	• 종의 이동성 및 유전자 흐름[94]의 연결성 복원 • 수문, 화재, 기타 지리적 프로세스를 포함하는 흐름 복원

과(감소, 유지와 같은 목표), 3) 프로젝트의 영향(수목 생육 면적 00% 증가 등), 4) 기간(사업 종료 및 성과 달성 시기 등)과 같이 세분화할 필요가 있다.

생태복원을 수행하는 프로젝트는 특정 목적과 목표에 연결되어 있어야 하기 때문에, 프로젝트를 평가할 수 있는 시기나 기간이 명시되어야 하며 관리가 용이하도록 진행되어야 한다. 또한 이렇게 평가된 결과는 다른 프로젝트에 참고자료가 될 수 있도록 하는 것도 중요하다. 이러한 구체적이고 정량적인 접근법은 프로젝트 시행 이후 순응적 관리[95]의 차원에서 제대로 설정된다면 매우 효과적인 수단이 된다.

표에서 제시한 바와 같이 프로젝트의 목표를 수립하는데 있어서 어떤 용어를 사용할 것인지에 대한 고민도 필요하다. 또한 '대상', '목적' 및 '목표' 와 같은 용어의 위계를 설정함으로써 결과에 구체적으로 도달할 수 있도록 만들어야 한다.

생태복원과 관련해서는 국내외 상황을 보더라도 아직까지 보편적으로 통용되는 하나의 용어 체계가 없기 때문에 많은 프로젝트에서 혼돈이 발생하고 있다. 따라서 프로젝트의 이해관계자가 아닌 외부 사람도 쉽게 이해할 수 있도록 목적과 목표는 구체적이고, 측정 가능하며, 달성 가능하고, 현실적이며 기간(시간)이 제시되는 것이 좋다(SMART). 이는 장기적 목적과 단기적 목표가 대상 생태계 훼손의 주요 원인과 복원의 결과에 직접적으로 연결될 수 있어야 함을 의미하며, 이를 위해 구체적이고 정량적인 지표를 사용해야 한다.

프로젝트를 좀 더 구체화하여 대상, 목적과 목표로 좀 더 세분화하여 표현한 사례는 다음과 같다.

---

92) 구조적 다양성(structural diversity)은 주요 생태계 속성 범주의 하나로 '생태계 구조'와 '군집 구조'를 말함. 생태계 구조란 밀도, 층화, 종 분포(서식, 서식처 크기 및 복잡성), 상층 임관 구조 및 서식지 패턴, 그리고 비생물적 요소를 포함한 생태계의 물리적 구성을 의미함. 군집 구조는 먹이 그물 및 사슬을 포함하는 생태계의 생물권 계급을 의미함.

93) 외부 교환(external exchange)은 에너지, 물, 유전물질, 동식물과 종자의 흐름과 같이 육상 또는 수상 환경 내에서 생태학적 단위들 간에 발생하는 쌍방향 흐름을 말하며, 교류는 서식지의 연계로 인해 촉진됨.

94) 유전자 흐름(gene flow)은 어떤 종의 개체군이 가진 유전적 다양성을 유지하는 개체들 사이의 유전형질 교환. 자연에서 유전자 흐름은 산과 강과 같은 지형적 장애물에 의해서도 제한될 수 있음.

95) 순응적 관리(adaptive management)는 기존의 획일화되고 집중적이며 정기적인 관리 방식이 아니라 생태계가 변화하는 양상에 따라서 복원 목표와 결부시켜 최적의 관리 방식을 선택하여 실시하는 것임.

[표 15] 생태숲 조성 프로젝트에서 목적과 목표를 구체적으로 수립한 사례

항목	주요 내용
대상	• 프로젝트의 대상은 ○○지역의 물푸레나무림과 주변 습지이며, 개발사업에 의해 훼손된 산지 ○○ha를 복원하는 것으로서 모니터링과 평가 및 유지관리가 포함됨
목적	• 방법 - 목적은 대상과 비교하여 좀 더 세부적인 단계를 제시하고 있으며, 장기적인 측면에서 중간에 이루고자 하는 대상의 상태, 즉 달성하고자 하는 위치를 기술함 - 생태적 목적은 훼손된 상태와 잔존하는 일부 물푸레나무림을 복원하는 것으로서, 달성하고자 하는 바는 다음과 같음 - 5년 이내 잔존림 구역 A와 B가 더 이상의 훼손이 없이 회복되도록 하는 것으로, 생태계 구성 요소, 구조, 기능성을 고려함 - 10년 이내 잔존림 구역 사이의 공간이 효율적으로 다시 녹화되어 식생대가 연결되는 것 • 사회경제적 목적은 다음과 같음 - 2년 이내에 현지에서 낚시가 가능하도록 개선된 수질 확보 - 3년 이내에 수영이 가능하도록 하고, 지역 학교를 대상으로 한 환경 교육 실시 - 5년 이내에 복원된 지역을 중심으로 지역사회 내에서 사회적 커뮤니티 구성 - 7년 이내에 깨끗한 식수 공급
목표	• 방법 - 목표는 목적을 달성하기 위해 필요한 변화 단계이자 중간 결과물로서, 상대적으로 단기적인 목표를 수립하게 됨 • 복원사업지에서 초기 생태계 구성 목표 - 잔존림 A, B 구역 모두에서 2년 이내 1% 미만으로 침입종의 양 감소 - 잔존림 A, B 구역에서 2년 이내 최소 2종 이상 자생 관목의 종수 증가 - 중간 구역에서 3년 이내에 적어도 자생 교목의 밀도가 50본/ha 이상, 관목 밀도가 100본/ha 이상으로 증가 - 척추동물군의 종수 및 밀도 30% 증가 - 3년 이내에 초본종이 단위 면적(10㎡)당 최소 15종 이상으로 증가 - 1년 이내에 가축 방목과 제초 행위 제한 - 2년 이내에 낚시가 가능하고, 3년 이내에 수영이 가능하고, 7년 이내에 식수 공급이 가능할 정도로 수질 개선(담당부서의 기준치 이하로 습지의 대장균 수 감소) - 5년 이내에 지역내 학교 50%가 체험 학습이 가능한 지역으로 지정 - 5년 이내에 인근 주민의 30% 이상이 지지하는 '친화적 커뮤니티' 그룹을 만들고, 5년 이내에는 80%로 증가

* 주 : 본 표에서 제시된 숫자는 가설적 예시임

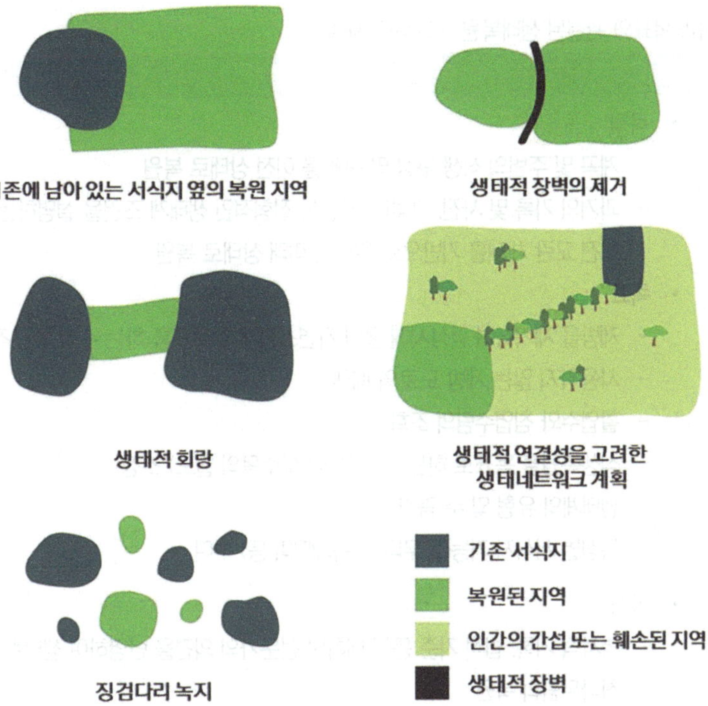

[그림 54] 서식지의 연결성을 고려한 생태복원 개념도

생태숲 조성 프로젝트와 연관되는 개념으로서, 그림에서는 남아 있는 서식지와 새롭게 조성 서식지의 관계를 보여주고 있다. 여기에서는 생태적 장벽의 제거, 징검다리 녹지 등을 조성하는 것과 같이 생태복원에서 중요한 개념인 연결성을 강조하고 있다.

한편 생태복원의 목적은 때때로 향후 수십 년 동안 달성하고자 하는, 즉 어떻게 개선되면 좋겠는지에 대한 미래의 상태를 설명할 수 있으며, 이러한 장기적인 목적은 보다 단기적이고 구체적인 목표로 표현될 수 있다. 이와 같은 목적과 목표를 세울 때 복원의 규모(생태계 과정, 서식지 또는 개별 종), 생태적 천이 과정, 자연 교란의 형태 및 범위에 대한 이해가 중요하다. 이때 자연적인 치유 과정, 자연적인 교란 요소 및 시간과 공간에 따른 변동을 고려하면서 복원 프로젝트에서 시행하고자 하는 방법이 대상지와 여기서 이루어지는 작업 환경에 적합하도록 하여야 한다.

생태복원의 목적은 프로젝트의 규모와 기간을 반영해 주어야 하며, 목표를 향한 진행 상황을 평가할 수 있도록 명확하게 방향성을 제시해주어야 한다. 생태계의 역동적인 특성을 고려할 때 목적과 목표를 명확한 수치와 임계점의 수준 등으로 명시해주는 것이 좋다.

다음은 생태복원 프로젝트의 목적과 목표를 제시한 사례로서 숫자로 표현하지는 않았지만 복원의 방향성을 제시해주고 있으며, 이때 고려할 사항을 글로 정리한 것이다.

[표 16] 목적과 목표와 관련된 생태복원 프로젝트 사례

항목	주요 내용
사례 1	• 목적 - 계곡 및 주변의 식생 구성 및 구조를 이전 상태로 복원 - 과거의 기록 및 사진, 그루터기의 수, 전형적인 생태계 조건을 설명하는 과학 문헌 및 이전 교란 체제를 기반으로 원하는 미래 상태로 복원 • 목표 - 제방을 제거하여 평상시에 물이 자연스럽게 흐르도록 하는 수리·수문적 특성을 개선 - 사용하지 않는 제방 도로의 폐쇄 - 활엽수와 침엽수림의 조화 - 식생복원을 목표로 하는 기간 및 범위(수목의 밀도) 조정 - 생태계의 유형 및 수 증가 - 특성별 서식지 기능(돌무더기, 목재더미 등) 부여
사례 2	• 목적 - 역사적 기록, 법적 기준 등에 대하여 전문가의 의견을 반영하여 생태학적으로 안정된 참나무림의 복원 • 목표 - 환경위해종 및 외래종을 일정 비율 이하로 제거 - 목표종의 유형 및 종류 검토 - 생태계 유형의 범위 및 수 유지 - 식물 생장을 통제할 있는 관리 방법 및 시행 주기 제시

프로젝트의 목적과 목표를 수립할 때에는 프로세스, 서식지, 종의 위계 등을 감안하는 것이 좋다. 프로세스 차원에서는 어떤 대상지를 복원할 것인지 개략적으로 범위를 선정하는 것이고, 서식지 차원에서는 목표로 하는 서식지의 특성, 기능 등을 고려해서 복원할 대상지를 선정한다. 또한 종의 차원에서는 희귀종, 멸종위기종 등과 같은 특정 대상을 정해서 구체적인 목표를 잡는다.

[표 17] 복원의 규모 및 범위 선정에 대한 사례

항목	주요 내용

프로세스	• 자연적 교란지의 생태적 복원
	• 소나무 및 전나무 군락 복원
	• 이전에 댐이 있거나 물길이 훼손된 하천에서 홍수 범람 구역 및 주변의 복원
	• 벌채 및 채광작업이 진행된 곳에서의 수리·수문 복원
	• 식생복원의 패턴을 고려
	  – 경관 차원에서 초지의 면적 증가
	  – 훼손된 산림에서 천이 계열을 고려한 복원 및 2차 천이 유도
	  – 과거의 활엽수림, 혼효림의 식생군락 복원

서식지	• 생태계 내 특정 구조 및 기능 복원
	  – 하천에 쌓인 임목폐기물 및 잔재물을 제거
	  – 대형 수목의 성장을 유도하기 위한 숲의 관리
	  – 하층부의 고사목 및 수목 잔재물 처리를 통한 임상 정리
	• 산업 지역 및 생태적으로 민감한 지역의 토양 복원
	  – 목표로 하는 토양 미소동물이 살 수 있는 토양조건 개선
	• 중요하거나 희귀한 야생 생물 서식지의 복원
	  – 도롱뇽 서식지의 지장물 제거
	  – 수목에 둥지를 트는 조류의 서식공간 복원
	  – 이끼류의 서식지 확대
	  – 야생동물의 먹이식물 도입

종	• 멸종되었거나 위기에 처한 종의 재 도입 • 감소하는 개체수의 안정화 • 침입하는 외래 동식물 종의 제거 • 중추종, 희귀종 및 멸종위기종의 복원 • 우산종의 서식을 위한 특정 공간의 복원

생태복원 계획을 수립할 때 다음과 같은 정보를 검토하여야 한다. 항목은 생태환경과 생태기반환경, 사회·문화·경제적 환경, 수행 인프라 및 전략 등으로 구분하여 각각의 항목을 세부적으로 제시할 필요가 있다.

생태환경 및 생태기반환경에서는 토양, 수질, 식생, 야생동물, 훼손 현황 등과 같이 우리가 일반적으로 검토하는 내용들이 포함된다. 또한 사회·문화·경제적 환경에서는 토지이용과 지역주민, 농업 등의 산업적 특성을 파악하여야 하며, 조직 및 전략 항목에서는 토지이용 계획, 관련 인프라, 법적 제한요소 등을 파악한다.

[표 18] 복원계획서에 제시되어야 할 정보

생태환경 및 생태기반환경	사회·문화·경제적 환경	수행 인프라 및 전략
• 생태계의 분류 • 지질 및 지형학적 특징 • 토양 • 기후 • 지하수 • 표면수 • 수리·수문 • 유역 • 식생 • 숲 구조 • 야생동물 • 훼손 정도 • 희귀종 및 멸종위기종 • 번식 및 수분 기작	• 문화유산 • 거주민 특성 • 미래의 토지이용 특성 및 계획 • 각종 보호지구 지정 현황 • 지역주민 및 협업체 • 토지 소유자 • 휴양 및 관광자원 • 농업, 목축업, 어업, 광업 • 거주지 분포 • 경제적 가치	• 대상지와 연관된 이해관계자 • 정부 및 지자체의 계획 • 관련 정책 • 법적 제한 요소 • 지역 커뮤니티 및 자원봉사 조직 • 교육 제도 및 인프라 • 과거와 현재의 보전 이슈

이와 함께 프로젝트의 진행 상황을 모니터링하고 평가할 수 있는 방법을 미리 검토하여야 한다. SER에서는 바퀴 형태의 그림을 사용하고 있는데, 평가 기준을 6가지 항목으로 구분하여 각 항목별로 5단계의 척도를 제시하고 있다. 이 방법은 현장 모니터링 결과를 토대로 작성하는데, 출현종이나 구조 등과 같은 전문적인 조사 결과 보다는 프로젝트가 어떻게 진행되고 있는지에 대한 경향을 그림으로 알기 쉽게 보여주고 있다.

SER에서 제시하는 이 방식이 완벽하다고는 할 수 없다. 그러나 지금까지 우리가 수행해 왔던 프로젝트를 보면 사업이 잘 되었는지 잘못 되었는지에 대한 논란이 많이 있었으며, 프로젝트의 목표가 어느 수준까지 달성되었는지에 대한 평가도 어려웠다. SER의 방식은 각 생태계 속성의 수준을 대상으로 1~2수준은 아직 미흡한 것이고, 3~4수준은 어느 정도 달성이 되고 있다는 것과 같이 변화 상태를 파악하는데 도움이 된다. 또한 프로젝트 실무자나 발주처에서도 각 단계별 수준을 보고 향후 대응방안을 수립하는데 도움이 될 수 있다.

[표 19] 복원 과정 평가에 활용하는 방법론 예시(SER)

○○○ 프로젝트 평가 방법

생태계 회복 정도 평가

대상지 ______________________________

평가자 ______________________________

날 짜 ______________________________

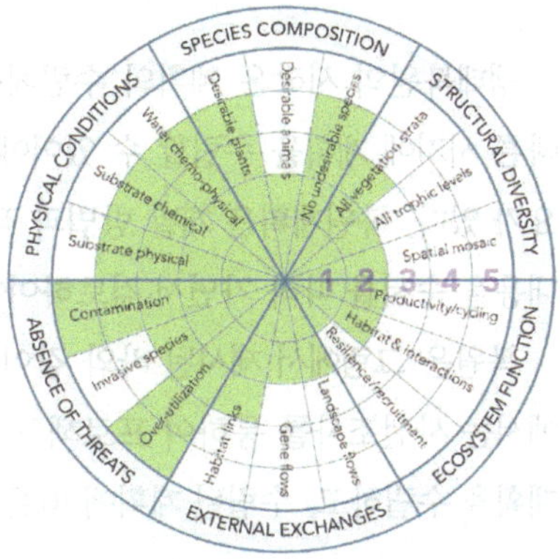

속성 범주	회복 수준 (1-5)	회복 수준의 증거
속성 1. 위협요인의 부재		
과도한 이용		
침입종		
오염		
속성 2. 물리적 조건		
생태기반환경의 물리성		
생태기반환경의 화학성		
속성 3. 생물종 구성		
바람직한 식물종		
바람직한 동물종		
위해종 및 외래종		
속성 4. 구조적 다양성		
모든 식물의 층위		
모든 영양 수준		
공간 모자이크		
속성 5. 생태계 기능		
생산성, 순환 등		
서식지와 식물-동물간의 상호작용 등		
탄력성, 개체수 변화 등		
속성 6. 교환율		
경관의 흐름		
유전자 유동		
서식지 연결성		

(3) 개발사업지에서 복원계획 수립을 위한 검토 사항

목표 수립 개요

생태복원의 시작은 계획의 수립에서부터 시작된다. 효과적인 생태복원을 위해서는 가급적 빠른 시기에 계획을 수립할 수 있어야 하며, 복원 과정 중에도 지속적으로 검토하고 갱신할 필요가 있다. 복원계획은 개발 방법과 직접적인 관련이 있으므로 프로젝트의 모든 단계에서 많은 내용을 순서를 따라 가면서 검토하여야 한다.

복원은 그림에서 제시된 바와 같이 몇 가지 단계를 거쳐서 진행이 된다. 프로젝트 시작 단계에서는 사전조사를 통하여 프로젝트 추진 여부 및 관련 사례를 분석하고, 프로젝트의 목표 및 계획을 수립하고, 수립된 계획에 따른 실행 과정을 거쳐서 모니터링이 이어지게 된다.

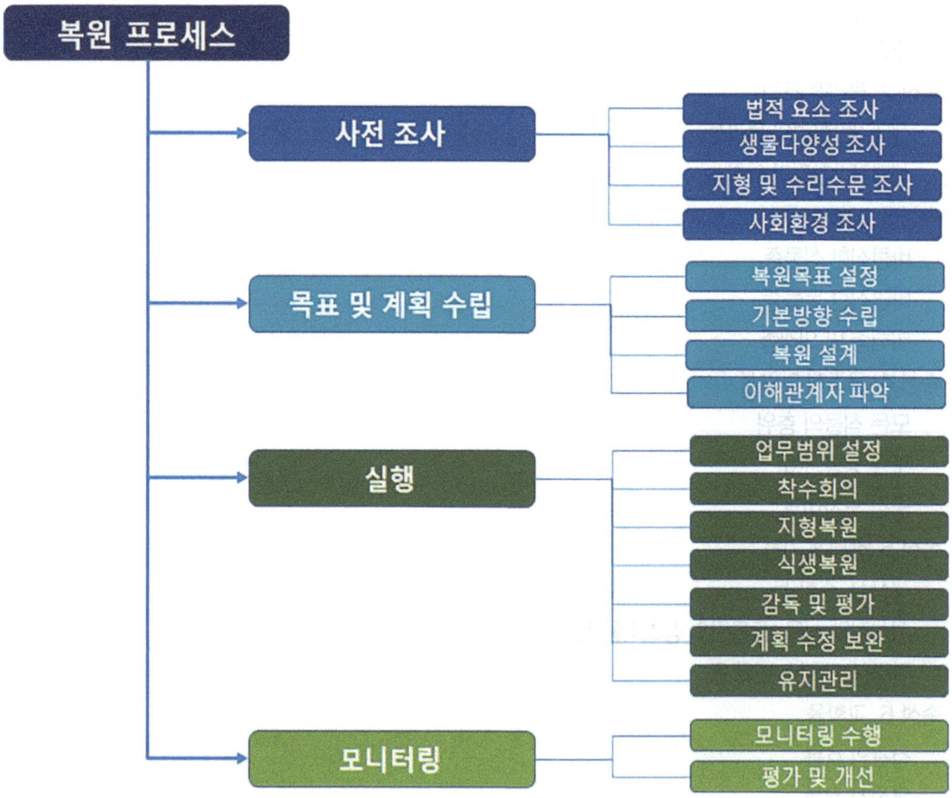

[그림 55] 4단계로 진행하는 복원 프로세스 흐름도

그러나 많은 경우에 개발사업이 종료된 이후에서도 상당한 기간 동안 복원계획이 이행되지 않을 수 있다는 점을 알아야 한다. 기존에 수립한 복원계획은 여러 가지 이유로 크게 변경될 수도 있으며, 인허가와 관련된 사항 때문에 관계 기관의 공식 승인 절차가 필요할 수도 있다. 또한 프로젝트를 실행함에 있어서 지형, 동식물상, 복원 기술 및 소재 등이 제한요소로 작용할 수 있으므로 이에 대하여 과도할 정도로 사전에 검토를 하는 것이 좋다.

이와 함께 생태복원 프로젝트에 이해관계자의 참여를 유도함으로서 모든 당사자들의 지식 공유와 의견 교환을 가능하게 할 수 있다. 다양한 의견이 모아진다면 지역 사회의 상황을 고려하여 합리적인 복원계획을 수립할 수 있기 때문에 복원에 성공할 가능성이 상대적으로 높아진다. 이해관계자의 의견을 복원계획에 포함시킨다는 것은 개발 사업자의 입장에서는 회피하고 싶은 상황이겠지만, 공공의 개념을 복원계획에 반영할 수 있는 장점이 있다. 또한 이해관계자의 의견을 배제한 채 진행하였다가 발생할 수 있는 부작용을 미리 방지할 수도 있다.

계획수립 시 검토사항

개발사업이 본격적으로 진행되기 이전에 관련된 영향을 광범위하게 인식하고 미리 평가해보는 것이 좋다. 개발로 인해 야기될 수 있는 환경 변화를 조사하고 평가하는 데 있어서는 특정 프로젝트와 환경, 경제, 사회, 법적인 사항을 충분히 고려하여야 한다. 환경에 대한 영향을 사전에 평가하는 것은 일반적으로 대규모 개발 지역에 대한 긍정적이거나 부정적인 영향을 측정하고 관리해 나가는 도구가 된다.

지표의 평가와 기록은 개발사업 이전 상태의 생태 현황 조사, 지역의 상황과 특성에 따른 사회적 조건과 환경영향을 평가하는 일로서 필수적인 항목이다. 따라서 자연 환경 및 사회 환경에 대한 평가, 그리고 별도로 초기 상태의 생태계 조사에서 기간을 구체화하고 명확하게 제시할 필요가 있다.

개발이 진행되고 있는 경우에는 자연 상태가 이미 변형되어 있을 것이기 때문에 개발 이전의 상황에 대한 평가가 어려울 수 있다. 따라서 기존에 복원계획이 수립되어 있다고 해도 프로젝트가 시행되는 시점에서의 여건이 다르기 때문에 환경, 사회 그리고 경제 지표를 다시 확립하여야 하며, 이를 위해 현재의 상황에 집중해야 한다. 또한 개발 이전의 역사적 자료의 활용을 위해 시계열적인 조사와 이해관계자의 참여로 계획을 보완하는 것도 좋다.

평가에 대해서는 긍정적 또는 부정적인 면에 대해 대기, 수질 및 수량, 건강과 안전, 식물상, 동물상, 경관, 문화 자산에 대한 사항을 각각 파악하고 수치화하는 것이 중요하다. 여기에는 지역의 복지, 공중 보건과 안전, 생활환경, 경관과 같은 사회적 영향도 포함되며, 다른 환경적인 영향과 그들의 연결성, 계획의 2차적인 영향, 영향의 누적 효과, 대상지와 주변 부지에 미치는 영향 등도 같이 파악하는 것이 좋다.

사전조사 단계에서는 광범위한 영향을 파악하기 위해 외부 이해관계자의 도움을 받도록 한다. 이를 위하여 개발사업자 또는 생태복원 담당자는 사업과 관련된 모든 부분에 미칠 수 있는 영향을 검토하고 관련 절차를 이행할 준비를 해야 한다.

복원과 관련된 사항은 외부 요인에 한정될 수도 있다. 특히 토지 소유 형태에 따라 개발사업자는 이해관계자들을 설득시키는데 제약을 받을 수 있으며, 예상되는 복원 결과는 인허가 과정에서 현재의 법적 요건에 영향을 받을 수도 있다.

복원과 관련된 미래의 비전이나 목표는 보고서의 형태로 표현되어야 하며, 보고서에는 개발사업지의 복원에 대한 특정 목표가 명확하게 제시되어야 한다. 목표는 계획의 진행 상황을 설명하고, 결과적으로 복원 계획이 잘 수립되었는지를 내부 및 외부 이해관계자로부터 평가를 받는데 이용된다. 이러한 내용은 해당 프로젝트의 독특한 상황에 따라 적용할 필요가 있기 때문에 각각의 사례는 매우 다양하게 나타날 것이다.

목표 설정에 관한 사항

복원계획에 있어서 목표는 지역 고유의 특징을 기반으로 해야 하며, 다음의 사항이 반영되어야 한다.

- 개발사업 지역의 법적, 제도적 요구 사항
- 사업장과 그 주변 지역의 환경 및 사회적 특성
- 사업 지역 및 주변의 생물다양성
- 그 지역의 생태계서비스
- 개발사업 운영 계획
- 주변 지역 현황 및 이로 인한 환경 영향
- 수리·수문 및 지질학적 특성
- 주변 환경을 포함한 경관의 개선
- 부지의 자연성(기능 포함) 회복
- 자연식생의 복원 및 바이오매스의 증대
- 서식지 복원 및 관리를 통한 생물다양성의 증대
- 건강과 안전에 관한 사항
- 교육 및 연구 등의 다목적 활용
- 개발 후의 토지 이용 계획 등

이 단계는 대규모 개발사업 초기에 사업으로 발생될 수 있는 영향을 미리 예측하는 것이며, 사업의 후반부에는 개발지역 조사와 현지 조사를 통해 실질적인 영향을 파악하는 것이다. 사업이 종료된 이후 미래의 토지 이용은 직간접적으로 지역의 요구 사항에 영향을 받게 될 것이다. 따라서 복원의 최종 결과는 단순히 사업 인허가 기준에만 한정되지는 않고, 이해관계자와의 상호 작용을 통해서 상생의 결과가 도출되어야 한다.

일단 복원의 목표가 설정되면 복원 계획은 그 목표에 부합되도록 수립되고, 개발 계획과 연계되어 합리적으로 조정되어야 한다. 그 계획은 복원사업 실행 이후에 토지 이용이 어떻게 될 것인지, 그리고 어떻게 그 지역을 목적에 맞게 유지할 것인지가 구체적으로 제시되어야 한다.

복원 계획은 언제나 법적, 제도적 조건에 부합하여야 한다. 계획은 현실적인 예산 범위 내에서 기술적으로 실현 가능하여야 하며, 그 개발 지역의 환경에 영향을 받게 되기 때문에 지역 특성에 따라 다양하게 표현될 것이다.

마지막으로 실행계획을 제시한 보고서에는 어떻게 목표가 달성되는지를 파악하기 위해 문서로 기록될 필요가 있다. 이 실행계획에는 1) 수행할 내용, 2) 프로젝트 책임자의 권한 및 책임, 3) 프로젝트 추진 일정표, 4) 모니터링 및 측정 방법과 같은 내용이 포함되어야 한다.

- 개발사업 종료 후 토지의 형상 및 이용 방법
- 유역과 물순환
- 복원을 위한 지형 및 토양처리 계획
- 생물다양성 유지 및 증진
- 복원을 위한 식물 소재의 확보
- 주변 환경에 미치는 영향

[표 20] 현지 조사를 바탕으로 채석장의 복원 개념을 도출한 사례

부지 및 주변 환경 조사	부지의 민감한 요소	복원 목표	활동
• 채석장 부지의 훼손, 생태적 회복력의 저하 • 단기간에 자연적인 복원 능력의 부족 • 자연지형의 변경 • 생물다양성이 낮음 • 자연 복원의 가능성이 낮음 • 식생이 부분적으로 제거됨 • 채광으로 인한 토양층의 부족 • 현지 야생동물의 종류 및 개체수가 매우 적음 • 생태계교란 동식물이 있음 • 물 공급은 우기 때의 자연강수에 의존해야 함 • 침전물이 많고 토양 산도(pH)가 높음	• 식생천이 속도가 늦음 • 토양의 함수능력이 매우 낮음 • 강수는 증발되거나 외부로 신속히 유출됨 • 물 공급은 자연강수에 의존 • 가축들의 방목에 따른 식생 피해 • 생태계교란 동식물에 의한 고유 생태계 피해 • 식생 구조가 단순함	• 토양침식과 강우 유출을 줄임 • 주변 환경을 고려한 통합적인 경관 계획 수립 • 부지 자체의 생태적 기능 및 수용력을 높임 • 지역의 생태복원 모델 수립 • 교육 및 연구의 기회 제공 • 서식지 복원을 통한 생물다양성 증진	• 부지내 수자원 활용를 증대 • 동식물상의 순환주기를 고려하여 복원의 시간, 형태, 규모를 조정 • 천이 초기의 선구식물을 천이 후기종으로 대체하여 식생천이를 가속화 • 동식물의 밀도와 개체수를 증진시켜 성숙한 생물군집으로 유도 • 토양반입을 최소화하여 외래 식물의 유입 가능성을 낮춤 • 토양에 유기질 퇴비, 돌 등을 혼합하여 자연 상태의 조건과 유사하게 조성 • 가능하다면 인근의 참조 생태계로부터 표토를 반입 • 현존 식생을 최대한 활용 • 종자파종 및 식재 방법 적용 • 종자 발아 및 수목 활착을 위해 강우시기를 고려하여 시행 • 넓은 범위에서의 경관적 측면 고려 • 핵심종에 바탕을 둔 장기간의 모니터링 계획 수립 • 동물종을 위한 서식지 조성 • 인력 및 기계장비 활용

[그림 56]　채석장의 광산복구 개념도 및 적용 현장 (프랑스 상트랑쿠르 광산)

#9

나무를 심는 것은 복원의 끝인가 시작인가

(1) 프로젝트의 평가

사람들은 지구적 기후위기를 극복하기 위해 국가 차원에서 진행되고 있는 생태복원 프로젝트나 우리 주변에서 자연을 보호하기 위한 수행하는 작은 일들이 성공했는지 아니면 실패했는지, 또는 성공할 것인지를 알고 싶어 한다. 그러나 자연을 대상으로 하는 이런 모호하고 시간이 오래 걸리는 프로젝트의 성공여부를 어떻게 알 수 있을까?

사람이 의도적으로 만든 대부분의 비즈니스는 투입되는 자본과 결과에 대한 예측이 먼저 이루어진다. 결과에 대한 생각 없이 무모하게 예산만 투입하는 사업은 거의 없을 것이다. 그리고 결과에 대해서는 많은 사람들이 익히 알고 있는 화폐 가치로 환산을 하거나 누구나 공감할 수 있는 특정한 지표를 사용해서 예측을 하게 된다.

우리가 궁금해 하는 생태복원은 자연을 대상으로 한다. 문제는 프로젝트의 대상이 되는 자연이라는 것은 처음의 상태로 그대로 있는 것이 아니라 계속 변하는 존재라는 것이다. 그래서 결과를 예측하는 것도 어렵고, 복원되는 과정을 중간에 평가하기도 어렵다. 특히 생태복원은 훼손지를 대상으로 하는 것이기 때문에 더욱 그렇다. 만약 자연이 훼손되지 않고 건강하게 유지된다면 우리는 굳이 생태복원을 언급하지 않을 것이다.

생태복원 프로젝트의 대상은 여러 가지 이유에 의해서 환경 조건이 변하고 악화된 곳이기 때문에 지금의 훼손된 상태를 제대로 파악하기도 쉽지 않고, 또한 훼손되기 이전의 상태가 불명확하기 때문에 이곳이 어떻게 변해갈지에 대한 상황을 예측하는 것도 어렵다. 결국 생태복원 프로젝트의 대상이 되는 곳은 이곳이 가지고 있는 잠재력(복원이 되도록 하는 능력으로서 토양이나 식물 종자원 등)과 환경이 스스로 변하고자 하는 방향, 즉 목표가 명확하지 않기 때문에 과정을 평가할 필요가 있다. 그리고 이와 같은 중간과정을 보면서 미래를 조금이나마 예측할 수 있게 되는 것이다.

운동경기 중 구기 종목은 공(목표물)을 도구로 사용한다는 점은 같지만, 공의 형태나 크기가 제각각이다. 목표물에 대한 차이는 막대기로 공을 치는 형식으로 진행되는 야구와 골프를 비교해 보면 알 수 있다. 골프는 크기는 작지만 정지해 있는 공을 치는 것이고, 야구는 그에 비하여 훨씬 크지만 움직이는 공을 치는 것이다. 그래서 어떤 이들은 공의 크기에 상관없이 정지되어 있는 공을 막대기로 치는 것이므로 골프가 쉽다고 한다(그러나 주말 골퍼에게는 아무리 시간과 노력을 들여도 세상에서 가장 어려운 것이 골프인 것 같다 ㅠㅠㅠ).

운동경기에서는 승부를 가리기 위하여 골프 타수나 득점수를 지표로 이용한다. 그리고 중간 과정에서는 별도로 계산되는 숫자(확률)를 사용한다. 야구에서는 움직이는 공(목표물)을 치기가 어렵기 때문에 타자의 타율이 3할(안타를 만들 확률이 30% 정도)이 되면 좋은 타자라고 한다. 반면 골프에서는 정지해 있는 볼을 쳐서 페어웨이에 보내는 확률이 3할 정도라면 다른 운동으로 전향하는 것을 심각하게 생각해봐야 할 것이다. 물론 이 둘은 경기의 규칙과 공의 크기도 다르며 경기장도 제각각이기 때문에 수많은 변수들이 작용하다. 이것들을 다 무시하더라도 동일한 확률로 비교한다는 것이 무리이지만, 그래도 정지해 있는 목표와 움직이는 목표를 대상으로 하는 운동경기에서 성공 확률에 대한 기준도 크게 다르다는 것을 알 수 있다.

한편 확률에 대한 정의 외에도 시간에 대한 규칙이 필요하다. 모든 일에는 시작과 끝이 무엇인가에 대한 정의가 필요하다. 생태복원 프로젝트도 마찬가지이다. 목표와 시간을 정하고 그 수준을 평가하기 위하여 많은 분야의 전문가들이 노력하고 있지만, 아직까지도 이에 대한 명확한 정의나 구체적인 측정 방법이 없다는 것이 문제이다.

운동 경기의 법칙이 야구 경기에서의 안타와 같이 구체적인 몇 가지로 정해진다면 이를 측정할 수 있는 방법이 구체화 되었겠지만, 자연을 대상으로 하는 생태복원 프로젝트에서는 그 목표가 생물다양성, 서식지, 수질, 토양침식, 경관 등으로 너무나 다양하기 때문에 모든 프로젝트에 공통적으로 적용할 수 있는 지표를 찾기가 쉽지 않다. 예를 들면, 생물다양성에서는 숫자, 서식지에서는 연결성, 토양침식에서는 흙의 양과 같이 다양한 측정기준이 사용된다. 결국 프로젝트와 각각의 진행 단계별로 적절한 분석 방법이 있어야 복원의 목표로 나아가는 중간 과정을 평가할 수 있고, 여기에 바람직한 방향으로 유도하기 위한 어떤 개입(관리)을 할 수 있게 된다.

[그림 57] 폐탄광 지역의 생태복원 사례(충남 보은)

앞의 사진은 폐탄광 지역을 대상으로 생태복원 프로젝트가 진행된 사례이다. 이곳은 흙을 덮고 식물을 심거나 종자를 파종하는 방법이 적용된 이후 5~6년이 경과한 상태이며, 시커먼 폐석이 쌓여 있는 곳이 밖에서는 보이지 않을 정도로 촘촘하게 식물이 덮고 있다. 이곳에서 관찰된 주요 식물은 소나무, 싸리류, 물오리나무, 오동나무 등이며, 주로 수고 1~2m 정도로 키가 작은 관목층이 형성되어 있다.

그러나 이 상황을 어떻게 볼 것인가? 만약 복원의 목표를 단순히 식물로 덮는 것으로만 한다면 어느 정도 목표를 달성했다고 할 수 있다. 그러나 그 목표가 주변에 남아 있는 숲(참조생태계)과 같이 소나무 단순림을 조성하는 것이었다면, 그림의 왼쪽과 같이 현재 싸리류에 의해 피압되고 있는 소나무는 어떻게 관리할 것인가? 또한 소나무 단순림이 아니라 소나무와 활엽수가 혼합되어 있는 혼효림을 목표로 하였다면 칡이 감고 올라가서 고생하고 있는 나무는 어떻게 할 것인가?

안타깝게도 이 현장을 비롯한 대부분의 생태복원 프로젝트에서는 식물을 이용해서 복원을 한다는 식의 기술적인 접근만 하고 있으며, 이 곳이 어떻게 되면 좋겠다는 구체적인 목표가 없는 상태이기 때문에 지금의 상황을 판단할 기준이 없는 것이다. 우리는 경험상 어떤 문제가 발생하면 그것을 해결하기 위한 기술적인 접근, 즉 엔지니어의 입장에서 일을 빨리 그리고 잘 한다. 아니 아주 열심히 한다. 그러나 왜 이렇게 해야 하는지에 대해서는 제대로 배우지 않은 것 같다. 자연을 대상으로 하는 일에서는 단순히 열심히 한다는 것이 최적의 방법은 아닐 수도 있는 것이다.

이와 같이 겉으로만 드러나는 결과 위주로 진행되는 프로젝트를 볼 때 마다 안쓰러울 따름이다. 결국 생태복원의 목표를 잘 수립해야 하며, 그 목표를 향해 가는 과정을 잘 평가해야 하며, 필요에 따라서는 중간 단계에서 관리를 잘 해주는 것이 필요하다. 이러한 중간 과정, 즉 생태복원의 목표를 달성하기 위한 과정 중에서 해야 하는 일이 바로 모니터링, 평가를 통한 적절한 관리이다.

한편 생태복원 프로젝트에서 이루어지는 관리에는 늘 불확실성이 존재한다. 정보나 능력의 한계로 인하여 전체적인 환경의 변화를 보지 못하고 부분만 볼 수밖에 없는 점, 시간이나 예산의 제약으로 관리 대상이 한정되어 있다는 점, 자연이라는 거대한 시스템이 속한 프로세스에 대한 지식이 부족한 점, 복원에 대한 자연의 반응 및 대응 속도가 매우 길다는 점이다. 이러한 불확실성을 감소시켜주는 것은 복원의 성공 가능성을 높여줄 수 있는 지름길이 된다. 우리는 생태계를 대상으로 하기 때문에 복잡한 시스템 내에서는 불확실성이 항상 존재한다는 그 한계를 인지하여야 하며, 현실적인 수준 내에서 그래도 최적의 관리를 위한 방법을 찾아내야 한다.

우리가 인공지능과 같은 첨단기술을 이용해서 자연을 완벽하게 해석하고, 생물의 변화를 예측할 수 있게 된다면 관리가 매우 쉬워질 것이다. 그러나 처음에 소나무를 심고 싸리 종자를 파종할 때의 조건과 식물이 어느 정도 정착된 5~6년 이후 시점에서의 환경 조건은 달라질 수

밖에 없다. 그리고 과거 생태복원 기술을 적용할 때와 현재 모니터링을 하는 시점에서 활용할 수 있는 기술의 수준도 다르기 때문에 처해진 상황에 맞는 유연한 대처가 필요하다.

생태복원 분야의 자료에서는 생태계관리, 순응관리, 적응관리 등의 용어를 사용하고 있다. 그러나 어떤 용어를 사용하더라도 생태복원 대상지나 평가 과정에는 모니터링 및 평가가 바탕이 되어야 한다. 환자를 치료하는 행위도 진단을 통해서 처방이 이루어진다. 우리가 훼손된 자연환경을 고치는 의사라고 생각한다면 아픈 자연을 우선 진단해야 하고 여기서 얻은 정보를 바탕으로 처방을 하게 될 것이다. 생태복원 과정도 이러한 명확한 진단(모니터링)이 필요하며, 이를 통해서 얻은 정보가 상황에 맞는 유연한 의사 결정 과정을 거쳐서 생태복원 목표에 도달할 수 있도록 하는 처방이 내려져야 한다.

자연을 대상으로 하는 우리가 가장 조심해야 말은 바로 이것이다.

"이건 내가 잘 아니까 작년에 했던 것처럼 똑같이 하면 되고, 그냥 나두면 돼!"

(2) 생태복원 프로젝트의 특징

우리가 알고 있는 생태복원 프로젝트는 훼손된 곳을 대상으로 땅을 파고 습지를 조성하고 나무나 풀을 심는 방식으로 진행이 된다. 주로 야외에서 진행되는 공사의 형태이다. 그리고 민간에서 하는 일 보다는 정부나 지자체에서 발주하는 형태의 관공사가 대부분이다. 이 공사는 입찰 방식을 통해서 아주 운 좋게 낙찰을 받은 업체가 공사를 하게 되는데, 일반적으로는 설계서대로 공사가 이행되면 사업이 종료되는 것으로 간주한다. 건축물과 같이 설계한 대상물이 만들어져서 인계되면 사업은 완료되는 것이다.

콘크리트와 같이 무생물 재료를 이용하여 만든 대상물은 그 형상이 오래 동안 유지될 수 있기 때문에 준공 시점에 별다른 이견이 없다. 그러나 자연을 대상으로 하는 경우에는 준공이라는 시점이 모호하다. 생물을 대상으로 하는 일들은 사업이 종료된 이후에도 생물이 계속 변하고 복잡해지기 때문에 어려움이 있다.

지금까지 제시되어 있는 여러 가지 기준이나 가이드라인에서도 생태복원 프로젝트의 특징이 나타난다. 하나의 예를 든다면 산에서 조림을 하는 경우 공사의 행위는 묘목(주로 키가 작고 규격화된 것을 사용)을 심는 것으로 완료가 되지만, 나무를 심는 궁극적인 목적은 목재의 생산이나 과실을 따기 위한 큰 나무를 만드는 것이기 때문에 공사의 완공 시점과 당초 프로젝트의 목표를 달성하는 시점에는 차이가 날 수 밖에 없다.

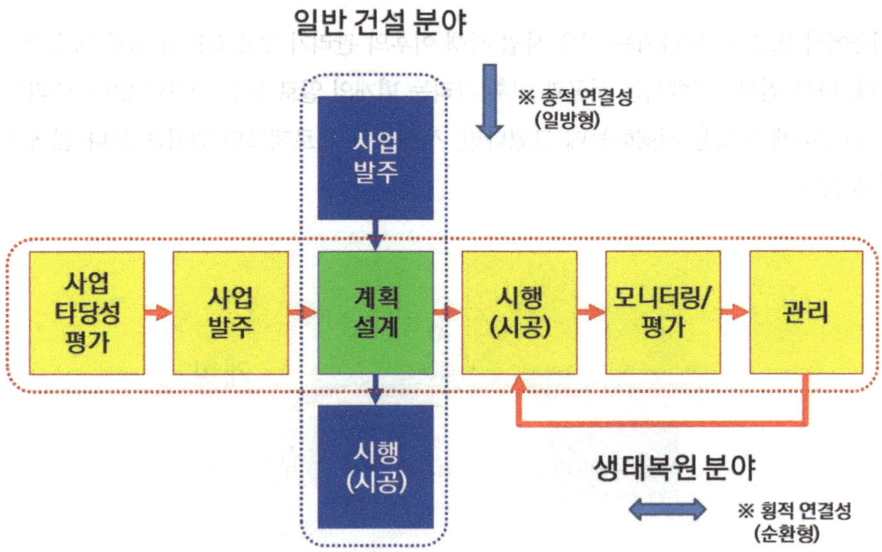

[그림 58]　일반 건설과 생태복원 분야의 차이

이와 같이 생물을 대상으로 한다는 특징이 있기 때문에 프로젝트의 범위도 차이가 나게 된다. 일반 건설 사업에서는 사업이 발주되면 계획이나 설계가 진행되고, 이를 따라 현장에서 시행(시공)이 된다. 그러나 생태복원 분야는 사업발주, 계획, 설계, 시행(시공)하는 것 까지는 비슷하게 진행되지만, 모니터링 및 평가, 관리 등과 같이 현장 시행의 뒤쪽에 연결되어 있는 일련의 과정이 있다. 건설 분야에서는 일방형으로 진행되는 종적인 연결성이 있다고 한다면, 복원 분야는 전통적인 시공 과정 외에 모니터링, 평가, 관리 등으로 이어지는 횡적인 연결성이 있으며, 특히 이 과정은 계속 환류가 되는 순환과정이 있다는데 차이점이 있다.

생태복원은 순환이다

생태복원 프로젝트는 순환의 과정을 거친다. 지구상에서 생명체가 나서 자라고 소멸되는 과정이 계속 반복 되듯이, 생태복원 프로젝트도 이와 같은 과정을 거친다. 생태복원 프로젝트의 과정을 단순하게 보면 계획-실행-관리 등으로 나눌 수 있지만, 그 내부에는 순환과정을 통해서 작은 일들이 이어지면서 계속 반복된다.

어찌 보면 프로젝트가 시작되는 시점은 있지만, 프로젝트가 한번 진행이 되면 평가, 관리를 통해 다시 목표와 모델을 조정하고 시행하는 과정이 끊임없이 반복되게 된다. 이 점이 바로 생태복원 프로젝트가 다른 사업들과 차별화되는 점이다.

이중에서 또 크게 달라지는 것은 사업 시행 이후의 관리가 프로젝트의 범위 내에 포함되는 것이다. 다른 건설공사에서는 시공과 이후 관리는 별개의 일로 보는 경향이 있다. 따라서 기존에는 단순하게 사업을 시행하는데 그쳤다면, 생태복원 프로젝트의 범위는 보다 넓게 확장될 수밖에 없다.

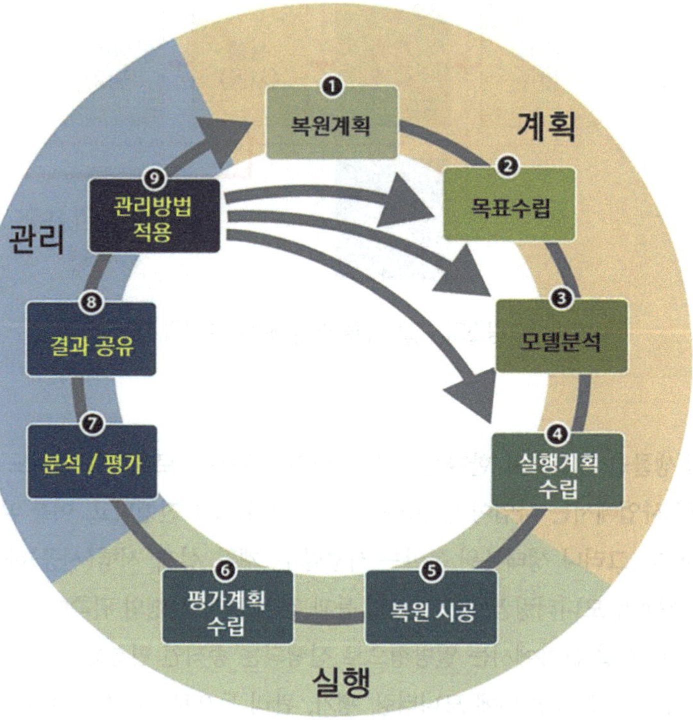

[그림 59] 생태복원 프로젝트의 순환 과정

생태복원의 본질적인 의미를 고려할 때 사전 계획 및 설계, 시공 및 모니터링, 평가, 유지관리로 이어지는 순환형의 모든 단계가 중요하겠지만, 생태복원의 목표 달성과 가장 근접해 있는 것은 바로 관리라고 할 수 있다. 최근에는 관리의 중요성에 대한 인식이 확산되고 있으며, 모니터링과 유지관리는 평가 및 분석을 위해 반드시 해야 하는 업무로 간주되고 있다.

따라서 나무를 심는 것은 생태복원의 종료가 아니라 자연 스스로가 생태적으로 복원될 수 있도록 기초적인 여건을 만들어주는 일, 즉 프로젝트의 시작이 되는 것이다.

생태복원은 과정이다

생태복원은 어떤 목표를 찾아가는 과정이다. 만약 목적지가 한 곳으로 정해져 있다면 그 곳까지 직선으로 연결된 가상의 선이 지름길이 된다. 그러나 현실에서는 직선의 길이 아니라 여러 가지 길을 따라서 가게 된다. 마치 내비게이션 화면에서는 목적지 까지를 점선으로 표시하지만, 실제 운행하는 길은 교차로와 길을 따라서 구불구불하게 가게 되는 것과 비슷하다. 그리고 목적지가 여러 개일 경우나 중간에 차량 통행이 증가하여 몇 개의 교차로를 우회하는 경우가 생기게 되면서 내비게이션이 안내하는 길은 더욱 복잡해진다. 이렇게 복잡하기는 하지만 중간에 변수가 생길 수 있다는 점이 바로 생태복원의 매력이기도 하다.

식물이 변하는 과정을 식생천이라고 한다. 자연 상태에서의 천이 과정을 단순하게 압축해서 본다면 "초본 → 관목 → 교목"으로 이어지게 된다. 키가 큰 교목이 자리를 잡는 것을 완성단계로 보는 경우에서도 큰 나무가 갑자기 생기는 것이 아니기 때문에 중간 과정을 반드시 거쳐야 한다. 중간을 거치지 않고 초본에서 바로 교목으로 갈수도 있겠지만 아마 엄청난 에너지와 예산이 필요할 것이다. 따라서 교목이라는 결과물만을 볼 것이 아니라 교목으로 변해가는, 아니 변해가도록 만드는 중간 과정이 중요해진다. 이러한 과정은 인간이 만들어내기 보다는 자연이 스스로 선택하는 것이라고 보는 것이 맞다(자기 조직화).

또한 생태복원 과정에는 식물 외에도 흙이나 물 같은 환경요인들도 같이 영향을 준다. 이 과정에서 비생물적 요소와 생물적 요소가 복합적인 작용을 한다. 생태복원 프로젝트에서는 기초

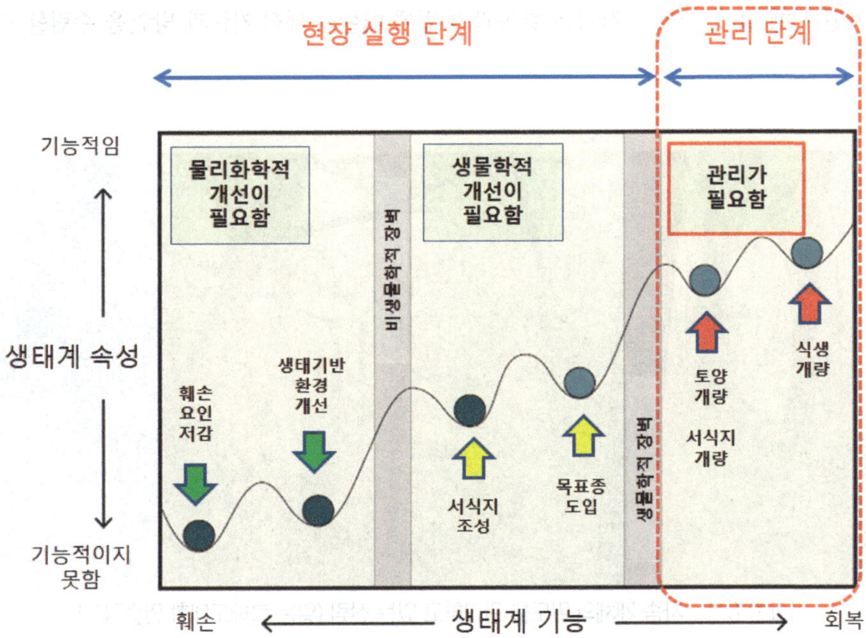

[그림 60] 생태복원 프로젝트의 단계별 특성 개념도[96]

96) Society for Ecological Restoration. 2016. International Standards for the Practice of Ecological Restoration. (저자 일부 수정)

부터 튼튼하게 해주는 것이 필요하다. 생태복원 프로젝트의 기초 단계에서는 생태기반환경(흙, 물, 지형 등)에 대하여 물리화학적인 조건을 개선 해주고, 기반이 안정된 곳에 생태환경(식물, 동물, 서식지 등)을 조성 해주게 된다. 그리고 각각의 단계에서는 프로젝트가 반드시 해결해야 할 비생물적 장벽과 생물적 장벽을 넘어가도록 하는 어려운 과정을 거치게 된다.

자연을 대상으로 하는 이와 같은 프로젝트에서 필요로 하는 조건을 초기 단계에서 모두 충족시켜줄 수는 없기 때문에 현장에서는 어느 정도의 기초 작업이 수행된 이후에 목표에 도달하도록 하는 적절한 관리가 필요하다(이를 통하여 생태계 기능이 회복될 수 있음). 일반적인 생태복원 과정에서는 관리가 필요함에도 불구하고, 관리의 목표나 방법이 구체화되지 못한 경우가 많기 때문에 생태복원의 효과가 불명확해지는 사례가 많이 있다. 또한 지금까지 해오던 유지관리 방식을 그대로 적용하다 보니 오히려 생태복원 대상지를 2차로 훼손시키는 결과도 나오고 있다. 따라서 각 단계별로 생태복원의 목표를 달성하기 위한 관리 기술이 필요한데, 이를 위해서는 관리의 목표 수립, 관리 방법론의 정립 및 평가, 그리고 적절한 시행이 필요하다.

생태복원 프로젝트에서는 모니터링과 관리가 반드시 연계되어야 한다. 형식적인 모니터링을 시행하거나 모니터링 결과가 관리자에게 명확하게 전달되지 않을 경우에 관리 단계에도 영향을 미쳐 생태적 목적이 아닌 일반 수목 관리와 같은 수준의 일이 진행되는 경우가 있으며, 복원 대상지가 당초의 목표와는 다른 모습으로 변하게 될 가능성이 있다. 따라서 모니터링 및 관리가 연계된 시행 절차, 그리고 각각의 항목과 방법에 대한 구체적 기준과 방안을 수립할 필요가 있다.

[그림 61]　사슴 개체의 밀도를 관리하고 있는 산림 (일본 북해도대학 연습림[97])

97) 일본 북해도대학 연습림의 관리 상황. 산림에 있는 사슴의 개체수를 조절하지 않은 곳에서는 하층식생이 거의 자라지 못하고 있으며(우측), 이를 해결하기 위하여 사슴의 밀도를 조절한 곳에서는 하층식생이 서서히 회복되고 있음(좌측).

최근 들어 생태복원 분야에서는 프로젝트 시행 이후 관리를 포함하여 대상의 규모나 범위, 시간이나 결과물에 대한 생각들이 변하고 있다. 특히 특정한 동식물종 만을 목표로 하던 개별적인 내용들이 통합적인 개념으로 바뀌고 있으며, 개별사업에서 생태계 전반을 다루는 내용으로 패러다임이 변화되고 있다.

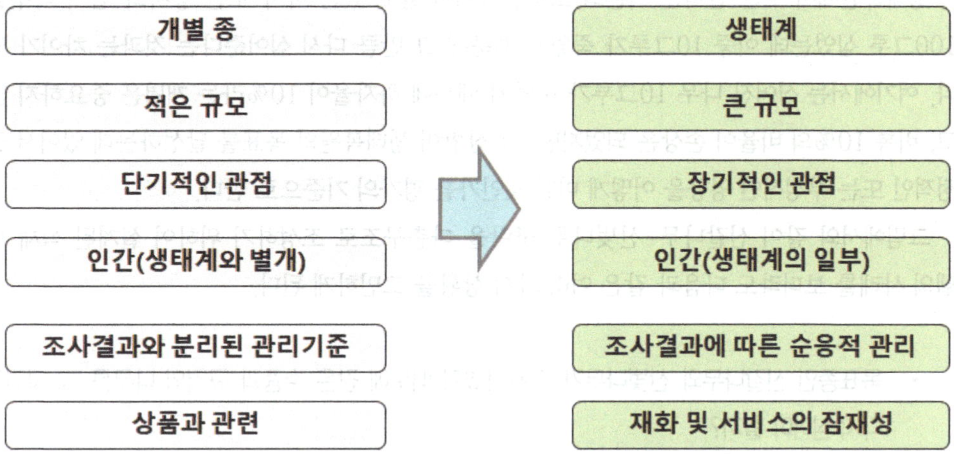

[그림 62] 생태계 관리에 대한 생각의 변화

다시 말해 과거에 개별종이나 작은 규모로 진행되었던 프로젝트들은 생태계 전체와 보다 큰 규모로 연계·확장되고 있으며, 프로젝트의 범위도 단기적인 것에서 장기적인 것으로 가고 있다. 특히 인간은 생태계에서 독창적인 존재이며 중심이었다는 생각이 바뀌면서, 인간도 생태계와 독립되어 있는 것이 아니라 생태계의 일부로 보게 되었다. 이와 함께 생태계서비스의 개념이 추가되고, 프로젝트 적용 후 관리의 중요성을 고려한 유연한 대처 방안으로 확장되고 있는 추세이다.

(3) 생태복원 프로젝트의 관리 방법

생태복원과 관련된 기준이나 지침에서는 사후관리, 유지관리 등의 용어를 사용하고 있다. 그런데 사후관리나 유지관리라는 용어를 사용하는 경우는 마치 프로젝트가 공사 완료에서 끝이 나고 그 다음에 이어지는 관리는 다른 곳에서 수행하는 별도의 일로 여겨지는 경향이 있다. 일반적으로 유지관리는 공원에 시설물이 망가지고 심어진 나무가 죽어서 다시 심는 하자[98] 보

98) 하자는 흠이나 결함을 말하며, 옥에 티를 말함. 주로 공사에서 사용하고 있으며 잘못된 공사로 나타내는 결과물의 결함을 나타냄(예; 건축물의 균열이나 수목의 고사 등).

수의 개념이라고 여겨지고 있다. 그러나 생태복원 프로젝트에서 보는 관리의 개념은 현장 시공 이후 복원 목표에 도달할 때까지의 과정에서 중요한 역할을 하는 것이라고 할 수 있다. 따라서 이 책에서는 사후관리나 유지관리의 용어를 사용하지 않고 포괄적인 관리라는 용어를 사용하였다.

생태복원에서 보는 관리는 기존의 조경공사에서 알고 있는 하자 보완 공사와 같이 나무를 100그루 심었는데 이중 10그루가 죽었기 때문에 그 만큼 다시 심어준다는 것과는 차이가 있다. 여기에서는 심어진 나무 10그루가 죽었기 때문에 하자율이 10%라는 개념은 중요하지 않고, 비록 10%의 비율이 손상은 되었지만, 그 상황이 생태복원의 목표를 달성하는데 있어서 긍정적인 또는 부정적인 영향을 어떻게 미칠 것인가를 평가의 기준으로 한다.

그림에서와 같이 신갈나무-산벚나무 군락을 다층구조로 조성하기 위하여 설계된 식재 모델의 사례를 보더라도 다음과 같은 여러 가지 상황을 고민하게 된다.

- 목표종인 신갈나무와 산벚나무가 고사하였기 때문에 같은 수종과 규격의 나무를 그 자리에 다시 심어야 할까?
- 신갈나무의 활착을 방해할 수 있는 팥배나무 2그루가 초기에 고사하게 된 것은 오히려 목표종의 생장을 좋게 만들어주지 않을까?
- 신갈나무와 산벚나무가 잘 자라게 된다면 하층 식생을 이루게 될 쪽동백나무와 생강나무는 언제까지 남겨두어야 할까?
- 목표종 보다 상수리나무와 굴참나무가 더 잘 자라게 된다면 초기의 목표인 신갈나무와 산벚나무를 유지시키기 위하여 이들 수목을 제거해주어야 할까?
- 식재된 공간 하부에 초본류가 올라오는데 이를 어느 수준까지 제거해야 할까?
- 그리고 궁극적으로 이렇게 혼합하여 식재하는 모델은 언제쯤 완성이 될 수 있을까?

결국 생태복원에서 하자의 개념은 복원의 목표를 달성하는데 어떤 영향을 주는지에 대한 생각으로 바뀔 필요가 있다. 생태복원 분야에서는 이와 같은 생각을 토대로 관리의 방법을 3가지로 제시하고 있다. 우선 복원의 목표를 달성할 수 있는 가능성이 높을 경우는 당초의 목표대로 그대로 유지하도록 하며, 일부 문제가 발생하여 후속 조치가 필요한 경우에는 보완의 개념으로 적용한다. 한편 의도한대로 식생이 정착하지 않거나 어려울 것으로 판단되면 새로운 방향으로 수정하는 방안을 제시하고 있다.

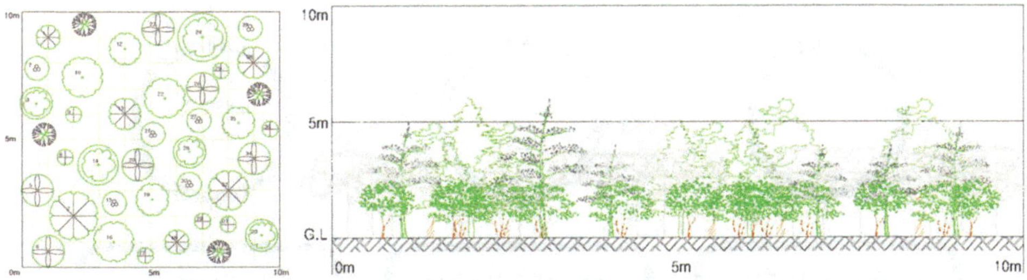

구 분	기호	수목명	규격	수량
교목층		1. 신갈나무	H 3.0 × R 8	1
아교목층		2. 신갈나무	H 2.5 × R 6	2
		3. 신갈나무	H 2.0 × R 4	3
		4. 산벚나무	H 3.0 × B 6	1
		5. 산벚나무	H 2.5 × B 5	2
		6. 산벚나무	H 2.5 × B 4	2
		7. 굴참나무	H 3.0 × R 8	3
관목층		8. 굴참나무	H 2.5 × R 6	1
		9. 굴참나무	H 2.5 × R 5	2
		10. 쪽동백나무	H 2.5 × R 6	6
		11. 상수리나무	H 2.0 × R 4	4
		12. 생강나무	H 1.2	6
		13. 팥배나무	H 2.0 × R 4	6
합 계		39		

[그림 63] 신갈나무-산벚나무 군락 조성 모델의 식재평면도 및 입면도

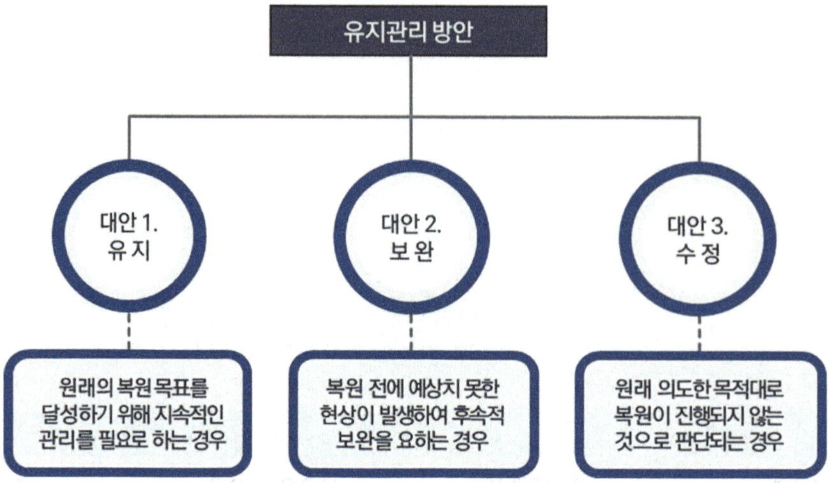

[그림 64] 유지관리의 3가지 방향[99)]

이와 같은 3가지 관리의 방안을 좀 더 입체적으로 표현해보면 다음과 같다. 복원의 목표를 향해 나아가는 과정에는 여러 가지 변수들이 있는데, 참조생태계와의 관계를 항상 생각하면서 평가를 해야 한다. 만약 여러분이 수행하는 생태복원 프로젝트가 참조생태계의 모델을 예측 가능 범위 내에서 잘 따라가고 있다면 별다른 수정이 없이 현 상태를 계속 유지하는 것이 좋을 것이다.

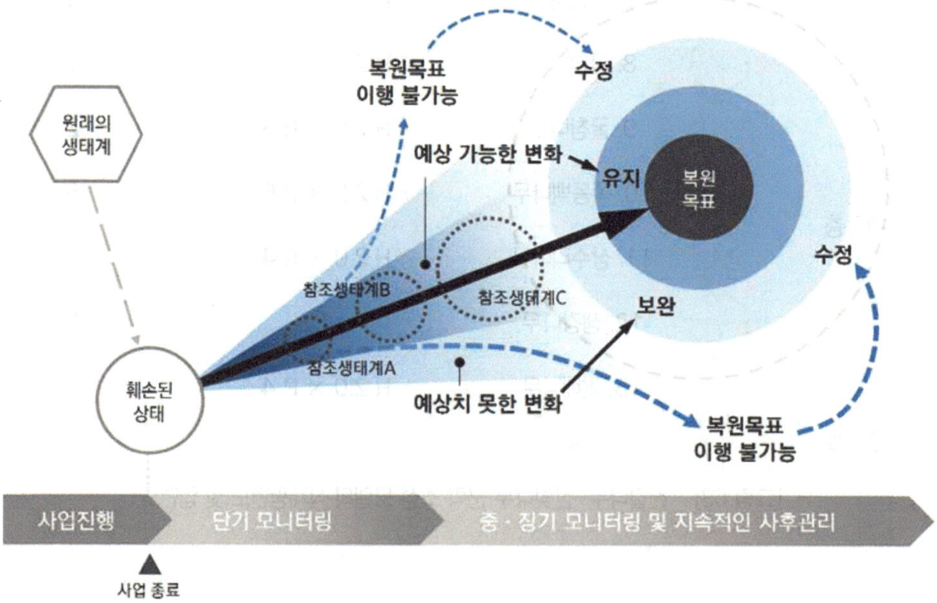

[그림 65] 복원목표로 가는 중간 과정에서의 관리 방안

99) 국립생태원. 2017. 생태복원사업의 모니터링 및 유지관리 가이드라인.

한편 예상하지 못한 변화가 일부 발생할 때에는 조금씩의 보완이 필요하다. 보통 발생한 문제가 참조생태계의 변이 폭 내에 있을 때에는 현 상태를 유지하여도 복원 목표에 접근할 수 있게 될 것이다. 그러나 이상 반응이 참조생태계의 범위를 넘어가는 경우에는 보완이 필요할 수 있다.

반면 진행과정이 전혀 예상치 못한 방향으로 갈 때가 있다. 만약 복원목표 달성이 불가능하다고 판단이 되면 현재의 생태기반환경에 맞는 새로운 방향으로의 수정이 불가피하다. 이와 같은 경우는 초기에 복원의 목표 수립이나 식물재료의 확보나 시공하는 방법을 잘못 적용하였을 가능성이 있다.

따라서 생태복원 프로젝트는 공사 완료의 개념이 아니라 생태복원이 되도록 하는 기초작업을 완료한 것이라고 생각하는 것이 바람직하다. 그리고 나무를 심거나 습지를 조성하는 것과 같은 공사가 완료된 이후 복원의 목표가 달성될 수 있도록 관리를 수행하는 새로운 단계로 넘어가는 것이다.

생태복원 프로젝트에서 관리를 잘 하기 위해서는 모니터링 및 평가가 필요하다. 이를 위해서는 복원의 목표와 현 상태의 차이를 분석하고, 그 이후에 관리 목표 및 방법을 선택하여야 한다. 결정된 관리방법은 현장에 적용하게 되는데, 이 역시도 모니터링 및 평가를 통해서 방법이 적정한지를 평가하는 환류 과정이 필요하다. 더 큰 범위에서 본다면 프로젝트에서 필요한 각각의 단계로 재검토 되면서 성공 가능성을 높여 주게 된다.

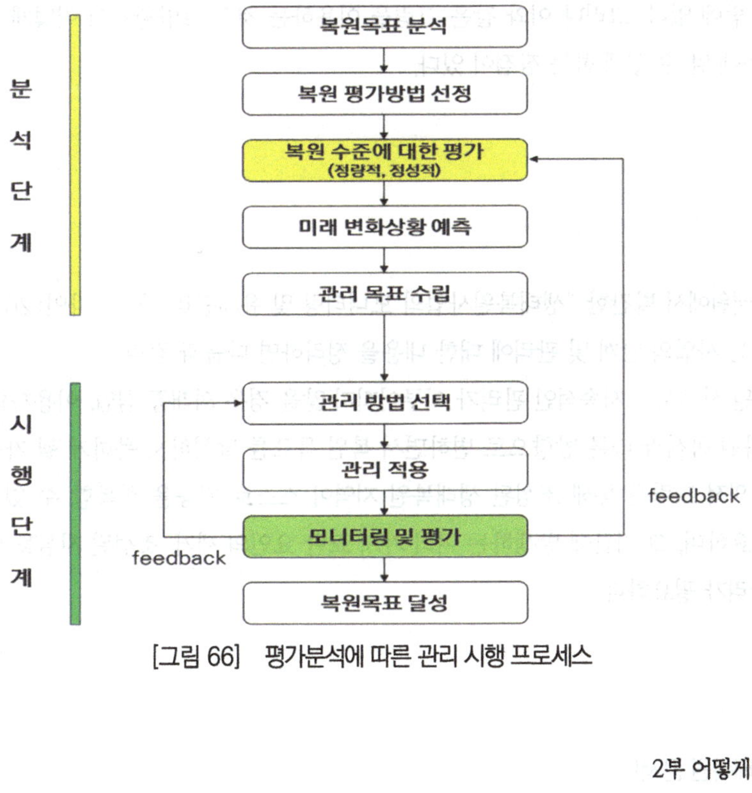

[그림 66] 평가분석에 따른 관리 시행 프로세스

한편 현장에서 실행할 때에는 목표에 대한 정량적, 정성적 분석이 필요하다. 자연환경을 대상으로 하기 때문에 정량적 분석이 쉽지는 않겠지만 어떤 기준을 정하고 여기에 맞은 수준을 평가할 때 반드시 해야 할 과정이다.

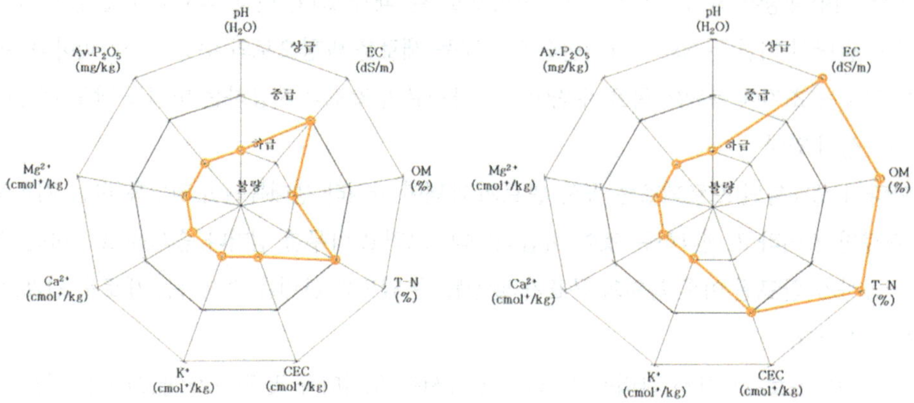

생태복원사업 시행 전　　　　생태복원사업 시행 후

[그림 67]　생태복원 사업 전후의 토양상태 분석 예시

다음은 생태복원 프로젝트에서 토양 항목의 모니터링 결과를 토대로 사업전후를 비교한 프로젝트의 예시이다. 각 항목별로 단계를 나누는 것은 특별한 기준이 없기 때문에 정성적으로 구분할 수밖에 없다. 그러나 이와 같은 그림을 이용하는 것은 토양환경이 어떻게 변하고 있는지를 한 눈에 알 수 있게 하는 장점이 있다.

(4) 관련 기준

국립생태원에서 발간한 "생태복원사업의 모니터링 및 유지관리 가이드라인(2017)"에서 제시하고 있는 사업의 단계 및 관리에 대한 내용을 정리하면 다음과 같다.

생태복원 사업지는 지속적인 관리가 이루어지지 않을 경우 외래종 침입, 이용자의 훼손 등으로 인해 복원 목적과 다른 방향으로 변하면서 복원 목표를 달성하지 못하게 될 가능성이 있다. 이러한 인위적 노력을 통해 조성된 생태복원 지역이 스스로 기능을 회복할 수 있을 때까지는 시간이 필요하며, 그 기간에 발생하는 여러 가지 교란 요인의 제거, 조성된 시설물 및 식생에 대한 유지관리가 필요하다.

[표 21] 모니터링 및 관리의 범위

구분	사업 진행(전·중·후) 현황	사업 후 모니터링	유지관리
개념	• 생태복원사업 공정율에 따라 복원 사업 내 생태계의 전·중·후 변화를 비교	• 사업 완료 후 사업목표 달성 여부를 판단하기 위해 2년간 실시	• 모니터링 결과를 반영하여 사업의 효과, 목표 달성 등 사업의 지속가능성 확보를 위하여 수행
시간적 범위	• 사업 기간 내 3회 실시 • 착공 전 / 사업 중(공정율 70%) / 사업 완료 직후	• 사업 완료 후 2년간 연 2~4회 실시	• 사업 완료 후 지속적으로 수행
공간적 범위	• 생태복원사업을 수행한 지역 및 외부 환경 요인을 모니터링 할 수 있는 주변지역 포함 (대상지에 직접적으로 영향을 줄 수 있는 주변지역)		
내용적 범위	• 사업 전의 생태기반환경 및 생물상 현황 • 사업 시행 중 발생되는 교란요인, 생태복원 과정 • 사업 후 모니터링과 연계성을 고려하여 주요 공간(서식처)별 모니터링 시행	• 사업효과 및 지속성 등을 검증하고 확인하기 위해 복원 목표의 달성 여부, 목표종 서식 여부, 식물 생육상태, 이용에 의한 영향, 시설물의 상태 등을 모니터링	• 사업의 목표에 맞는 모니터링 결과를 유지관리 계획에 반영 • 생물 서식에 적합한 환경을 조성하여 탐방객 등 이용자들에게 생태계서비스 제공

생태계보전협력금[100] 반환사업과 같은 복원 프로젝트는 사업 시행단계에서는 정부 주도로 진행이 되는데 사업이 완료된 후에는 해당 관리주체(지자체, 토지소유자 등)로 이관된다. 이때 관리주체가 사업 완료지역에 대하여 지속적인 유지관리를 시행하도록 하고 있다.

사업자는 사업 진행 중 실시한 전·중·후 현황을 포함한 모니터링 계획서와 관련 서류를 해당 관리주체에 제출하고 사업 완료 후 하자 보수 및 모니터링을 실시하여야 한다. 또한 매년 모니터링 결과 보고서를 작성하여 해당 환경청과 지자체에 제출할 의무를 가지고 있다. 특히 보고서에는 모니터링 결과의 종합분석을 통하여 관리 방안이 복원의 목표에 연계되도록 하고 있다. 모니터링은 사업진행 단계와 사업 후로 구분하며, 이에 연계하여 관리를 시행하도록 하고 있다.

생태복원사업 이후 발생되는 결과는 모니터링에 기초하여 복원 대상지의 관리와 운영을 객관적이고 정량적으로 점검할 수 있도록 하여야 하며, 이는 생태복원사업 이후 복원 목표를 달성할 때까지 지속되어야 한다. 또한 복원사업 이후 예상치 못한 문제가 발생하였을 경우 방향 조정, 개선 및 보완 계획을 수립하여야 한다.

100) 생태계보전협력금 제도는 개발로 인한 야생동·식물의 서식지 등 자연생태계의 훼손을 최소화하고, 자연의 훼손이 불가피한 경우에는 원인자 부담 원칙에 따라 훼손한 만큼의 비용을 개발사업자에게 부과·징수함으로써 훼손된 자연생태계의 복원과 같은 자연환경보전사업에 활용되도록 하는 제도임(환경부).

복원 후의 안정화 과정 및 성공도 평가를 위해서는 사업 완료 후 모니터링을 포함한 유지관리 기법이 필요하다. 이를 위해서는 사업 완료 후 유지관리 기준 및 절차 등의 체계를 구축하고 복원 목표에 기초한 평가지표 등이 마련되어야 한다.

유지관리는 복원사업 후 본래의 생태적 기능과 건강성을 회복한다는 기본방향을 반드시 고려하여 수행하여야 한다. 또한 유지관리 계획은 당초에 설정된 복원 목표와 일관성을 유지함과 동시에 모니터링 평가 항목과도 연계하여 사업 효과를 극대화하도록 하며, 결과는 환류 과정을 거쳐서 활용되어야 한다.

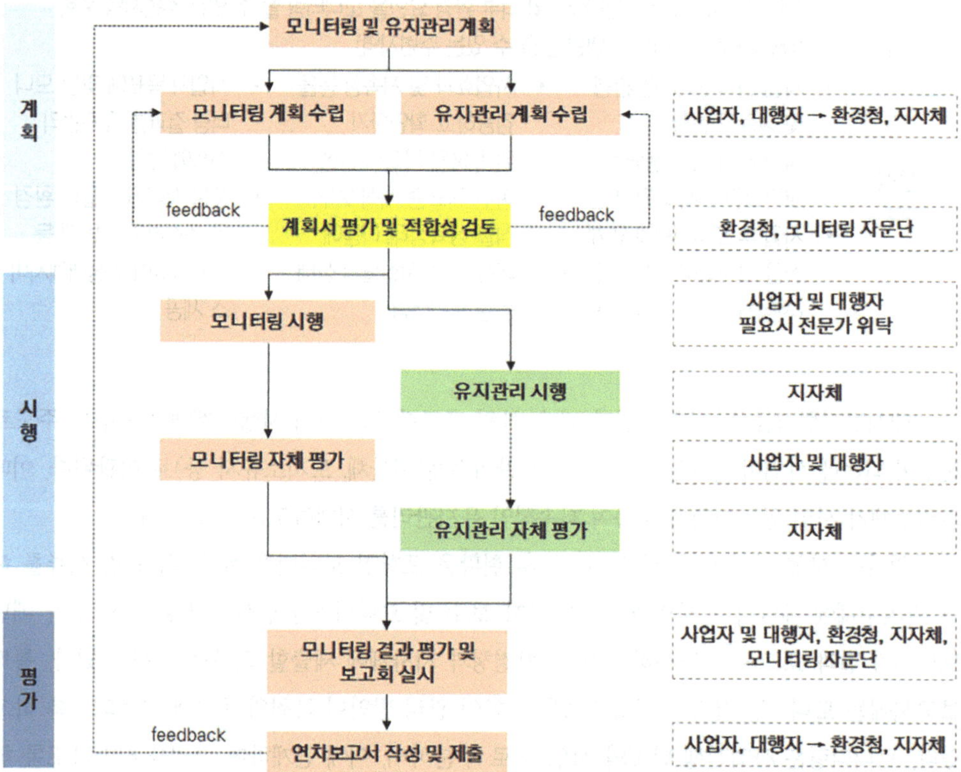

[그림 68] 자연환경보전사업 모니터링 및 유지관리 절차[101)]

산림청에서는 수행하고 있는 산림복원사업에서는 "산림복원지 사후 모니터링 추진절차 및 내용"을 다음과 같이 제시하고 있다. 사후 모니터링은 산림복원사업 준공 후 10년 이상 전문기관(한국수목원관리원, 한국산지보전협회)에서 수행하도록 명시하고 있다. 또한 현장에서 수행하는 모니터링은 단기와 장기로 구분하여 필요한 기간을 제시하고 있는데, 준공 후 1~2년까지를 단기로 구분하고 있으며 그 이후는 장기로 구분하여 모니터링 시기를 제시하고 있다.

101) 국립생태원. 2017. 생태복원사업 모니터링 및 유지관리 가이드라인.

[표 22] 산림복원지 사후모니터링 절차[102)]

<table>
<tr><th>구 분</th><th colspan="2">주요내용</th></tr>
<tr><td>시 기</td><td colspan="2">• 산림복원사업 준공 후 10년 이상</td></tr>
<tr><td>대 상 지</td><td colspan="2">• 660㎡ 초과의 산림복원사업지</td></tr>
<tr><td>계 획 서</td><td colspan="2">• 사후 모니터링 기관
- 산림복원지 사업 개요
- 산림복원사업계획서 검토(타당성, 목표, 설계, 준공, 참조생태계 등)
- 모니터링 계획(목표, 항목, 방법, 시기 등)
- 소요예산</td></tr>
<tr><td rowspan="2">조 사 단 계</td><td>1단계 모니터링(단기 모니터링)</td><td>2단계 모니터링(장기 모니터링)</td></tr>
<tr><td>• 시기 : 준공 후 1년·2년 차 되는 해
• 목적 : 산림복원목표의 달성 정도 분석</td><td>• 시기 : 준공 후 5년·10년 차 되는 해
• 목적 : 산림복원의 효과성 분석</td></tr>
<tr><td>세 부 항 목</td><td>• 산림복원지 및 주변 지역의 기상, 지형 등 기반환경
• 생물다양성의 증진, 감소 여부
• 토양·계류 등 현장 여건의 변화
• 산림복원사업에 사용된 재료 및 산림복원사업 관련 시설물 등의 상태</td><td></td></tr>
<tr><td rowspan="2">사 후 관 리
방 안 제 시</td><td>기본적 사후관리</td><td>보완 사후관리</td></tr>
<tr><td>• 산림복원 상태가 양호한 경우
- 풀베기, 덩굴류제거, 거름주기
- 병충해 방제, 관수 및 배수 등</td><td>• 예상치 못한 사항으로 보완 필요
- 교란종 관리, 보식, 객토, 성토
- 시설물관리, 수문환경정비 등</td></tr>
<tr><td>결과보고서</td><td colspan="2">• 보고서의 주요 내용
- 산림복원지 사업 개요(사업배경, 목적, 필요성, 개황 등)
- 모니터링 개요(모니터링 목표, 방향, 계획 등)
- 모니터링 조사방법(시·공간 설정 및 내용 등)
- 모니터링 결과(항목별 조사결과, 조사야장, 현장사진 첨부)
- 평가 및 종합분석(항목별 분석결과, 복원목표 달성여부, 복원 효과 등)
- 미흡한 사항에 대한 개선방안 및 사후 관리방안</td></tr>
<tr><td>보 존 기 간</td><td colspan="2">• 모니터링 관련 자료는 20년 이상 보존</td></tr>
<tr><td>기 타 사 항</td><td colspan="2">• 1단계 모니터링은 3년·4년 차 되는 해 추가 실시 가능
- 산림복원사업의 보완·수정 사항, 생태계교란이 발생한 경우
- 산림복원 목표 생물종이 특별산림보호대상종, 희귀·특산식물인 경우
- 지방자치단체의 장 또는 지방산림청장이 필요하다고 인정하는 경우</td></tr>
</table>

관련 자료에 의하면 모니터링은 기반환경, 생물다양성, 경관, 현장여건, 재료 및 시설 등으로 구분하여 시행하도록 하고 있다.

102) 산림복원기술교본(산림청, 2020)에 있는 내용을 재정리함.

• 기반환경

- 산림복원지 및 주변 지역의 기상, 해발고도, 경사도, 방위, 지형, 수문 현황을 조사
- 토양의 두께, 토양형, 토양배수, 건습도, 견밀도 등의 기반 환경을 조사
- 유기물층(L, F, H층) 깊이(㎝) 조사

• 생물다양성

- 목표종 정착여부, 목표종 생존률(%), 생장상태, 활력도, 피해여부 등을 중심으로 조사
- 복원대상지 및 주변의 생물상·서식처 등 관련 선행연구와 문헌 등을 조사 분석
- 식생조사를 통해 피복률, 소밀도, 활력도, 목표종 생장상태, 유사도지수 등을 분석
- 식물상조사 결과 식물다양성, 희귀·특산종, 이입율, 귀화율, 유해성 침입여부 등을 분석
- 타당성평가 등의 자료를 바탕으로 동물다양성을 파악하고 특이사항을 조사

• 경관 조사

- 산림복원지의 생태계 분포와 공간을 고려하여 주변 경관과의 조화성·연속성을 조사

• 현장여건

- 토양의 붕괴·침식·유출 여부 등
- 계류의 안정·침식·퇴적·유로변화 등
- 습원의 수위·수량·수질의 변화 등
- 산림복원지 내 토양여건·계류·습원의 변화 정도를 파악

• 재료 및 시설

- 산림복원사업에 사용된 재료의 상태
- 산림복원사업과 관련된 시설물의 활용·보전 상태

[그림 69] 산림복원지 모니터링 현장토론회 사진

이와 같은 모니터링 결과를 토대로 산림복원지에 대한 관리방안을 도출하고 시행하도록 한다. 관리는 2단계로 구분하는데, 1단계에서는 "유지"의 성격으로 대상지 및 식생이 안정화가 될 때까지 시행한다. 2단계에서는 "보완"의 성격으로 식생활착 불량, 훼손 등의 문제가 발생하는 경우 조치를 취하도록 하며, 필요에 따라서는 복원목표 "수정"의 방법을 적용하도록 한다.

[표 23] 산림복원지 주요 관리 방안

<table>
<tr><th colspan="2">구분</th><th colspan="2">관리방안</th></tr>
<tr><td rowspan="7">1
단
계</td><td rowspan="7">기본적
사후 관리
(유지)</td><td colspan="2">• 모니터링 결과 산림복원 상태가 양호한 경우
- 자연적으로 안정화가 될 때까지 인위적인 관리를 지속적 실시</td></tr>
<tr><td>풀베기</td><td>지피식생보다 식재목의 경쟁력이 우월해질 때까지 실시
(다양한 식물종의 자연경쟁 유도 시 풀베기 미실시)</td></tr>
<tr><td>덩굴류 제거</td><td>식생의 피압을 막기 위해 지속적인 제거작업 필요
(직접 제거, 제초제)</td></tr>
<tr><td>거름주기</td><td>유기질비료, 화학비료를 투입하여 식생의 성장촉진 유도</td></tr>
<tr><td>병충해 방제</td><td>예방을 우선하여 적기에 실시하며, 방제시 친환경 방제법(포살법, 전정, 소각법 등) 적극 활용</td></tr>
<tr><td>관수 및 배수</td><td>토양이 건조할 경우 인위적인 관수를 실시하고, 배수불량일 경우 배수시설을 보완하여 적절한 유효수분 유지</td></tr>
<tr><td>시설물관리</td><td>시설물의 안전점검 및 오염관리</td></tr>
<tr><td rowspan="9">2
단
계</td><td rowspan="8">보완
사후 관리
(보완)</td><td colspan="2">• 예상치 못한 현상이 발생하여 후속적으로 보완이 필요한 경우
- 식생활착 불량, 지형 훼손 등의 문제 발생으로 적절한 조치 필요</td></tr>
<tr><td>교란종 관리</td><td>식생의 피압을 막기 위해 지속적인 제거작업 필요
(직접 제거, 제초제, 천적 활용 등)</td></tr>
<tr><td>보식
(메워심기)</td><td>식재 된 식생 중 고사 혹은 현저하게 손상된 대상을 제거하고
그 곳에 새로 식재</td></tr>
<tr><td>객토</td><td>지력을 증가시키고 식생의 생육장애를 제거하기 위해
성질이 다른 토양을 표토에 섞음</td></tr>
<tr><td>성토</td><td>토양 침식, 세굴 등으로 인해 지형이 훼손 되었을 경우
흙을 쌓아 지형 회복</td></tr>
<tr><td>시설물관리</td><td>이용자 시설물의 파손시 자연재료를 활용하여 보수하고,
복원시설물은 안정화되었을 경우 제거</td></tr>
<tr><td>수문환경
정비</td><td>건조화, 유로 변화 등 수문환경이 훼손 되었을 경우,
정상적인 물순환이 이루어지도록 조치</td></tr>
<tr></tr>
<tr><td>추가
사후 관리
(수정)</td><td colspan="2">• 원래의 목표대로 산림복원이 진행되지 않아 후속적 보완으로도 복원목표 달성이 불가능한 경우
- 복원목표 수정 및 새로운 개선방안 제시</td></tr>
</table>

#10

복잡한 자연 속에서 더 복잡한 생태복원의 미래

(1) 복잡한 생태계의 이해

전 세계적으로 훼손된 생태계를 복원하기 위하여 생물종의 수나 개체수를 늘이고, 서식지를 다시 조성해주는 일들이 진행되고 있다. 지금까지 크고 작은 규모로 많은 프로젝트가 진행되었으나 전문가들이 참여하여 수행하고 있는 일들이 생태계가 파괴된 곳의 자연성을 완벽하게 회복시키거나 손실된 생물다양성을 상쇄하기에는 아직 충분하지가 않다. 프로젝트들은 생태복원이라는 목표를 가지고 수행되었지만, 결과를 평가하기에는 기간이 너무 짧고 또 결과물의 수준이 높지 않고, 심지어는 의도하지 않는 방향으로 복원이 진행되는 경우를 많이 볼 수 있다. 도대체 그 이유는 무엇일까?

우선 우리가 대상과 목표로 하는 생태계의 구조와 변화를 살펴보도록 하자. 우리의 상식 수준에서 육상 생태계를 대상으로 볼 때 그 곳에는 식물 개체가 있고, 그 식물이 뿌리를 내리고 살고 있는 토양이 있으며, 이렇게 조성된 숲에서는 주어진 환경에 적응한 야생동물이 살게 된다. 이렇게 작은 범위에서 큰 범위로 확장되면서 생태계가 구성되기도 하지만, 반대로 개체수가 늘어난 야생동물의 먹이가 되는 식물은 동물종의 유입에 따라서 다시 훼손이 되기도 하는 반대 방향으로의 쇠퇴 현상도 나타난다.

그리고 생태계 측면에서 볼 때 중요한 외적 요인이 되는 인간이 개입하게 되면서 상황은 더 복잡하게 된다. 인간은 생태계에 크고 작은 영향력을 행사할 수 있기 때문에 중요한 요인으로 보아야 한다. 그러나 인간이라는 종이 중요하다기 보다는 인간이 하는 행위와 그 영향이 크기 때문이다. 과거에 적은 수의 인간이 분산되어 살고 있던 시기에는 우리 주변에 있는 자연 속에서 얻을 수 있는 자원의 일부만을 이용하였기 때문에 생태계가 심하게 훼손되지는 않았다. 그러나 인구가 증가하고 거주지역이 한 곳으로 집중되면서 더 많은 식량자원을 필요로 하게 되었고, 과학기술의 힘을 빌려 숲과 같은 곳을 농경지로 변경하여 이용하게 되었다.

이렇게 살아 왔던 인간들이 최근에 자연에 대한 반성이라기보다는 지속가능하게 이용하고 인간의 삶을 더 오래 누리기 위하여 생태복원이라는 명목 하에 훼손된 곳을 과거로 상태로 되돌리려 노력하고 있다. 우리 인간은 자연에 대해 병 주고 약 주고 하는 행위를 반복하고 있는 것 같다.

하나의 유기체에서 출발한 생태계는 생물종과 인간과 관계를 맺게 되고 그리고 자연적이고 인위적인 교란을 받으면서 또 회복도 하게 된다. 모든 일에는 원인과 결과가 있는데 많은 과학자들은 이러한 관계를 수학적으로 규명하려고 노력을 해왔다. 그러나 지금까지의 평가를 볼 때 생태계를 대상으로 하는 일들은 어느 한 가지 만으로 인과관계를 밝힐 수는 없고 다양한 요소가 서로 영향을 미치게 되기 때문에 누구도 명확한 해답을 내놓지 못하고 있다. 물론 과학기술이 더 발전하여 자연현상의 원리를 완벽하게 해석할 수만 있다면 이 관계를 수학적으로 해결 할 수 있게 되겠지만, 이런 기대를 하는 것은 현재로서는 무리이다.

생태계가 가지고 있는 복잡한 특성을 볼 때 이제는 나무를 심기만 하면 자랄 것이라는 단순한 논리에서 벗어나서 우리 주변에 있는 자연과 생태계 그리고 인간이 상호작용을 하는 네트워크와 생물의 진화와 관련된 관계를 통합적으로 검토할 필요가 있다. 특히 시간적 개념으로 볼 때 수세기동안 이루어지고 있는 생태계의 변화를 파악하기 위해서 복원과 관련된 다양한 학문 분야의 융합이 필요하게 되었다. 생태복원에서 다루고 있는 자연 생태계는 매우 복잡한 구조이기 때문에 이 분야의 전문가들은 대상의 복잡성만큼 이를 따라가기 위해 치밀하고 계산적으로 계획을 수립해야 하는 것이다.

이제 우리는 복잡한 생태계를 이해하기 위해 복잡계라는 용어를 생각해보자. 복잡계(complex system, 복잡한 시스템)는 완전한 질서나 무질서와 같이 어느 한편에 있는 것이 아니라 그 사이에 존재하는 계(system)로써, 생태계도 "eco" + "system"이 조합된 계에 속한다. 복잡계는 수많은 요소들로 구성되어 있으며 그들 사이에는 비선형의 상호작용에 의해 개체나 집단에서 나타나는 문제들로 구성되어 있다. 최근 자연과학 및 사회과학에서 활발히 연

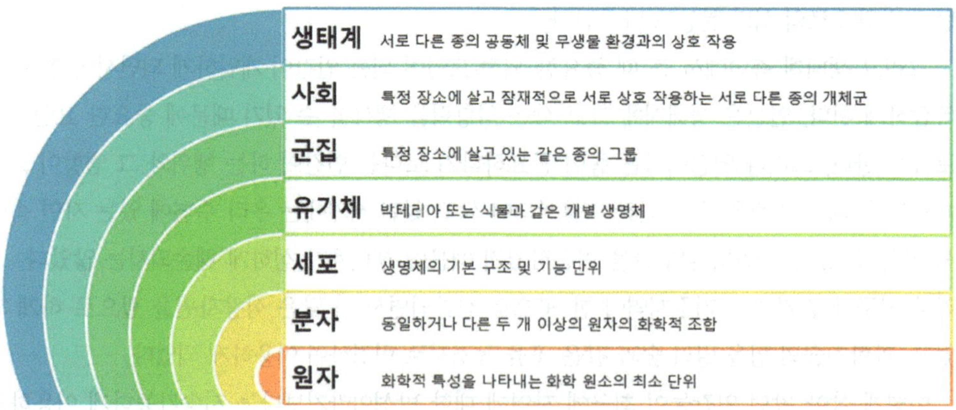

[그림 70] 생태계의 구성 위계

구되고 있으며, 물리학, 생물학, 사회학 등의 대상을 수학적으로 분석하는 것이 복잡계 과학의 목적이다.

생명현상도 복잡계로 생각할 수 있다. 생명체는 세포로 이루어져 있고 세포는 많은 수의 단백질 분자 등으로 이루어진 것이다. 분자생물학 분야에서는 생명체의 구성원인 분자 하나하나에 대해 생명현상을 연구하고 있지만, 수많은 분자들이 모여서 형성한 세포, 그리고 그 세포가 구성하는 유기체에서는 신비로운 현상이 생겨나게 된다. 이처럼 개체가 모여서 나타나는 군집(집단)의 성질은 구성원 하나하나의 성질과는 다른 새로운 특성을 보인다는 점을 이해해야 한다.

복잡계에 대한 연구는 자연과학과 사회과학 모두에서 점점 더 중요해지고 있으며, 이는 거의 모든 분야가 복잡한 시스템에 속해 있는 것을 암시하고 있다. 그러나 여기서 얘기하는 복잡계와 관련하여 모든 분야의 사람들이 동의할 수 있는 정의는 아직 내려지지 않은 상태이다. 따라서 이 분야는 앞으로도 더욱 더 논란 속에서 주목받는 대상이 될 것이라 전망된다.

눈향나무(*Juniperus chinensis var. sargentii*)라는 수목이 있다. 이 나무는 주로 아고산대에 분포하고 있는 상록침엽수로서 향나무(*Juniperus chinensis*)와 유사하다. 이 나무는 키가 크지 않고 바닥에 누워 있는 형태로 자란다고 해서 붙여진 이름이며, 향나무와 눈향나무는 유전학적으로 큰 차이가 없다고 한다. 눈향나무가 이렇게 누워서 자라는 것은 과연 유전학적인 특징인가? 아니면 바람이 많이 부는 고산지대의 영향 때문인가? 만약 고산지대의 눈향나무를 산 아래쪽으로 옮겨 심는다면 어떻게 자라게 될까? 눈향나무의 씨앗을 받아서 다른 곳에서 싹을 틔우게 한다면 향나무처럼 크게 자라게 될까? 이러한 질문에 대한 해답을 얻기 위해서는 나무의 유전적 특성, 나무가 자라는 곳의 환경조건 등에 대한 분석이 우선 필요할 것이며, 그들과의 관계를 파악하고 수학적으로 인과관계를 규명해야 할 것이다.

위에서 언급한 나무의 특성 중에 키가 작게 자란다는 것은 현상이 될 수가 있고 반대로 원인이 될 수도 있다. 이와 같이 일부 특성은 나무 개체의 생존에 꼭 필요하거나 필요하지 않을 수도 있으며, 또 다른 일부는 원인과 결과를 분석하기에 너무 모호하거나 불명확한 경우가 많다. 관련 분야의 학자들은 이와 같은 복잡한 생태계를 이해하려고 노력하고 있으며, 복잡한 시스템과 연결될 수 있는 핵심 기능과 그로 인한 현상들의 교집합을 고려하고 있다. 그나마 복잡성의 질적 개념이나 표현 방법을 가장 잘 나타내는 것이 수학의 통계적인 방법이기 때문에 이를 활용하고 있다.

복잡계는 생태계를 대상으로 할 때도 적용할 수 있지만 아직까지 이에 대한 연구 자료가 많지는 않다. 특히 분자에서 개체, 군집으로 이어지는 시스템의 계층적 특성은 다양한 관점과 규모에서 검증되어야 한다. 그러나 아직까지 명확하게 정리된 개념이 없기 때문에 지금 단계에서는 오히려 결과를 해석하는데 더욱 더 유연한 사고가 필요하다.

생태계는 스스로 조직화되는 고유한 특성을 가지고 있다. 이는 생태계가 긍정적이기도 하고 부정적이기도 한 환류과정이 수없이 반복되는 함수임을 의미하며, 생태계 변화의 원인과 현상에 대한 선형적, 인과적, 기계적인 설명이 충분하지 않다는 것을 보여준다. 그렇기 때문에 환류과정이 계속 반복되는 생태계에서는 예측하지 못한 현상이 나타나는 것이 어떻게 보면 당연한 일이라고 할 수 있다.

생태계가 복잡계에 속한다는 전제하에서 몇 가지 가설은 생태복원 프로젝트의 성과를 정량화하는데 도움이 된다. 훼손지를 대상으로 하는 복원 행위는 그 궤적(시나리오)이나 결과가 비선형적이고 예측할 수 없다. 우리 인간은 복원의 경로에 대하여 완전하고 장기적인 관찰이 거의 불가능하기 때문에 모델링이 필요하다. 또한 통합적인 관점은 복원 및 복구의 진행과정을 이해하는 데 필요할 수 있다.

생태계는 불확실성 속에 있기 때문에 결과를 예측하기 어렵다. 생태계에 교란 행위와 같이 외부의 충격이 가해지면 생태계는 충격을 견뎌낼 것인가? 아니면 충격에 따라 변화할 것인가? 생태계는 스스로 가지고 있는 임계점을 넘지 않는 수준의 아주 작은 충격이 가해지더라도 시스템과 그 순환과정을 현재의 상태로 유지하려고 하는 경향이 있다. 아마 생명체 내부에서는 외부의 충격을 견디기 위한 엄청난 투쟁이 벌어지고 있는지도 모르지만 눈에 보이는 것이 없기 때문에 우리는 그것을 알지 못한다. 그래서 바람이 불어도 크게 휘어지기는 하지만 부러지지 않는 나뭇가지를 보면 원래 잘 견디는 것으로 생각한다.

그러나 임계점을 넘어서는 외부의 충격이나 변화가 발생하면 파국적인 결과가 나올 수 있다. 우리는 언제 이러한 충격이 가해지고 이로 인해 시스템이 언제 어떻게 대처할지 예측할 수 없기 때문이다. 또한 주어진 상황에서 나타나는 생태적인 변화도 여러 가지 수준으로 나타날 수 있다.

복잡한 생태계에서는 서로 다른 계층적 수준의 차이에 따라 지역적인 상호작용 및 환류과정이 순환되기 때문에 이러한 종류의 구조와 역학을 단순하게 설명하기는 매우 어렵다.

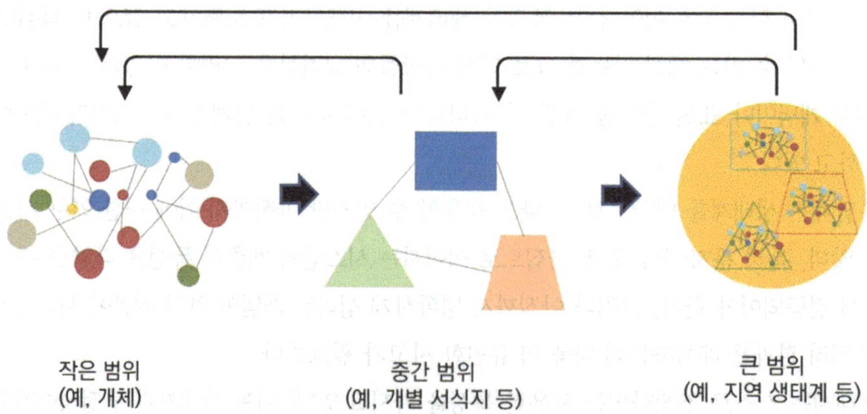

[그림 71] 복원 대상지의 범위에 따라 영향을 주고받는 환류체계의 개념도

생태계는 다양한 구조와 계층으로 연관되어 있다. 그림에서와 같이 작은 범위에서는 나무나 풀과 같이 개체군의 영역에서 다루는 문제가 되며, 중간 범위에서는 개체군이 모여서 군락을 이루는 서식지(식물 군집 등)의 단계로 볼 수 있다. 또한 이러한 개별 서식지가 모여서 보다 큰 범위의 지역 생태계로 확장된다.

작은 범위에서는 개별 식물종의 생육 특성을 고려하면서 생태복원 프로젝트들이 진행되지만, 중간 범위에서는 개별 식물과 이들이 같이 공존하게 되는 다른 식물과의 관계, 그리고 이들이 구성하게 되는 서식지의 개념까지로 확대해야 한다. 또한 지역 생태계에서는 큰 유역이나 산을 대상으로 하기 때문에 복잡성은 더욱 커지게 된다.

위의 개념도는 작은 범위가 모여 큰 범위로 점점 더 확장이 되는 방향으로 볼 수도 있지만, 큰 범위의 변화에 따라 작은 범위까지로 그 영향이 다시 되돌아오는 방향으로도 볼 수 있다. 따라서 생태계는 각 수준별로 영향을 주고 또 영향을 받는 복잡한 관계가 형성되는 것이고, 생태복원 프로젝트는 한 방향으로만 진행되는 것이 아니라 환류과정을 거치는 순환과정 속에 있는 것이다.

결국 생태복원의 복잡성을 해석하기 위해서는 1) 생태계의 구조적, 공간적 및 시간적 복잡성을 정량화하기 위해 이를 적절하게 설명할 수 있는 방법을 개발해야 하고, 2) 모델링 및 현장 연구를 통해 이러한 복잡한 관계를 형성하는 기작을 밝혀내야 한다. 만약 현대의 과학기술이 생태계 복잡성의 본질과 기원을 충분히 이해할 수만 있다면 궁극적으로 자연 시스템을 관리하고 생태적으로 복원할 수 있는 능력이 향상될 수 있을 것이다. 따라서 생태계 관리 및 생태복원 공학의 새로운 방법은 생태계의 동적인 특성을 받아들이고 자기 조직화, 출현 및 방해에 대한 개체나 집단의 적응과 같은 개념을 같이 검토하는 것이다.

(2) 복잡계 속에서의 생태복원

생태계는 너무나 다양하고, 알고 있는 과학 지식은 너무나 짧고, 전문가들은 각각의 분야에 대해서만 잘 알고 있는 상태에서 우리는 단순히 희망과 열정만으로 생태복원 프로젝트를 수행하고 있다. 그리고 단지 이 정도의 지식수준만으로 생태복원의 결과를 모니터링하고 예측하려 하고 있다.

생태복원은 자연과학과 인문과학의 협업과 융합이 필요한 분야이다. 과학자들은 지금까지 자연현상을 해석하여 그것들을 분해하고 나열하는 것 까지는 비교적 잘 해왔다. 식물의 유전자 지도를 분석하고 정량화하고 있지만, 이들 지도를 가지고 다시 어떻게 조합할지에 대한 지식과 과학윤리는 분해의 능력만큼 발전하지는 못하였다. 자연은 복잡계이고 네트워크로 연결되어 있는 정교하면서도 독특한 구조체로서, 매우 연약해 보이지만 어떻게 보면 스스로 회복을 할 만큼 큰 힘을 가지고 있다. 또한 생태계는 그 상태로 조용히 있는 정적인 시스템이 아니라 끊임없이 성장하고 변화하는 동적인 시스템이다. 따라서 개별 분야의 전문가들이 세부 요소들을 분리해 놓았다면 누군가는 그것들을 조합하여야 하며, 이와 같은 일이 생태복원에서는 중요하다.

생태복원 분야는 복잡하고 동적인 시스템에 속해 있기 때문에 고정된 결과를 예측하기 어렵게 만드는 변수가 있다는 것을 알아야 한다. 마치 고정되어 있는 과녁을 맞히는 것보다 움직이는 물체를 맞히는 것이 어렵다는 것으로 설명될 수 있다. 프로젝트의 목적물이나 결과를 단순화해서 한두 가지로 결정할 수 있는 경우에는 그 목표를 달성하기 위하여 모든 역량을 집중하는 방법이 효과적이다.

우리는 지금까지 기계론적 패러다임 속에서 성장하였으며, 효율성만을 강조(공학적 회복력과 유사함)하여 왔기 때문에 결과를 극대화하기 위한 방법들을 적용해 왔으며, 자동차를 대량생산하는 시스템에서와 같이 나름대로의 성과를 거두어 왔다. 이 내용을 자연생태계와 연관시켜 본다면 산림을 파괴하고 경작지를 조성한 뒤 제초제와 비료, 유전자 변형 작물을 이용하여 생산량을 극대화한 일들이라고 볼 수 있다. 그러나 이런 위대한 성공사례는 우리가 자연을 통제할 수 있다는 착각 속에 빠지게 만들었다.

경제 분야에서는 파레토 법칙[103]을 중요하게 여기고 있다. 주로 백화점 영업을 중심으로 설명이 되는 사례로서, 소수의 핵심적인 고객이 매출의 상당부분을 차지한다는 논리이다. 매출 증대를 위해서는 소수의 핵심 고객을 중심으로 사업을 진행하는 것이 유리하다고 보는 것이다. 이와 같은 개념으로 생태복원 분야에서도 핵심적인 사항, 즉 식물종의 개체수나 서식 면적만을 확대하는 방식으로 프로젝트가 진행되어 왔다. 그러나 과연 이러한 소수의 핵심적인 요소들만을 복원한다고 해서 바람직한 생태복원이 이루어지게 될 것인가? 생물다양성 증진을 목표로 하고 있는 생태복원 분야에서는 "소수"와 "다양성"은 엄연히 반대의 개념인 것이다. 물론 생물다양성을 높이는 것만이 생태복원의 처음이자 마지막 목표라면 수단과 방법을 가리지 않고 종수만 높이는 사업이 진행될 수도 있을 것이다.

앞에서 언급한 파레토 법칙과는 달리 롱테일 법칙[104]도 생각해보아야 하겠다. 파레토 법칙에 의한 80 : 20의 집중현상을 나타내는 그래프에서는 발생확률 혹은 발생량이 상대적으로 적은 부분이 무시되는 경향이 있는 것으로서 긴 꼬리처럼 표현이 된다. 경제학 분야에서도 핵심

---

103) 파레토(pareto) 법칙 : 80대 20 법칙은 '전체 결과의 80%가 전체 원인의 20%에서 일어나는 현상'을 나타냄. 예를 들어, 백화점에 방문하는 20%의 고객이 백화점 전체 매출의 80%에 해당하는 만큼 쇼핑하기 때문에, 핵심적인 소수에 집중하는 것이 유리하다는 내용으로 설명됨.

104) 롱테일(long tail) 법칙 : 파레토 법칙을 그래프에 나타냈을 때 꼬리처럼 긴 부분을 형성하는 20%의 부분을 말함. 최근 인터넷과 새로운 물류기술의 발달로 인해 소수의 핵심적인 고객 외에도 작지만 다수의 고객도 경제적으로 의미가 있을 수 있게 되었는데 이를 롱테일이라고 함.

고객 외에 다양한 소수의 고객도 중요한 의미가 있는 것으로 해석하고 있다.

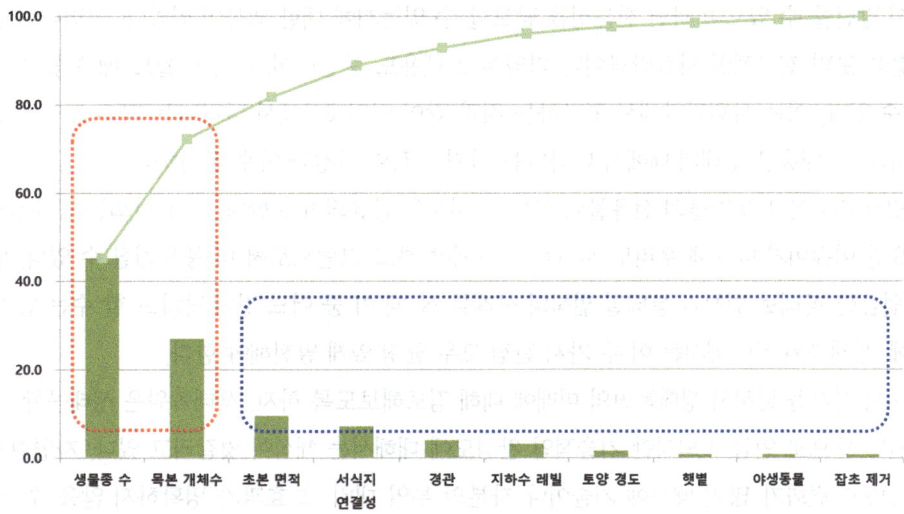

[그림 72] 파레토와 롱테일 개념을 응용한 생태복원 요소의 평가 사례

위의 그림에서와 같이 생태복원의 기능적 특성을 복원하거나 생태복원 대상지에서 정량적 평가를 하면 생물종의 수나 목본 개체수 같은 소수의 항목이 매우 큰 부분을 차지하고 있는 것을 알 수 있다. 그러나 생태계는 원인과 결과로 이어지는 선형의 관계가 아니라 여러 가지 요인이 복합적으로 작용하고 있으며, 개별 원인도 비선형의 관계로 작용하기 때문에 위에서 제시된 작은 요인들도 모두 가치가 있는 것이다. 결국 생태복원의 효과 및 생태계 기능을 개선하기 위해서는 핵심적인 생물종의 수나 개체수 등을 위주로 하는 것도 중요하지만, 생태복원의 복합적인 목표를 달성하기 위해서는 서식지 연결성, 지하수위, 야생동물 등도 간과할 수 없는 요인으로 보아야 한다.

결국 복잡계, 특히 자연을 대상으로 하는 생태복원 분야는 대량생산 체재의 핵심이었던 소품종 대량생산으로 생산성을 높인다는 논리에서 발전하여, 다품종을 소량으로 생산하고 고객 맞춤형으로 응대할 수 있도록 하기 위해 생각의 전환이 필요하다. 왜냐하면 생태복원은 벡화점에서 매출 증대와 같은 하나의 경제적인 이익만을 바라보는 것이 아니라 다양한 생태적 기능과 생태계서비스 등과 같은 복합적인 목표를 추구하기 때문인 것이다.

생산품이 아니라 지식의 공유도 이와 같은 맥락으로 생각해야 한다. 지금까지는 소수 핵심 전문가의 아이디어에 의해 산업이 발전해 왔다면 시대가 요구하는 것은 여러 가지 의견을 반영하는 다양성을 중시하는 쪽으로 바뀌고 있기 때문에 관련 분야의 지식을 공유하고 통합하는 과정이 필요하다.

인터넷 세상에서 누구나 접해본 적이 있는 유튜브 방송의 사례를 보면 알 수 있다. 이와 같은 서비스가 처음 생겼을 때는 과연 인터넷 사용자가 직접 참여하고 만들어가는 내용들이 어디까지 발전할 수 있으며 과연 전문성을 담보할 수 있는지에 대한 의문이 있었다. 그러나 최근의 경향을 보면 전문적인 자료만큼이나 다양하고 내용도 충실하며, 시청 비율도 매우 높은 것을 알 수 있다. 이는 사회과학에서 평가하는 것과 같이 인터넷상에서 나타나는 자기 조직화 현상이지만, 이 내용은 생태계 내에서 나타나는 자기 조직화 과정과 아주 흡사하다.

결국 지식은 전문가들의 전유물이 아니며, 지식은 공유되어야 한다. 미래 사회는 공유경제가 중요한 이슈이기 때문에 우리도 지식을 공유해야 하고 그럼으로써 더 풍부해질 수 있다. 앞에서 언급한 파레토 법칙과 롱테일 법칙의 사례를 볼 때 이 중 어느 것이 낫다고 할 수는 없기 때문에, 생태복원 분야에서는 이 두 가지 관점 모두 균형 있게 발전해야 한다.

이제 시각을 넓혀서 생태복원의 미래에 대해 검토해보도록 하자. 생태복원은 생태공학, 생태복원학 등으로 언급이 되지만 기술적인 완성도에 대해서는 해석이 엇갈리고 있다. 자연환경은 다양하고 변화가 많기 때문에 기술이나 자본의 투입 대비 그 효과가 명확하지 않을 수 있다. 또한 기술의 효용성 측면에서 볼 때에도 복원의 과정과 결과를 명확하게 예측하기도 어렵다.

그러나 자연 속에서 살아가야 하는 우리에게 생태복원이라는 과제는 거스를 수 없는 사회적 요구이며, 여기에 적용하는 생태복원 기술은 자연 생태계의 복잡성을 이해해야 하기 때문에 다양한 분야의 융합이 반드시 필요하다.

몇 년 전 영국의 컨설팅업체 미래연구소(The future laboratory)와 미국의 마이크로스프트사 연구팀이 공동으로 발표한 '10년 뒤 등장할 미래 직업 보고서[105]'에서는 '생태복원전략가(rewilding strategist)'를 그 중의 하나로 제시하고 있다.

생태계란 상호작용하는 유기체와 또 그들과 서로 영향을 주고받는 주변의 무생물 환경을 한데 모아서 부르는 말이다. 생태계의 파괴로 전 지구적으로는 환경오염, 동식물의 멸종, 북극의 빙하가 없어지는 등의 큰 지구적 재앙이 나타나고 있으며, 작게는 광산 개발과 같은 행위로 그 지역의 토양이 교란되고 식물이 훼손되고 야생동물의 서식지가 줄어드는 일들이 일어나고 있다. 보고서에서는 인구 90억을 바라보게 될 2025년이 되면 자연 생태계는 한계에 다다를 것이라고 예상하면서 이때가 되면 지속가능한 지구를 만들기엔 기존의 자연 보호 전략만으론 부족할 것이며, 이때에 필요한 사람이 바로 생태복원전략가[106]라고 말하고 있다.

---

105) 10년 뒤 등장할 미래직업보고서(2016)
http://enterprise.blob.core.windows.net/whitepapers/futureproof_tomorrows_jobs.pdf

106) 보고서에서 생태복원전략가(rewilding strategist)는 생태복원 계획 및 설계 등과 관련된 분야로 한정하여 제시하고 있지만, 생태복원 분야와 관련된 시공, 모니터링, 평가 등을 수행하는 분야로 광범위하게 해석하는 것이 바람직함.

생태복원전략가는 그렇기 때문에 다양한 분야의 전문적인 지식을 가지고 있어야 한다. 식물, 동물, 자연환경, 공학, 미학 등 여러 분야에 대한 지식이 필요하며, 생태계를 대상으로 자연생태와 이를 둘러싼 구조, 사회적인 구조 등을 새롭게 조성하는 일들을 하게 될 것이다.

어떻게 보면 한 사람이 자연환경의 복원과 관련된 모든 분야에 다 전문가가 될 수는 없다. 그 보다는 자연환경 전반에 대한 지식을 보유하고, 필요한 각 분야를 파악하고 이러한 것들을 종합적으로 검토하고 조합할 수 있는 능력이 필요하다. 결국 다양한 분야를 대상으로 크고 작은 요소들을 모두 검토할 수 있으며, 여러 분야의 전문 지식을 공유하는 것이 핵심이라고 요약할 수 있다.

(3) 미래지향적 생태복원

지난 수십 년 동안 생태복원 분야는 미지의 분야에 도전을 하는 새로운 응용과학으로서 빠른 성장을 보여 왔다. 동시에 이 분야는 과거 지향적인 목표, 단편화된 접근 방식, 현실과는 동떨어진 이상주의적 목표로 인해 비판을 받아 왔다.

생태복원 프로젝트에서 지금까지 해온 과거의 자연 중심, 이상주의적인 접근은 미래에는 제대로 작동하지 않을 수 있다. 과거의 훼손되지 않았던 어떤 환경을 지향하면서 복원된 생태계는 미래의 변화하는 환경 속에서는 지속가능하지 않을 가능성이 높다. 이렇게 단편화된 생각으로 단순히 자연을 재구성한다는 생각은 생태계 기능을 제대로 복원하지 못할 가능성이 높으며, 너무 이상적인 목표와 작업 계획은 다수의 지지를 얻지 못할 것이다. 결국 우리는 생태복원의 원칙과 실행에 있어서 과거를 지향하는 접근 방식에서 탈피하여 미래 지향적인 복원으로 방향을 선회할 필요가 있다.

미래 지향적 복원은 미래의 변화하고 예측할 수 없는 환경을 인식하고, 여러 궤적을 가진 생태 군집의 역동적인 특성을 가정하고, 생태계 기능과 구조를 개선하기 위해 경관적인 요소를 연결하는 것이 필요하다. 이와 관련하여 다음과 같은 질문에 스스로 답을 구해보자.

1) 생태복원에서는 어떤 기준을 목표로 해야 하는가?
2) 원하는 결과를 얻을 수 있는 가장 좋은 방법은 무엇인가?

이 두 가지 질문에 대한 답은 프로젝트를 시작하기 전에는 정말 어려운 문제이고, 결국 프로젝트의 수행기간 동안 수많은 시행착오 끝에 발견하게 된다. 아니 끝내 발견하지 못할 수도 있다.

따라서 명확하고 측정 가능한 목표를 설정하고 다양한 접근 방식과 수용 가능한 결과를 구별해내기 위해 노력해야 하며, 가능한 한 복원 대상을 확대하고 복원이 완료될 것으로 예상되는 시간을 길게 잡아야 한다. 그동안 새로운 기술과 지식이 나오게 되면 복원하는 과정이나 방법을 새롭게 변경해야 할 수도 있다는 점을 알아야 하며, 복원 결과물은 결코 완성형이 되지 않는다는 것도 명심해야 한다.

과학적 원칙에 기반을 둔 좋은 계획과 전문적인 기술에도 불구하고 우리가 바라는 모든 것을 얻지는 못한다. 생태복원은 힘든 작업이며 대부분의 프로젝트는 목표 중 일부만 달성하는데 그치는 경우가 많다. 생태복원에 사용하는 아이디어는 인간의 지식수준에서 나오는 것이지만 새로운 생태계는 일부가 완전히 새로운 생태 조건으로 변하게 되는 경우도 있다. 이러한 변화는 생태복원 전문가들이 예상하지도 못하는 새로운 것이 되기도 한다. 결국 생태복원 담당자 능력의 한계를 넘어서는 것이다.

생태복원 프로젝트에서는 명확한 정의가 필요하다. 우리는 생태복원이라는 용어를 생태학적 묵인 하에 너무 자유롭게 사용하고 있으며, 실제로는 다른 것인데 일부 프로젝트를 생태복원이라고 하는 경우도 있을 것이다. 예를 들어, 하천변에 있는 환경위해식물을 방제하는 일들이 복원에 필요할 수 있지만 그 자체만을 생태복원 프로젝트라고 부르기에 충분한가에 대한 고민이 필요하다. 또한 우리가 초지나 숲을 복원한다고 말할 때 현실적으로 초지나 숲의 어떤 측면을 되찾기 바라는지에 대해서도 검토가 필요하다.

우리가 수행하는 생태복원 프로젝트에서는 대상을 명확하게 파악해야 한다. 우리는 복원이 필요한 생태계에 대해서 충분히 알고 있는지, 훼손된 곳을 복원하는데 있어서 훼손이나 교란의 성격이나 수준을 이해하고 있는지, 훼손된 생태계를 복원하는데 무엇이 필요한지에 대해 생각해야 한다.

생태복원 프로젝트의 결과에 대해서도 목적과 목표가 프로젝트의 구조, 기능 및 다양성을 통합할 수 있도록 기초자료 및 증거에 기반을 둔 지표를 사용하는지, 결과의 측정이 가능하고 측정을 위한 합의된 기준이 있는지도 중요한 문제이다.

결국 앞으로의 생태복원은 과거가 아닌 미래 환경을 유지할 수 있는 상태를 만들어야 하며, 예측할 수 없는 목표에 대해 여러 가지 대체가능한 목표와 시나리오를 가지고 있어야 한다. 또한 단순히 경관차원에서 시각적인 구성보다는 실제로 생태계 기능의 회복에 초점을 맞추어야 하며, 경제적이고 사회적으로 수용 가능한 틀 내에서 이루어질 필요가 있다.

따라서 생태복원 패러다임은 자신감 보다는 겸손한 자세로의 전환이 필요하다. 개방적이고 상호 연결된 생태계와 기능적, 공간적인 복잡성을 지닌 자연에 대해서 내재된 예측 불가능성을 인지하여야 한다. 그럼에도 불구하고 공유된 지혜와 지식이 빠르고 지속적으로 성장하기를 바라는 이유가 있다. 보존, 서식지 및 생태계 관리, 기후변화 탄력성에 초점을 맞춘 노력에서 얻은 교훈은 예측 불가능성에도 불구하고 변화되는 상황을 계획하여야 한다는 것이다. 특히 우리가 직면한 기후변화에 대한 우려가 높아지면서 생물다양성, 생태계서비스 및 재생 가능한 자연 자본도 함께 고려해야 하는 것이다.

생태복원은 생태계의 훼손에 대한 직접적인 대응 방안으로서 전 세계적으로 실행되고 있다. 생태복원은 단순히 생태적 영향을 해결한다는 1차적인 목표 외에도 인구 건강, 사회 경제적 복지, 다양한 국가 및 민족 문화를 유지할 수 있는 엄청난 잠재력을 가지고 있다. 건강한 생태계를 유지하는 수단이 되는 생태복원의 중요성을 인식하여 UN은 2021~2030년을 생태계 복원 10년으로 선언하였으며, 10년의 목표를 충족시키기 위해 효과를 강화하고 생태복원을 확대하기 위한 6가지 실용적인 전략을 제안한 바 있다.

(1) 효과적인 규모로 작업하는 것을 포함하여 전체론적인 조치를 통합한다.
(2) 전통적 생태 지식을 통합한다.
(3) 연합 및 조직과 협력한다.
(4) 토양 미생물 분야와 관련된 과학 및 기술의 발전을 도모한다.
(5) 지역 사회와 실무자에게 훈련 및 역량 강화 기회를 제공한다.
(6) 생태계 건강과 인간 건강 사이의 관계를 연구하고 보여준다.

21세기가 진행되면서 인류는 역설적으로 절벽 위에 서 있게 되었다. 과학의 발전, 혁신적인 기술 및 협력으로 생태계 안팎에서 인간이라는 종이 가지고 있는 의미가 어느 때 보다도 커졌다. 우리는 말 그대로 자연을 이용하고, 또 이를 재구성 할 잠재력이 있기 때문에 과거 세대는 상상할 수 없었던 풍요의 시대에 살고 있다.

동시에 우리는 역사상 전례가 없는 규모로 빠르고 복잡한 전 지구적 도전에 직면해 있다. 이는 기후 변화, 생물다양성 손실, 사막화, 열대림의 파괴, 사회경제적 불평등, 빈곤뿐만 아니라 전 세계 정치 분야에서 나타나고 있는 가치 충돌과 같은 문제로 나타나고 있다.

따라서 생태복원을 수행하는 실무자는 이제 생태복원의 목표와 이를 수행하기 위한 자원의 한계성을 감안해서 다음과 같은 사항에 대해 깊이 생각해 보아야 하겠다.

- **복원시기 :**
  사람이 수행하는 인위적인 복원은 자연 스스로가 복원하는 것 보다 비용 대비 효율이 그리 높지는 않다. 따라서 적극적인 복원이 필요한지를 평가하는 것이 현명하다. 최대한 빨리 생태복원을 시행하게 되면 생태계가 원하지 않는 상태로 악화되는 것을 조금은 방지할 수 있다. 따라서 훼손이 발생된 곳에서는 가급적 빨리 효율적인 방식으로 접근하는 것이 도움이 된다.

- **복원 대상 :**
  생태복원 프로젝트에서 복원 목표가 과거에 훼손되기 이전의 상태로 되돌리는 것인지 아니면 새로운 생태계를 조성하는 것인지에 대해 이해관계자의 참여를 통해 명확하게 결정해주어야 한다. 이를 위해서는 현실적인 가치의 범위 내에서 측정 가능한 목표와 유사한 사례를 비교해서 복원 대상을 설정해야 한다. 이때 복원의 목표 선택, 자연적 변이의 범위를 반영하여 구조적이고 기능적으로 다양한 참조생태계를 비교해야 한다. 만약 복원의 목표가 새로운 생태계의 조합인 경우 이 생태계는 과거의 생태계보다 더 많은 서비스를 제공하고 더 많은 저항과 탄력성을 가질 수 있도록 설계되어야 한다.

- **복원 위치 :**
  복원 대상지 내에서 직접 수행하는 프로젝트는 외부에서 수행하는 것보다 바람직하다. 그러나 프로젝트 진행에 따른 이해관계자에 대한 보상이 필요하거나 목표로 하는 생물다양성과 기능을 지원하기 위해 상황을 직접적으로 개선 할 수 없는 경우에는 대상지 외부에서 보상적으로 수행하는 복원이 필요할 수 있다. 특히 자연과 인간이라는 이분법에 대한 어려움이 있기 때문에 농업이나 산업적인 측면의 개발이 필요한 지역에서 해결할 수 있는 새로운 복원 접근법을 개발하여야 한다. 따라서 생태복원이 가장 필요한 지역과 복원에 가장 적합한 지역을 구별하고 균형을 맞추어야 한다. 그리고 식생이 전혀 없는 곳이나 도시 생태계도 생태복원을 위한 잠재력을 가지고 있기 때문에 우리는 식물에만 너무 집중하여 개체만을 대상으로 보는 것이 아니라, 한 발 물러서서 나무와 숲, 그리고 경관 차원에서 계획을 검토할 필요가 있다.

- **복원 방법-경제성 :**
  조만간 생태계서비스 지불제 등과 같은 경제적인 접근 전략이 개발되어 적용될 예정이다. 생태계서비스에 대한 경제적인 비용 지출은 생태복원을 장려하고 관리비용을 절감할 수 있기 때문에 바람직한 방향이다. 보다 넓게 생각하면 생태복원의 경제적 효과를 분석함으로서 생태복원 프로젝트의 당위성을 내세울 수 있으며, 이를 통해 다양한 생물종이 되돌아올 수 있는 대규모 복원을 추구할 수 있다.

- **복원 방법-생태학 :**
  생태적인 복원 방법은 원하는 상태에 도달하는 데 필요한 인위적인 노력을 줄이고 종종 자체적으로 회복될 수 있는 해결책을 제공해 줄 수 있기 때문에 가장 효과적인 방법이며, 어찌 보면 유일한 방법이다. 동물이나 식물을 다시 도입하는 방법과 같이 생태적으로 검증된 몇몇 전략들은 복원의 성공 가능성을 높일 수 있다. 이러한 생태적인 방법은 복원 대상지의 역사, 경관, 생물종의 공존 및 공동체의 관계가 기반이 되어야 한다. 외부의 압력 같은 비생물적 조건과 생물 간의 상호 작용을 개선하기 위하여 생태적으로 적용되어야 하며, 이는 포괄적인 도구로서 복원 비용을 낮추고 효율을 높일 수도 있다.

- **복원 성공 평가 :**
  복원 진행 및 성공 여부를 평가하려면 생태복원 프로젝트의 최종 목표와 참조생태계를 모니터링 하는 것이 필수적이다. 적절한 모니터링이 진행되는 복원 프로젝트 중 성공적인 사례는 주로 순응관리[107] 방법을 적용한 것들이 많다. 프로젝트 평가에는 지역사회 및 이해관계자의 참여, 자문위원회, 학자, 관리자 및 실무자 간의 협력이 바탕이 되어야 한다. 반면 정책 또는 규제의 수준에 얽매이다 보면 자칫 복원된 지역이 균질화 되고 이 때문에 성공가능성이 줄어들 수 있기 때문에 생태계의 회복력이 감소되기도 한다. 프로젝트의 성공에 대한 평가는 구성과 생태계 기능 사이의 연관성을 측정하고 생물다양성과 기능에 대한 보다 완전한 평가를 위해 새로운 접근법을 고려해야 한다.

위에서 제시한 6가지 내용을 충분히 숙지하면서, 마지막으로 마음속에 새겨야 할 문구는 "인류는 우리 앞에 놓인 놀라운 기회와 우리가 함께 직면한 끔찍한 도전을 해결해나가야 하지만, 미래는 결코 과거와 같을 수는 없다"이다. 미래는 과거와 같을 수가 없기 때문에 현재 수준의 자연을 유지하고 후대에 유산으로 남겨주기 위해서는 생태복원의 시작은 미래를 공동으로 창조하는 통로라고 생각하여야 한다.

생물종으로서 우리의 생존 여부는 미래를 어떻게 형성하고 자연 자원을 공유 하느냐에 달려 있다. 복잡계와 같이 상호 연결된 세상에서 우리가 지금 취하는 행동은 앞으로도 전 세계에 영향을 미치게 될 것이다. 우리는 "인간의 유산은 무엇이며, 지구의 생물학적 유산과 인류의 창조적, 문화적 유산을 어떻게 관리 할 것이며, 인간과 자연의 분열을 어떻게 치유할 수 있는지"에 대한 해답을 찾기 위한 노력해야 한다.

우리는 연구와 분석만으로는 광대하고 복잡한 자연의 작용을 완전히 이해할 수는 없다. 그러나 열심히 관찰을 할 수는 있다. 그리고 인간이 실무자가 아니라 자연 그 자체가 생태복원에서 최고의 실무자라는 것을 알고 있다. 그렇기 때문에 자연과 인간은 공존해야 하며, 자연과 생태계라는 시스템 내에서 우리가 좋은 발자국을 남겨야할 책임과 기회를 함께 생각해봐야 한다. 그리고 이러한 분야에 생태복원 전문가들이 그 역할을 제대로 수행하여야 할 것이다.

---

107) 순응관리(adaptive management)는 미래 프로젝트 및 프로그램에 대해 이전에 적용된 정책 및 관행을 평가하여 습득한 지식을 바탕으로 개선하고 수정하는 것.

Agriculture, Food and Rural Development. 2001. Native Plant Revegetation Guidelines for Alberta.

Alexander S., J. Aronson, O. Whaley and D. Lamb. 2016. The Relationship Between Ecological Restoration and the Ecosystem Services Concept. Ecology and Society 21(1):34. (http://www.ecologyandsociety.org/vol21/iss1/art34)

Anand M. and R.E. Desrochers. 2004. Quantification of Restoration Success Using Complex Systems Concepts and Models. Restoration Ecology. (DOI: 10.1111/j.1061-2971.2004.00281.x)

Aronson J.N. G. Neva, L. Orlando, C. Eisenberg and A.T. Cross. 2020. A World of Possibilities: Six Restoration Strategies to Support the United Nation's Decade on Ecosystem Restoration. Restoration Ecology. (Doi: 10.1111/rec.13170:1~7)

Beatty C.R., A. Vidal, A. Devesa and M.E. Kuzee. 2020. Accelerating Biodiversity Commitments through Forest Landscape Restoration. IUCN.

Biodiversity Branch, Ministry of Water, Land and Air Protection. 2001. Ecological Restoration Guidelines.

Biodiversity Indicators Partnership. 2019. National Indicator Development. (https://www.bipindicators.net/national-indicator-development)

Brown R.W. and M.C. Amacher. 1999. Selecting Plant Species for Ecological Restoration: a Perspective for Land Managers. USDA Forest Service Proceedings RMRS-P-8.

Connell, J.H. and R.O. Slatyer. 1977. Mechanisms of Succession in Natural Communities and their Role in Community Stability and Organization. The American Naturalist 111:1119~1124.

Convention on Biological Diversity. 2019. Considerations on Ecosystem Restoration for the Post-2020 Global Biodiversity Framework, Including on a Possible Successor to AICHI BIODIVERSITY TARGET 15. (CBD/POST2020/WS/2019/11/3)

Dorner, J. 2002. An Introduction to Using Native Plants in Restoration Projects. USEPA. (https://www.fs.fed.us/wildflowers/Native_Plant_Materials/documents/intronatplant.pdf)

Falk D.A. 2017. Restoration Ecology, Resilience and the Axes of Change. Annals of the Missouri Botanical Garden 102:201~216.

Hardin G. 1968. The Tragedy of the Commons. Science 162(3859):1243~1248.

Harte J. 2014. Maximum Entropy and Ecology -A Theory of Abundance, Distribution, and Energetics. Trends in Ecology & Evolution 29(7):384~389.

Holling C.S. 2973. Resilience and Stability of Ecological Systems. Annual Review of Ecology and Systematics 4:1-23.

IPCC. 2019. Climate Change and Land. In: An IPCC Special Report on Climate Change, Desertification, Land Degradation, Sustainable Land Management, Food Security and Greenhouse Gas Fluxes in Terrestrial Ecosystems.

IUCN. 2017. Enhancing Resilience through Forest Landscape Restoration: Understanding Synergies and Identifying Opportunities.

James J., J.J. Kay and H.A. Regier. 2000. Uncertainty, Complexity and Ecological Integrity: Insights from an Ecosystem Approach. Implementing Ecological Integrity.

Linnea S. L. 2015. Ecological Restoration: Conceptual Analysis and Ethical Implications. University of Helsinki. Master's Thesis.

Loreau M. 2012. Structural and Functional Loss in Restored Wetland Ecosystems. PLoS Biology 10(1). (http://dx.doi.org/10.1371/journal.pbio.1001247)

Ma'ayan A. 2017 Complex Systems Biology. Journal of Royal Society. (https://doi.org/10.1098/rsif.2017.0391)

Meloni F., G.M. Nakamura and A.S. Martinez. 2017. Biological Communities as Interacting Compartments: Thermodynamic Properties and Diversity Indices. bioRxiv. (https://www.biorxiv.org/content/10.1101/188813v2)

Millennium Ecosystem Assessment. 2005. Ecosystems and Human Well-Being. Biodiversity Synthesis. World Resources Institute, Washington, DC.

Minnesota Board of Water and Soil Resources. 2015. Native Vegetation Establishment and Enhancement Guidelines.

Moreno-Mateos D., A. Alberdi, E. Morriën, W.H. van der Putten, A. Rodríguez-Uña and D. Montoya. 2020. The Long-term Restoration of Ecosystem Complexity. Nature Ecology & Evolution 4:676~685.

Miller G.T. 1971. Energetics, Kinetics, and Life: An Ecological Approach. Wadsworth Pub. Co.

Müller N. and M. Kamada. 2011. URBIO: An Introduction to the International Network in Urban Biodiversity and Design. Landscape Ecological Engineering 7:1~8.

Rohr J.R., E. Bernhardt, M.W. Cadotte and W. Clements. 2018. The Ecology and Economics of Restoration: When, What, Where, and How to Restore Ecosystems. Ecology and Society 23(2):15. (https://doi.org/10.5751/ES-09876-230215)

Society for Ecological Restoration. 2019. Glossary of Terms. (http://seraustralasia.com/standards/glossary.html)

Society for Ecological Restoration. 2016. International Standards for the Practice of Ecological Restoration –Including Principles and Key Concepts. Standards Reference Group.

Standards Reference Group, Society for Ecological Restoration Australasia. 2017. National Standards for the Practice of Ecological Restoration in Australia.

Stanturf J.A., B.J. Palik., M.I. Williams, R.K. Dumroese and P. Madsen. 2014. Forest Restoration Paradigms. Journal of Sustainable Forestry 33:s161~194.

Temperton V.M., N. Buchmann, E. Buisson, G. Durigan, T. Kazmierczak, M.P. Perring, M. de Sá Dechoum, J.W. Veldman and G.E. Overbeck. 2019. Step Back from the Forest and Step Up to the Bonn Challenge: How a Broad Ecological Perspective can Promote Successful Landscape Restoration. Restoration Ecology 27(4):705~719.

The Nature Conservancy. 2015. A Guide for Incorporating Ecosystem Service Valuation into Coastal Restoration Projects. (https://www.nature.org)

United Nations Environment Programme. 2017. Resilience and Resources Efficiency in Cities.

United Nations Environment Programme. 2019. The United Nations Decade on Ecosystems Restoration.

Vranken I., J. Baudry, M. Aubinet, M. Visser and J. Bogaert. 2014. A Review on the Use of Entropy in Landscape Ecology: Heterogeneity, Unpredictability, Scale Dependence and their Links with Thermodynamics. Landscape Ecology. (DOI: 10.1007/s10980-014-0105-0)

Throop W. 2000. Environmental Restoration: Ethics, Theory and Practice. Restoration Ecology 10(4). (DOI: 10.1046/j.1526-100X.2002.01056.x)

World Business Council for Sustainable Development. 2011. Guidelines on Quarry Rehabilitation.

Wortley L., J.M. Hero and M. Howes. 2013. Evaluating Ecological Restoration Success: A Review of the Literature. Restoration Ecology 21(5):537~543.

Würtz P. and A. Annila. 2010. Ecological Succession as an Energy Dispersal Process. BioSystems 100:70~78.

고창덕, 정환도, 하야세코우지. 2006. 생태 복원의 철학과 그 정책적 응용 -실용주의적 접근과 사례연구를 통한 복원의 원리·전략·방법의 정립-. 대한철학논문집 97:1~37.

국립산림과학원. 2016. 백두대간 훼손지 산림경관복원 가이드라인.

국립생태원. 2017. 생태계 훼손지 및 복원지의 진단 평가와 회복력 증진 방안.

국립생태원. 2017. 생태복원사업 모니터링 및 유지관리 가이드라인.

국토해양부. 2009. 도로비탈면 녹화공사의 설계 및 시공지침.

김경훈, 성현찬, 최재용, 허영진. 2017. 자생식물을 이용한 식생복원녹화. 넥서스환경디자인연구원 출판부.

김경훈, 성현찬, 최재용, 허영진. 2018. 훼손지 생태복원 -생태복원 실행을 위한 국제표준-. 기문당.

김남춘, 이태옥, 전기성, 허영진, 김경훈. 2018. 생태복원공학 -자연재생과 녹화이론을 중심으로-. 보문당.

김성도, 김동윤, 김철규. 2017. 생태복원의 인문학적 상상력. 집문당.

데이비드 린들리 (이덕환 역). 2003. 볼츠만의 원자. 승산.

밀러 (김준호 외 역). 2006. 생태와 환경. 라이프사이언스.

산림청. 2020. 산림복원기술교본.

산림청. 2020. 제1차 산림복원 기본계획(2020-2029).

윤용택. 2011. 생태적 합리주의의 철학적 기초. 철학사상문화 11:78~101.

전진형. 2016. 21세기 패러다임의 변화, 지속가능성을 넘어 리질리언스로. 환경과조경 338:112~114.

제레미 리프킨 (최현 역). 엔트로피. 범우사.

조동길, 김상욱, 조수현, 박소현, 노백호, 차진열. 2015. 생태복원: 떠오르는 전문 분야로서의 원칙, 가치 그리고 체계. 넥서스환경디자인연구원 출판부.

조동길. 2011. 생태복원계획·설계론. 넥서스환경디자인연구원 출판부.

한국산지보전협회. 2020. 제15회 전국 산림생태복원 우수기술사례집.

한국정보통신정책연구원. 2004. 생태 위기와 환경윤리. 지구촌 공동체.

한국환경산업기술원. 2011. 생태계 서비스 증진을 위한 생태계 조성기술 –도시생태계를 중심으로–. 환경기술동향보고서.

환경부. 2015. 자연환경보전사업 가이드라인 연구 보고서.

환경부. 2016. 제3차 자연환경보전 기본계획(2016~2025).

西木大祐. 2004. 自然の権利の成立可能性とその根拠. -環境倫理における自然の権利論の再考-.

日置佳之. 2002. 生態系復元における目標設定の考え万. 鳥取大学農学部森林科学講座ランドスケープ研究 65(4):278–281.

https://www.tropenbos.org

https://www.ser.org

https://www.bonnchallenge.org/

https://portals.iucn.org/

▷ 김경훈

비탈면 녹화 분야의 연구로 농학박사학위(산림자원학)를 받았으며, 이후 생태복원분야에 20년 넘게 발을 담고 있다. 현재는 자연을 대상으로 한 생태연구, 컨설팅 및 기술개발 업무에 전념하고 있으며, 한국환경복원기술학회, 한국환경생태학회, 한국산림공학회, 한국생태복원협회, 한국산림복원협회, 사방협회 회원으로 활발히 활동하고 있다. 공동 집필 저서로는 "산림공학", "경관생태학", "자생식물을 이용한 식생복원녹화", "훼손지 생태복원", "생태복원공학", "석회석 광산의 생태적 복원" 등이 있다.

본 서적은 산림청(한국임업진흥원) 산림과학기술 연구개발사업 '(2020185C10-2122-AA02)'의 지원에 의하여 이루어진 것입니다.

생태복원 콘서트

자연이 던지는 질문… 왜? 그리고 어떻게?

1판 1쇄 인쇄 2021년 7월 12일

지은이 김 경 훈
발행처 넥서스환경디자인연구원(주)
출판신고 2007년 2월 21일 (신고번호 제22-3086호)
주소 경기도 의왕시 이미로 40 인덕원 IT밸리 B903 (우)16006
전화 031-424-2930 | 팩스 031-421-2931
홈페이지 www.nexusdesign.co.kr | 이메일 nexus@nexusdesign.co.kr
편집디자인 김 보 라

값 25,000원
ISBN 979-11-87571-10-0